日本の水環境

5
近畿編

社団法人 日本水環境学会 編

技報堂出版

社団法人 日本水環境学会　編

「日本の水環境」全巻構成

日本の水環境 1 　北海道編

日本の水環境 2 　東北編

日本の水環境 3 　関東・甲信越編

日本の水環境 4 　東海・北陸編

日本の水環境 5 　近畿編

日本の水環境 6 　中国・四国編

日本の水環境 7 　九州・沖縄編

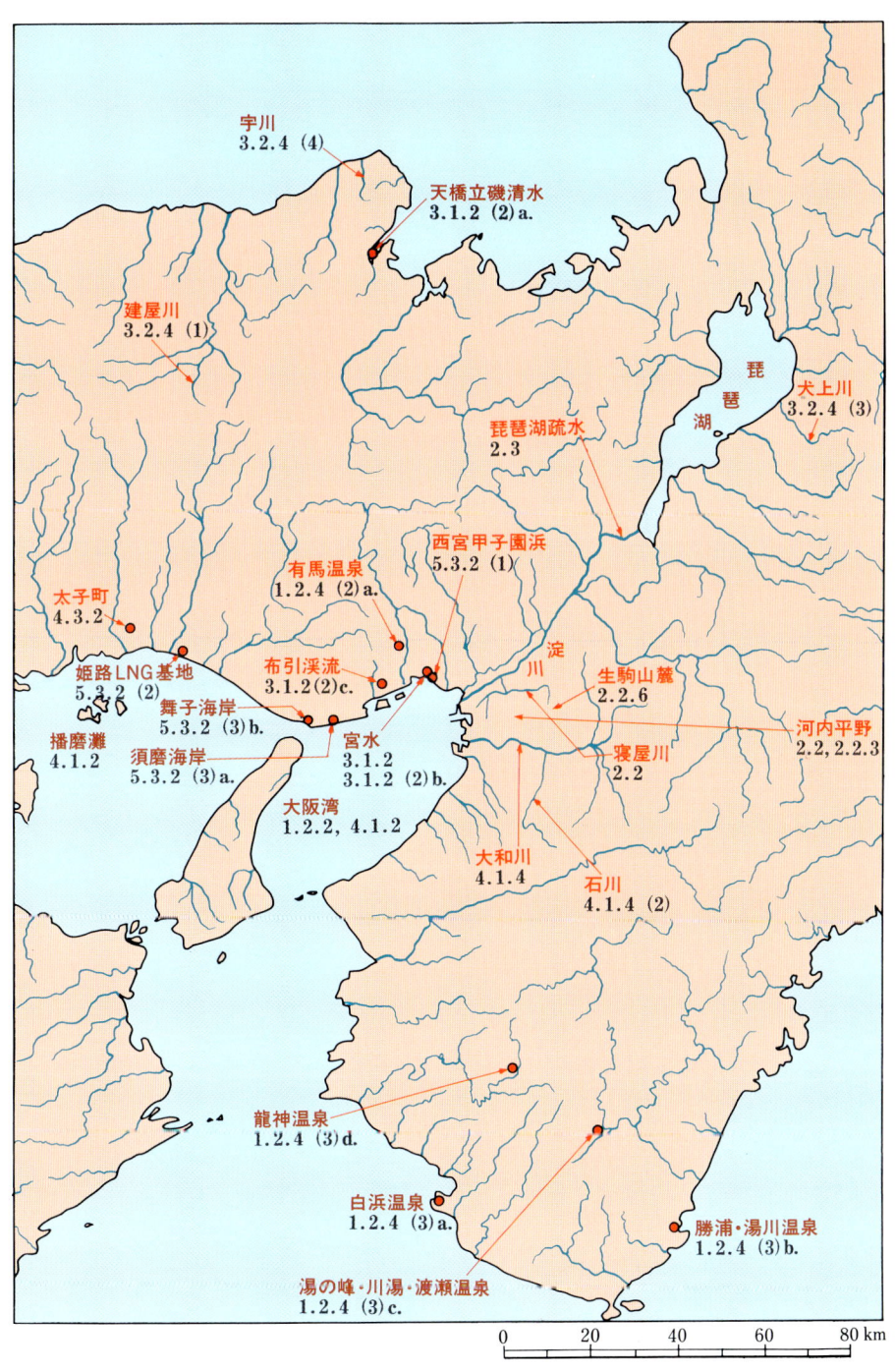

① 本文中に出てくる近畿地方の地名(数字は掲載箇所を示す)

② 琵琶湖南湖（瀬田川上空から望む）（提供：滋賀県広報）

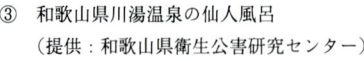

③ 和歌山県川湯温泉の仙人風呂
　　（提供：和歌山県衛生公害研究センター）

④ 琵琶湖上でのイサザの曳網（湖北町尾上にて）
　　（撮影：嘉田 由紀子）

⑤ 平成ワンド群（提供：近畿地方建設局 淀川工事事務所）

⑥ 琵琶湖とその集水域［LANDSAT 映像（平成8年4月25日）］
（提供：滋賀県琵琶湖研究所）

⑦　親水河川の例(大阪市十三間川)(提供：大阪市)

⑧　阪神・淡路大震災後に神戸市の都内河川水を利用して洗濯している風景(平成7年2月中旬，都賀川)(撮影：古武家　善成)

⑨　阪神・淡路大震災による処理機能停止で，溜まった下水を運河へ直接放流している下水処理場(神戸市東灘下水処理場)(撮影：池　道彦)

「日本の水環境 全7巻」刊行に際して

　(社)日本水環境学会，その前身である日本水質汚濁研究協会の発足からやがて30年を経ようとしている．この学会は水環境にかかわるすべての分野の研究者，技術者が会員であるという非常にユニークな学会である．そのため，大学や国・地方自治体の試験研究機関に所属する者，地方自治体の環境部局，上下水道部局に所属する者，民間の環境分析機関や水処理エンジニアリング会社からコンサルタントに所属する者が会員であるように，水環境の保全，廃水処理，上下水道，水産・農業用水，工業用水，水辺の保全，環境教育や水を巡る歴史とさまざまな分野にかかわっている．そして，北は北海道から南は沖縄県まで，日本各地の水環境の分野で活躍している者ばかりである．

　日本を瑞穂の国というように，水が豊かでお米が主食であるように，世界的にみても，まさに水が豊かな国である．そのため，縄文・弥生の時代から水を巡る文化を育んできたとともに，水を治め，水と戦ってきた国でもある．そして，水と調和しながら暮らしを営んできたものの，工業化が進むに連れて水環境を損ない，水俣病，イタイイタイ病など，水を媒介とした疾病の記憶が残っているように，水との調和を忘れたことによるしっぺ返しも経験をしてきた．

　日本は北から南へと気候や自然がさまざまに異なり，山間地から平野まで，そこにある水環境もさまざまである．そのため，地域ごとに水環境はそれぞれ異なる様相を示しており，それぞれの地域における水との調和や水環境を修復するための試みもさまざまである．東京の例をとっても，隅田川の水質汚濁が進んで早慶レガッタや花火が廃止され，その後水質改善が進んでそれらが復活したという

エピソードがある．このようなエピソードは全国各地にあるものの，それらを地域の特性を考慮しながら地域に根ざして活躍している専門家が著してきた例は少ない．

　このようなことから，(社)日本水環境学会の7つの地方支部がそれぞれの地域の水環境の特長，水を巡る歴史・背景，水環境の姿や保全のための活動を中心に，「日本の水環境全7巻」を分担して執筆し，刊行することになった．このような出版物はまったく新しい試みであり，当学会を育むために支援をしていただいた関係者への御礼でもあり，当学会の社会への還元でもあると考えている．そればかりでなく，当学会の会員からこれから水環境分野で活動しようとしている学生や若者たち，いわば未来という国からきたこの分野の留学生への貴重な贈り物になると確信している．

　本書が，一人でも多くの方々の目にとまり，日本の水環境が豊かな文化と感性をもつ人々を育んできたことを識り，その流れが21世紀にも引き継がれていくことを願ってやまない．最後に，本書の企画や執筆に参画された多くの会員一人一人に深甚なる敬意を表します．

1999年10月

　　　　　　　　　　　　　　　　　　　社団法人　日本水環境学会
　　　　　　　　　　　　　　　　　　　　　会長　眞柄　泰基
　　　　　　　　　　　　　　　　　　　　（北海道大学大学院工学研究科教授）

「日本の水環境全7巻」発刊の経緯

　本書は，(社)日本水環境学会が企画・出版している「日本の水環境　全7巻(北海道，東北，関東・甲信越，東海・北陸，近畿，中国・四国，九州・沖縄編)」の一つである．

　我々の文化や歴史の多くは，なんらかの形で水とのかかわりを有している．我々日本人は，かつて日本に清涼かつ美味しい水が豊富に存在することを誇りにしてきた．これらは，我が国の素晴らしい自然環境の恩恵である．一方，明治以降の文明の進展や開発は，水環境の悪化を生じさせ，水系伝染病や水俣病などの悲惨な歴史をもたらした．幸いにも，水環境保全にかかわる研究や行政のおかげで，我が国の水環境問題は多いに改善されたが，今なお，微量化学物質による水質汚染は進行しつつある．現在，地球規模の環境破壊が問題になっているが，水環境問題をはじめ多くの環境問題は，それぞれの地域ごとに事情が異なり，各地域個別にとらえるべき課題も多い．かつて，我々が日本の水を誇ったように，我々の子孫が真に望まれる水環境を享受できるようにすることは，現代に生きる者の責務である．

　(社)日本水環境学会は，広く水環境にかかわる約3500名の研究者・技術者を個人会員とし，全国7支部で構成されている学術団体である　会員は，各地の大学，国・地方自治体の環境研究機関や環境行政，上下水道施設，ならびに民間の環境分析機関や水処理関連企業に勤務し，長年の研究を通じて，日本あるいは各地の水環境事情を熟知し，それぞれの立場で我が国の水環境保全について深くかかわっている．

「日本の水環境全7巻」発刊の経緯

本学会では，かねてより学会活動の一つに「環境教育」をあげ，全国あるいは地域ごとに文化活動を行っている．これらの活動の一環として，この度，「日本の水環境全7巻」を刊行することとした．刊行にあたり，本学会鈴木基之前会長のもと，本学会編集委員会および北海道，東北，関東，中部，関西，中四国，九州の各支部委員会から別記の編集委員が選出され，数回にわたる討議がなされた．各巻は，シリーズとして全巻共通した編集方針・目次で，各支部が企画・執筆を担当し，各地域の自然や歴史と水環境とのかかわりや，水利用や水環境とその保全について地域特有の問題を取り上げつつ，一般読者を対象として，わかりやすく解説している．

本「日本の水環境全7巻」の執筆者はいずれも水環境研究の第一人者であり，内容は学術データに基づいて記述されている．専門学術書の場合には，実際のデータを示しつつ科学的に解析するが，本書では，高校生や一般の読者層をも念頭におき，各地域の水環境の様子を平易かつ興味をもって理解できるよう，無味乾燥とした数値の羅列は避けた．同じく専門家の読者に対しては，編によっては，詳細なデータをCD-ROMの形で示した．

本書が，広く，日本の水環境の文化と歴史，そして現状と今後の課題をご理解するうえで，若い高校生からお年寄りまで，あるいは水環境を扱っている研究者，行政担当者，大学院生など広範な読者にとって，少しでもお役に立てることを願っている．

本書の出版にあたり，多大のご尽力を賜った技報堂出版 小巻慎氏に感謝します．

1999年10月

「日本の水環境」編集委員会
委員長　内海　英雄

はじめに

　今，地表・地下水系における水循環系の構築，高機能化，質的管理の合理化とそれに必要な施設の整備・充実，合理的なシステムの管理・統御などを目標として，学者はもとより，水域管理や取水排水を行う自治体・事業体などの関係官庁・企業などが認識を新たにすべく，水環境に関わる学会，協議会，審議会などの活動が活発化し，多岐にわたって熱心に討議されている．近畿地方を代表する淀川水系についてみると，上流に規模の大きい利水者を抱えている事情から，1950年代後半には全国に先駆けて淀川水系水質汚濁防止連絡協議会が発足した．以来40余年にわたり，この協議会が中心となって水系維持保全上の諸問題が討議されてきたが，そのなかでは水質管理ばかりを論ずるのではなく，流量管理のあり方もしばしば論じられてきた．

　建設省においては，健全な水循環系の構築の必要性を明確にすべく，河川審議会の中に「水循環小委員会」を設けた．従来の水循環が必ずしも理想的には機能してこなかったとの反省のもとに，①国土マネジメントに水循環系の概念を取り入れること，②河川，流域，社会が一体となって取り組むこと，③水循環を共有する圏域ごとの課題を踏まえた取組みが必要であること，などの新しい認識に立って，同小委員会は平成9年(1997)より議論を始め，10年夏に中間報告をまとめた．しかし，その内容は，水環境科学のサイドからみれば，理念の抽象性が目立ち，とくに以下に述べるような，現下の水環境管理に要望される新しい学問的，技術的課題への踏込みが十分でない．

　例えば，非イオン界面活性剤の公共水域における存在度と挙動，外因性内分泌撹乱物質(環境ホルモン)の分析・同定とその人間・水生生物への影響，水系由来の「新しい感染症」の原因であるクリプトスポリジウムなどの原生動物やO-157

を含む EHEC など病原性大腸菌群および同ウイルス群のモニタリングと上水技術・不活化技術，沿岸海域と陸水域とを一体としてみた水質指標および汚濁原物質・生物の挙動解明，ディフューズポリューションの機構と対応策，新たな環境基準のあるべき姿，などの面についてである．

　本書では，陸域の水循環系とつながる沿岸海域(すなわち大阪湾や播磨灘など)についても取り上げるが，この陸域の水環境とのつながりで沿岸海域を考えるというやり方は，世界的にみて閉鎖性の強い海域 ─ 瀬戸内海や米国のチェサピーク湾，バルト海，地中海など ─ に関して 1990 年以降 4 回目を迎えようとしているエメックス世界会議(World Conference on Environmental Management of Enclosed Coastal Seas)の論議を通して主流になりつつある．エメックス会議は平成 2 年(1990)神戸，平成 5 年(1993)米国・ボルチモア，平成 9 年(1997)スウェーデン・ストックホルム，そして平成 11 年(1999)トルコ・アンタリアで開かれたが，上記の陸域と海域を結ぶ考え方はストックホルム会議以降定着しつつある．

　近畿圏は，有史以来明治維新までに難波京，平城京，藤原京，長岡京，平安京が立地し，国内で最も早くから都市が栄えた地域である．当然，その都市を支える水の利水，排水にも種々の配慮がなされてきた．例をあげると，平城京は当時としては世界屈指の 20 万都市で，かつ，体系的な下水道を有していた(平城京跡の東大溝などにみられる)．また，下って織豊期の大坂築城，城下町造営においては，太閤下水という，今日でも大阪市の下水道施設に実用されている立派でかつ体系的な排水システムが使われていた．その排水システムの上流である大川(旧淀川)の水は，江戸時代に水屋がこれを桶に汲んで市中へ売り歩いたという．平常時の排水路の水質は大変厳重に清浄に保たれていたのである．今，後世の者の水質保護(復旧)努力によって，どこまで旧に復すことが可能であろうか．私たちの知恵と力量が試されている．冒頭に述べたように，近畿圏の水環境保全に携わってきた学者，技術者たちのこれまでの努力を多とし，今後において真に理想的な水循環の形を創造すべく，ともに歩んでいきたい．

2000 年 1 月

京都大学名誉教授

合田　健

「日本の水環境」編集委員会
(五十音順. 所属は 1999 年 10 月現在)

委 員 長　内海　英雄［うつみ　ひでお　九州大学大学院薬学研究科］

副委員長　中室　克彦［なかむろ　かつひこ　摂南大学薬学部］

編集委員　伊藤　和男［いとう　かずお　名古屋市環境科学研究所］
　　　　　　金成　英夫［かなり　ひでお　国士舘大学工学部］
　　　　　　国本　　学［くにもと　まなぶ　国立環境研究所］
　　　　　　古賀　　実［こが　みのる　熊本県立大学環境共生学部］
　　　　　　古武家善成［こぶけ　よしなり　兵庫県立公害研究所］
　　　　　　今野　　弘［こんの　ひろし　東北工業大学土木工学科］
　　　　　　田中　克正［たなか　かつまさ　山口県環境保健研究センター］
　　　　　　八戸　法昭［はちのへ　のりあき　北海道漁業団体公害対策本部］
　　　　　　伏脇　裕一［ふしわき　ゆういち　神奈川県衛生研究所］

「日本の水環境5 近畿編」編集委員会

(五十音順. 所属は2000年1月現在)

委員長 古武家 善成[兵庫県立公害研究所]

委　員 天野 耕二[立命館大学]
　　　　　井伊 博行[和歌山大学]
　　　　　池 道彦[大阪大学]
　　　　　上野 仁[摂南大学]
　　　　　大久保 卓也[滋賀県琵琶湖研究所]
　　　　　土永 恒彌[大阪市立環境科学研究所]
　　　　　米田 稔[京都大学]

執筆者(五十音順. 所属は2000年1月現在. 所属の後の数字は執筆箇所)

天野 耕二[前出 4.1.1]

井伊 博行[前出 4.1.4(2)]

石川 宗孝[大阪工業大学 4.4.2(1), (4)]

今井 俊介[奈良県衛生研究所 1.2.4(1)]

海老瀬 潜一[摂南大学 3.2.3]

大久保 卓也[前出 1.2.1]

奥野 年秀[兵庫県立公害研究所 4.4.3.2, 6.1]

奥村 為男[大阪府公害監視センター 4.2.1(1)]

嘉田 由紀子[滋賀県立琵琶湖博物館 2.4]

川合 真一郎[神戸女学院大学 4.2.2]

貫上 佳則[大阪市立大学 6.3]

國松 孝男[滋賀県立大学 3.2.1]

合田 健[京都大学名誉教授 はじめに]

古武家 善成[前出 4.2.3, 5.2.1, 5.2.2, 5.2.3(3)]

駒井 幸雄[兵庫県立公害研究所 4.1.2(2), (3)]

斎藤 和夫[奈良県生活環境部 4.1.4(1)]

坂本 明弘[和歌山県衛生公害研究センター 1.2.4(3)]

「日本の水環境5 近畿編」編集委員会

讃岐田 訓［神戸大学 5.3］
佐谷戸 安好［摂南大学名誉教授 2, 2.3］
竺 文彦［龍谷大学 5, 5.1, 5.2.3(1)］
島谷 幸宏［建設省土木研究所 3.2.4］
須戸 幹［滋賀県立大学 4.2.1(2)］
宗宮 功［京都大学 おわりに］
高原 信幸［神戸市環境保健研究所 6.4］
田中 英樹［兵庫県立衛生研究所 1.2.4(2)］
辻澤 広［和歌山県衛生公害研究センター 1.2.4(3)］
土永 恒彌［前出 2.2, 5.2.3(2), 6.1］
筒井 剛毅［京都府保健環境研究所 4.2.6］
津野 洋［京都大学 4.4.1］
寺島 泰［京都大学 2.1］
中辻 啓二［大阪大学 1.2.2］
中野 武［兵庫県立公害研究所 4.2.1(2)］
中室 克彦［摂南大学 4, 4.2.4］
野村 潔［滋賀県立衛生環境センター 4.1.1］
平田 健正［和歌山大学 4.3.1］

福島 実［大阪市立環境科学研究所 4.2.1(1)］
福永 勲［大阪市立環境科学研究所 4.1.3, 6.4］
藤井 滋穂［京都大学 6.2］
藤田 正憲［大阪大学 4.2.5, 6.3］
藤原 直樹［(株)滋賀県立衛生環境センター 4.1.1］
古城 方和［兵庫県立公害研究所 4.1.2(1)］
松井 三郎［京都大学 4.5］
村岡 浩爾［大阪大学 1, 1.1, 6］
森 一博［山梨大学 4.2.5］
森澤 眞輔［京都大学 1.2.3］
森下 郁子［(社)淡水生物研究所 4.1.5］
矢野 洋［神戸市水道局 3.1.2］
山田 春美［京都大学 4.4.2(2)］
山田 淳［立命館大学 3, 3.2.2, 6.2］
米田 稔［京都大学 1.2.3］
山村 優［寝屋川南部広域下水道組合 4.4.2(3)］
和田 安彦［関西大学 3.1.1］

も く じ

1章　自然と水環境

1.1　近畿の水資源量とその循環 ……………………………………………2
　1.1.1　近畿地域の国土の姿　2
　1.1.2　流域と水資源量　3
　1.1.3　琵琶湖総合開発事業　4
　1.1.4　健全な水循環の創生に向けて　7
1.2　近畿の水環境の特徴 ……………………………………………………9
　1.2.1　琵琶湖・淀川水系　9
　1.2.2　大　阪　湾　17
　1.2.3　地　下　水　23
　1.2.4　温　　　泉　30
文　　献 …………………………………………………………………………37

2章　歴史のなかのと水環境

2.1　都の生活と水利用の変遷 ……………………………………………42
　2.1.1　都の暮らしと水　42
　2.1.2　庭　園　と　水　46
　2.1.3　都　の　名　水　46
　2.1.4　水利用の近代化へ　47
　2.1.5　伝統産業・文化と地下水　48
2.2　淀川・寝屋川の舟運と河内平野の水利用 …………………………49
　2.2.1　河内平野の成り立ちと古代の水利用　49

2.2.2　河内王朝の時代 － 池溝の開発と灌漑用水の確保 －　50
　　2.2.3　河内平野の舟運　51
　　2.2.4　淀川の舟運　53
　　2.2.5　水の問題 － 水論 －　54
　　2.2.6　生駒山麓の水車　55
2.3　琵琶湖疏水の歴史……………………………………………………………55
　　2.3.1　疏水への夢　55
　　2.3.2　北垣国道知事の決意　57
　　2.3.3　北垣知事と田辺朔郎　57
2.4　琵琶湖と水文化 － その生態と文化の多様性をみる －…………………61
　　2.4.1　「古代湖」としての琵琶湖　62
　　2.4.2　淡海文化の構造的特徴－「周縁文化」としての宿命－　62
　　2.4.3　水資源としての琵琶湖文化　63
　　2.4.4　生態系に適応した琵琶湖の漁業文化　65
　　2.4.5　水面・風景としての琵琶湖文化　66
　　2.4.6　これからの琵琶湖文化　67
　文　　　献……………………………………………………………………………68

3章　近畿における水利用

3.1　水利用……………………………………………………………………………72
　　3.1.1　近畿の生活用水・工業用水の現状　72
　　3.1.2　近畿の名水と宮水　77
3.2　水管理……………………………………………………………………………84
　　3.2.1　近畿におけるディフューズポリューションと水質管理　84
　　3.2.2　琵琶湖・淀川水系における流域管理　90
　　3.2.3　近畿都市圏の水管理　96
　　3.2.4　近畿の多自然型川づくりの事例　102
　文　　　献……………………………………………………………………………110

4章　開発と水環境

4.1　有機汚濁・富栄養化 ……………………………………………………114
　4.1.1　琵　琶　湖　114
　4.1.2　大阪湾・播磨灘　120
　4.1.3　大阪市内河川の水質汚濁対策の歴史と現状　125
　4.1.4　奈良盆地河川・大和川　130
　4.1.5　生態系に現れた近畿の河川の変遷　136
4.2　化学物質汚染 ……………………………………………………………143
　4.2.1　農　薬　汚　染　143
　4.2.2　工業薬剤による近畿の河川の汚染　154
　4.2.3　界面活性剤による近畿の河川の汚染　159
　4.2.4　河川水の変異原性－淀川水系－　164
　4.2.5　化学物質の微生物分解－近畿の河川の生分解活性度－　169
　4.2.6　ナホトカ号重油流出事故と海域汚染　176
4.3　地下水汚染 ………………………………………………………………181
　4.3.1　近畿の地下水汚染の現状と対策　181
　4.3.2　兵庫県太子町の事例　185
4.4　下水・排水処理 …………………………………………………………191
　4.4.1　近畿の下水処理の現状　191
　4.4.2　近畿の地場産業排水対策－染色，金属工業など－　198
4.5　近畿の水環境の毒性評価 ………………………………………………202
　4.5.1　開放型水循環の問題点　202
　4.5.2　環境基準と汚染物質　203
　4.5.3　バイオアッセイを用いた近畿の水環境の評価　203
　4.5.4　環境ホルモンの評価　205
　4.5.5　開放型水循環系での課題　207
文　　献 ………………………………………………………………………208

5章　水環境の保全

5.1　琵琶湖・淀川水系の水辺環境とその保全 ……………………………………214
  5.1.1　河川工事の考え方の変化　214
  5.1.2　琵琶湖の水辺環境　216

5.2　近畿における水環境 NGO の活動 ……………………………………………219
  5.2.1　環境保全をめざす NGO 活動　219
  5.2.2　水環境 NGO 活動の平均像と問題点　219
  5.2.3　各地の水環境 NGO 活動　222

5.3　住民運動と水環境訴訟 － 近畿での事例 － ……………………………………225
  5.3.1　住民運動の系譜　225
  5.3.2　訴訟の事例　226
  5.3.3　住民運動の重要性　231

文　　　献 ……………………………………………………………………………232

6章　阪神・淡路大震災による水環境への影響

6.1　水資源への影響 ………………………………………………………………235
  6.1.1　水資源影響調査の概要　235
  6.1.2　河川水および地下水にみられる特徴　236
  6.1.3　陸水に対する震災の影響　237
  6.1.4　土壌にみられる金属分布の特徴と震災の影響　237

6.2　水利用への影響 ………………………………………………………………239
  6.2.1　震災によるライフライン施設の被害　239
  6.2.2　震災後の水確保状況　240
  6.2.3　小売店の対応およびその後の水使用状況　242
  6.2.4　震災の教訓　243

6.3　水処理への影響 ………………………………………………………………243
  6.3.1　下水処理施設の被害状況　243

  6.3.2 ポンプ場および管渠の被害状況　245
  6.3.3 浄化槽の被害状況　245
  6.3.4 震災地域における汚濁物の挙動　246
  6.3.5 今後の課題　247
6.4 水測定機関への影響と危機管理 ……………………………………248
  6.4.1 水測定機関へのアンケート調査　248
  6.4.2 アンケートに見られる水測定機関の被災状況　249
  6.4.3 復旧への努力と危機管理の教訓　251
文   献 ………………………………………………………………………252

おわりに － 近畿の水問題の将来 －

1. **近畿の水資源の特徴**　253
2. **近畿の水資源と消費の既存システム**　254
3. **水質水管理の現況と水消費体系の見直し**　255
4. **近畿の水環境**　256
5. **水環境改善の方向性**　257
文   献 ………………………………………………………………………258

索 引 …………………………………………………………………………259

1章　自然と水環境

　水という物質は物理化学的に際立った特徴を有している．比熱が一番大きく，固体・液体・気体の3相が自然界で容易に転換していることなどがあげられるが，氷が水に浮く，水はなるべく純水で凍ろうとするという周知の事実はとくに水環境の基本的な形成に重要な意味をもっている．すなわち冬に凍った氷は沈むことなく浮き，春になって溶ける．地球の表面にはいつもきれいな水が集まることになる．この水をあらゆる生物が利用し自然をつくっているのである．

　表-1.1にみるように地球の水では海水が97.2％を占める．海は生物資源の原点でもあるが，地球表面の2/3を覆う大量の水は地球そのものの気候を長期に安定させている．また，海面からの蒸発による水蒸気は水循環系路のうちの大気圏での役目を担っている．およそ1週間で地球を一回りするという大気流によって，水蒸気は熱を運び雨を降らす．地球の淡水量は，海水に比べごくわずかなうえにその大半が雪氷と地下水である．河川，湖沼の水はさらに微量であるが，国土の動脈・静脈として水の供給や排除を受けもつ自然的，人為的機能は大きく，陸域の水環境全体を支えている．

　日本の国土では，水は

表-1.1　地球の水の存在量[1]

	水資源の形態	存在量(m^3)	(％)
淡水	地表水　淡水湖	125×10^{12}	0.009
	河川水	1.1×10^{12}	0.0001
	万年氷・雪・氷河	$29\,000 \times 10^{12}$	2.150
	宙水　　大気中の水分	12.9×10^{12}	0.001
	土壌水分・宙水	66.6×10^{12}	0.005
	地下水　800m以浅地下水	$4\,200 \times 10^{12}$	0.310
	800m以深地下水	$4\,200 \times 10^{12}$	0.310
海・かん水	塩水湖・内陸海	104×10^{12}	0.008
	海　洋	$1\,319\,800 \times 10^{12}$	97.200

基本的に「陸水 → 土壌水 → 地下水 → 地表水(河川・湖沼) → 海洋 → 蒸発 → 降水」という循環系を構成している．これまでの水に対する認識は，水の利便性の追求とそれを保証する観点からの水環境の保全を主に考えられてきた．今では水を地球の表面で共有することが水自体と人間を含むすべての生物が存続する必要条件であると基本的に認識され，少なくとも流域を空間的単位として健全な水循環を形成することが水に関わる自然の恵みを享受する手段であるとされている．現実には流域において上流域から流れに沿って水循環を概観してみると，森林地域，農村地域，都市地域，沿岸地域のそれぞれにおいて各種の障害がみられる．これらを体系的な施策によって環境保全上健全な水循環を回復し，地域に応じた水環境を創生せねばならない．［村岡］

1.1 近畿の水資源量とその循環

1.1.1 近畿地域の国土の姿

近畿地域は21世紀の文明を支える国土を築くにあたり大きな役割が期待される地域であり，「文化の香りの高い，創造性に満ちた，世界に誇り得る中枢圏域」として位置づけられる．確かに我が国最大規模の歴史や文化が蓄積され，豊かな自然が安全でゆとりのある暮らしを覆ってきた[2]．しかしこの四半世紀の間，東京一極集中構造の進展のなかで，経済面で相対的に地位を低下させてきたのは事実である．この時代の流れに沿って水環境を通してみた国土の姿は，水資源開発，とくに「琵琶湖総合開発事業」の完結［平成9年(1997)］によって水利用の利便性が高まった陰で，水資源の最大の涵養源である森林の劣化，開発圧のスプロール化による農用地の減少，市街地の水収支の歪みなどが依然として回復されることなく存続している[3]．

そうはいっても近畿地域を21世紀に送り込む水環境からの基本構想あるいは展望はこの期で確立されなければならない．これまでの国土整備は地域の文化・学術を活かすとはいうものの，その国土軸は経済基盤と情報流通が偏重されたものであり，阪神・淡路大震災［平成7年(1995)］がこのような軸がいかに重荷であっ

たかを学ぶ機会となった．近畿地域は古来水の文化にたつ風土をもち，瀬戸内海（大阪湾），淀川，琵琶湖，敦賀湾を結ぶ「水土軸」がその国土を支える基本軸であるとする構想[4]は近畿の水環境を考えるうえで大きな意味がある．

1.1.2 流域と水資源量

近畿といえば福井県，三重県，滋賀県，京都府，大阪府，兵庫県，奈良県，和歌山県が国土計画上の空間区分であるが，国土庁の水資源行政上での近畿地域は近畿内陸（滋賀県，京都府，奈良県）および同臨海（大阪府，兵庫県，和歌山県）と区分され，福井県は北陸地域に，三重県は東海地域に入る．しかし近畿の水環境や水文化に関わる水系を取り上げる場合には，北から九頭竜川水系，北川水系，由良川水系，円山川水系，揖保川水系，加古川水系，淀川水系，大和川水系，紀の川水系，新宮川水系があげられる．なかでも琵琶湖を含む淀川水系は近畿地方の主要国土軸を形成している．

日本の地域別降水量と水資源賦存量は**図-1.1**のとおりである．日本国土平均

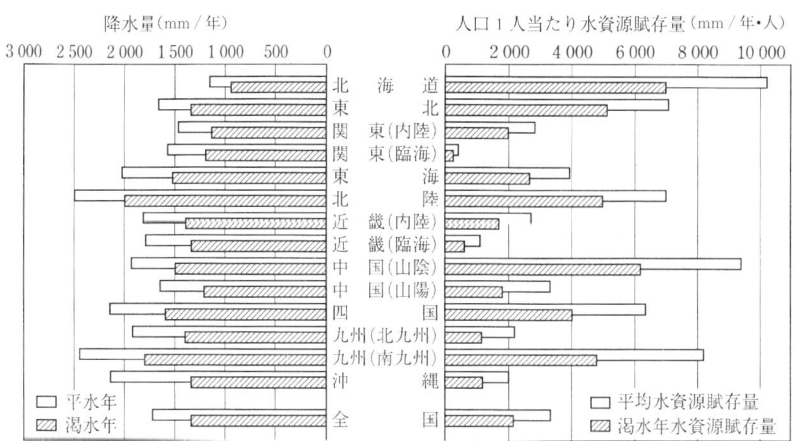

注 1) 国土庁調べおよび総務庁統計局国勢調査（平成7年）による．
　2) 平均水資源賦存量は，降水量から蒸発散によって失われる水量を引いたものに面積を乗じた値（水資源賦存量）の平均を昭和41年(1966)から平成7年(1995)までの30年間について地域別に集計した値である．
　3) 渇水年水資源賦存量は，昭和41年から平成7年までの30年間の降水量の少ない方から数えて3番目の年における水資源賦存量を地域別に集計した値である．

図-1.1　地域別降水量と水資源賦存量[5]

の降水量は1 714 mm/年(平水年), 1 330 mm/年(渇水年)であるから, 近畿地域の降水量特性はほぼ全国レベルにあるといえる. しかし水資源賦存量でみると, 関東地域と同様, 水需要度のきわめて高い地域となっている. 本来, 水資源の豊富な地域に人口が集中し過ぎ, その結果水不足が問題となるパターンであろう.

近畿地域の中でも内陸部, 臨海部と分類されるように, 日本海沿岸, 内陸地域, 瀬戸内海(大阪湾)沿岸, 太平洋沿岸のそれぞれの気候や風土は独特のものがあり, これらを踏まえて水資源の地域特性を理解せねばならない. 表-1.2は近畿圏主要水系の水文・流出特性をまとめたものである. 淀川水系の規模の大きさは抜群であるが, 流域内年平均降水量は必ずしも大きくない. しかしこのことで淀川流域の降水量は少ないと判断すべきでなく, 我が国の場合, 流域面積が大きいほど多様な気候帯の雨量を平均化することになり, むしろ安定な水資源量が確保できるといえる. このことは, 後述の琵琶湖総合開発事業に詳しい. 揖保川, 加古川は瀬戸内海気候の影響を受けていると考えられる. 北陸地域の九頭竜川は, 北川とともに降雪によって豊富な流出高を示しているが, 新宮川も日本有数の降水量を誇る大台ヶ原を含む太平洋気候帯にあって多量の水量を流出している.

表-1.2 近畿圏主要水系の水文・流出特性[6]

近畿圏の主要水系	流域面積 (km²)	流域内年平均降水量 (mm/年)	流域内年平均降雨日数 (日/年)	基準点平均流量 (m³/s)	基準点年総流量 (×10⁶ m³/年)
九頭竜川	1 239.6	2 432.3	168	86.19	2 718.21
北　　川	201.6	2 415.9	190	13.60	428.96
由 良 川	1 344.3	1 767.7	167	61.76	1 947.61
円 山 川	837.0	1 849.6	165	50.41	1 589.75
揖 保 川	622.4	1 772.7	134	45.65	1 439.50
加 古 川	1 656.0	1 498.6	116	60.35	1 903.30
淀　　川	7 281.0	1 590.2	127	258.36	8 147.59
大 和 川	962.0	1 404.7	125	32.42	1 022.31
紀 ノ 川	1 558.0	1 830.8	133	73.41	2 315.19
新 宮 川	2 251.0	2 870.1	133	354.58	11 181.98

1.1.3 琵琶湖総合開発事業

琵琶湖総合開発事業は昭和47年(1972)『琵琶湖総合開発特別措置法』公布により始まり, 25年後の平成8年(1996)度末に完了した. この事業は水資源開発関係事業(水資源開発公団が担当)と地域開発事業からなっているが, 前者は国土庁

の「水資源開発基本計画（フルプラン）」による指定水系のひとつ，淀川水系の事業内に位置づけられる．指定水系には淀川水系のほか，利根川・荒川，木曽川，豊川，吉野川，筑後川の水系がある．昭和37年(1962)に指定された淀川水系の水資源開発計画は供給目標量91.2 m³/s に対し1997年度末の完成量は76.6 m³/s で，進捗率は86％である．平成11年(1999)度までの事業では，琵琶湖総合開発，日吉ダム，比奈知ダム，布目ダム，猪名川総合開発，日野川土地改良，大和高原北部土地改良，その他1事業であり，平成11年度を越える事業には川上ダム，大戸川ダム，丹生ダム，天ケ瀬ダム再開発，宇治山城土地改良，その他2事業がある．なお，近畿地域の淀川水系以外の水資源政策は，平成10年(1998)度策定の「新しい全国総合水資源計画（ウォータープラン21）」に基づいている．

　琵琶湖の流域は湖面積を含み3 848 km² であり，琵琶湖・淀川水系流域7 281 km² の52.9％を占める．貯水量275億m³ は我が国最大であり，流域の北部は日本海気候による降雪で，中・南部は梅雨型気候により安定した流入量をもつ．すなわち琵琶湖の年平均水収支は，流域の降水量74.5億m³，蒸発散量26.5億m³，流出水量49.3億m³ である．また集水域からの地下水流入量は約2.4億m³ とされている[7]．

　この豊富な水量によって沿岸域はもちろんのこと，下流域では淀川を通じて古くから恵まれた水環境にあったが，経済の発展，社会構造の変革に対応して琵琶湖総合開発事業によって新規に40 m³/s の水量が開発された．このため琵琶湖の利用水深は大きくなり，利用低水位は基準面に対し−1.5 m となる．また沿岸地域の水環境は数々の影響を受けるが，下流では1 400万人の生活用水を安定的に供給できるようになった．これを寝屋川流域（面積280 km²，人口270万人）の水収支でみると，平水年の平成4年(1992)では降水量1 294 mm/年，上水供給量1 717 mm/年であったのが，歴史的渇水年といわれる平成6年(1994)では降水量636 mm/年，上水供給量1 588 mm/年であった．すなわち，大渇水年であっても，上水供給量は年単位でみる限りほとんど影響をきたしていない．

　琵琶湖総合開発事業の水資源開発事業と並ぶ地域開発事業は，「治水」，「利水」だけでなく水質や自然環境の「保全」を総合事業の三本柱とすることによる．これによって湖岸の整備，森林，農地，水産関連の事業，自然保護や公園などの整備が行われてきた．上下流の連携にあたって，多くの利便性が保証されたが，総合開

発が進み終わるにつれて流域(主として滋賀県)に新たな変貌が生じてきているとみられる.それらは以下のとおりである[8].

- 人口の変化……昭和40年(1965)を100とすれば,30年後の平成7年(1995)は全国で128,近畿129であるのに対し,滋賀県は150強,著しい増加がみられる.
- 琵琶湖の水質……昭和55年(1980)頃から改善傾向を示したが,最近は横這い.平成8年(1996)度の化学的酸素要求量(chemical oxygen demand : COD),全窒素(total nitrogen : TN),全リン(total phosphorus : TP)の濃度は北湖のTP以外は環境基準を上回っている.
- 森林の状態……森林面積はここ10年間でみると全国の減少率の25倍程度で減少している.しかし面積そのものの減少はさほどでもなく,天然の広葉樹林が減り,人工の針葉樹林が増加しているのが特徴である.
- 農業の傾向……圃場整備は進んでいるが,耕地面積は昭和38年(1963)を100とすると平成7年は76～77に減少,とくに琵琶湖周辺の減少が著しい.
- 都市開発……昭和47年(1972)を100とすると平成6年(1994)の滋賀県の緑地面積は95.3(全国は96.7),同じく宅地面積は140(全国は124)である.
- 琵琶湖周辺の状況……人工護岸化が進み,自然護岸が減少.内湖面積減少[平成2年(1990)以来新規造成もある].ヨシ帯面積の減少.
- 湖内漁業と生態系……在来魚介類のフナ,イサザ,セタシジミの漁獲量減少.固有生息生物の減少.

以上のように,水資源の涵養に,直接関係する森林域と農耕地の減少と,少子高齢化によるそれらの保全や運営の劣化により涵養そのものの保全のあり方が問われている.これまで『地域開発事業および環境保護に関する排水規制』や『湖沼水質保全特別措置法』[昭和60年(1985)]に基づく施策,および富栄養化,ヨシ群落,ごみなどに関する滋賀県の条例により琵琶湖の環境は多面的に保全されてきたが,新たな課題を受けて一層の試練も集積されている.21世紀に向けた「(財)琵琶湖・淀川水質保全機構」の設立[平成5年(1993)],「琵琶湖・淀川水環境会議」[平成8年(1996)]の提言が期待されている.また,阪神・淡路大震災の体験から広域防災帯の危機管理の一環として阪神疏水構想がもち上がるなど,琵琶湖を含む淀川水系にからむ上下流の水資源関連の新たな政策的課題が生じてきている.

琵琶湖総合開発事業は本来琵琶湖のもつ偉大な自然宝庫を水源地域と受益地域とが永続的にわかち合うため，科学と技術の粋を尽くして完成されたものであり，その効果と影響は甚大であるが，ここに至る過程を詳述した記録も後年に資する大きな価値がある[9]．

1.1.4 健全な水循環の創生に向けて

　環境基本計画が平成6年(1994)に閣議決定され，過疎化・高齢化の進む地域に森林，農地の環境保全能力の維持が困難な地域の発生と，都市化の進展に伴う地下浸透の減少により，水の自然循環の態様に変化が認められてきた．これに対し環境庁は「水環境ビジョン懇談会」が報告をまとめ［平成7年(1995)］，これを受けて「健全な水循環の確保に関する懇談会」が「流域の健全な水循環の確保に向けて(中間まとめ)」を示した［平成9年(1997)］．国土庁では水資源の全国的統合計画として「全国総合水資源計画(ウォータープラン2000)」を策定［昭和62年(1987)］，「水資源基本問題研究会」により流域における健全な水循環系の確保を基本理念として「21世紀の持続的水活用社会形成に向けて」が提言された［平成10年(1998)］．建設省は『河川法』の改正［平成9年(1997)］によって河川事業に環境保全を組み込む方針を明らかにし，さらに河川審議会において「新たな水循環・国土管理に向けた総合行政のあり方について」を検討し，「流域における水循環は如何にあるべきか(中間報告)」［平成10年(1998)］を提言した．

　以上のことは図-1.2に示す国土の水循環の構造を理解したうえで，「健全な水循環系」に関して水に関わる行政関係者が共通の認識に立ち，総合的な施策効果を発揮するための連携的な取組みをしようとするものである．水循環の空間的単位は流域であり，流域の水環境を豊かにするには上下流の各組織の理解と強調が必要である．さらに水循環は地域や国土で閉鎖する現象でなく，地球規模の循環があることを知らねばならない．国によっては水資源がきわめて乏しく，国際河川にからんで将来水危機が予想されている．それだけに水文事象の理解を基本とした水循環と水資源に関わるパラダイムの特質を理解せねばならない[11],[12]．

　地球環境問題のうち，二酸化炭素などの温室効果ガスの増加に伴う地球温暖化に対する対策は，すでに国際的に合意された約束である．我が国においても具体

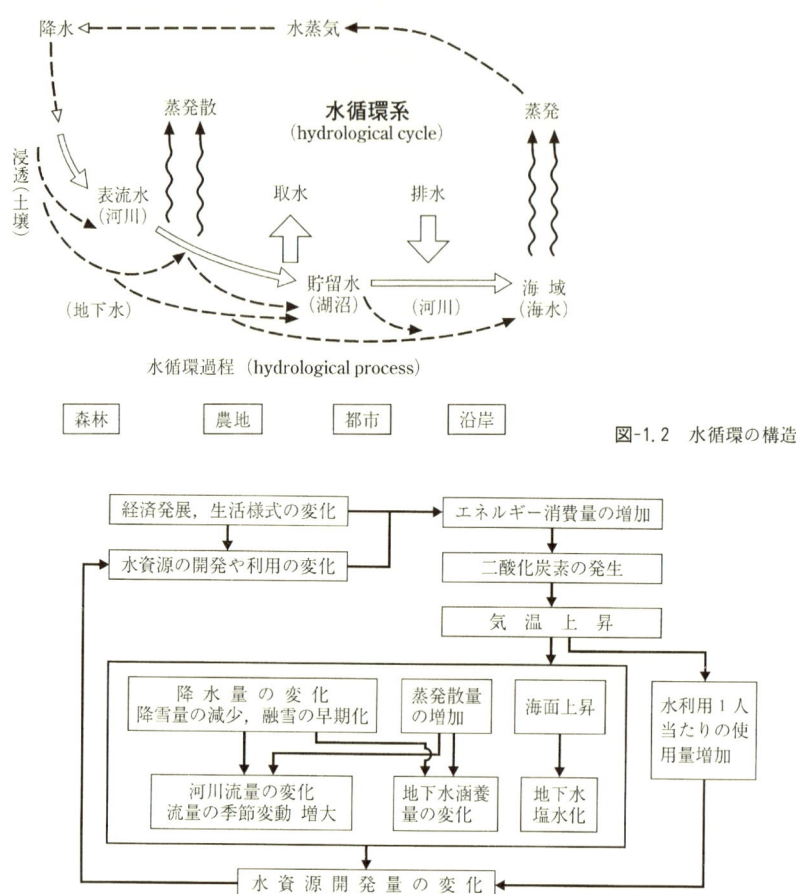

図-1.2 水循環の構造[10]

図-1.3 地球温暖化と水資源との関係[5]

的な方策を立てて行動を進める段階にきている．地球温暖化の水循環への影響はきわめて複雑でかつ緩慢な変貌であるが，水資源への影響は確実に存在しその関係は図-1.3のごとく想定される．したがって手遅れにならないよう早い段階での対応が必要である．[村岡]

1.2 近畿の水環境の特徴

1.2.1 琵琶湖・淀川水系

(1) 流域の概況

　琵琶湖・淀川水系は，滋賀，京都，奈良，三重，大阪，兵庫の2府4県にまたがる流域面積 8 240 km² の水系である（図-1.4）．水系を構成する主な流域は，最上流の琵琶湖流域，その下流の宇治川流域，京都府方面から流入する桂川流域，奈良・三重県方面から流入する木津川流域，下流の淀川本流流域，および，兵庫県方面から流入する猪名川流域の6流域である．琵琶湖から流出する自然河川は瀬田川のみであり，それが京都府宇治市からは宇治川と名前を変え，さらに木津川，桂川が合流し，淀川本流となって大阪平野を流れ下る．それぞれの河川の流域面積を表-1.3に示す．琵琶湖・淀川水系全体に占める流域面積の比率は，琵琶湖流域が最も大きく46.7%，次いで木津川流域19.4%，桂川流域13.3%となっている（図-1.5）．

　淀川上流の各支川には大きな盆地が発達し（近江盆地，亀岡盆地，京都盆地，伊賀盆地），とくに最上流部に琵琶湖という天然の大貯水池を有することがこの水系の著し

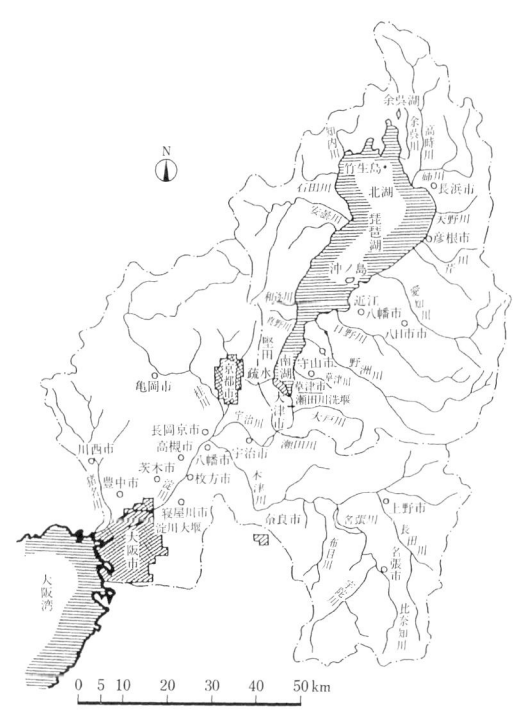

図-1.4 琵琶湖・淀川水系[3]

表-1.3 琵琶湖・淀川水系の流域面積[13]

河川名	流域面積(km²)
琵 琶 湖	3 848
宇 治 川	506
木 津 川	1 596
桂 川	1 100
淀 川	807
猪 名 川	383
淀 川 水 系	8 240

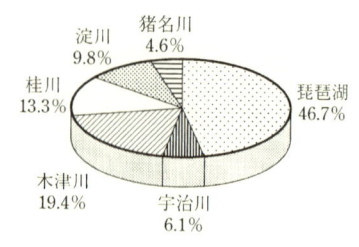

図-1.5 琵琶湖・淀川水系の流域面積比率[13]

い特徴となっている．このような地形的条件のため，下流の淀川では他の国内の河川に比べ流況が比較的安定している．また，淀川本流は河床勾配が小さいため，かつては舟運が発達し大阪と京都の間の物資輸送の要となっていた．大和川もかつては大阪城の下で淀川に合流していたが，江戸時代前期末に水害防止のため大阪湾沿岸の堺に河口が付け替えられた．

淀川の中・下流部では洪水による水害が度々発生してきたが，琵琶湖の水位の調整をめぐっては，上流と下流との間で江戸時代以降対立が続いてきた．洪水時に，上流ではできるだけ早く水を下流に流し水位を下げたいが，下流では琵琶湖で水をできるだけ貯留し下流の水位上昇を抑えたいからである．上流側の訴えは江戸幕府の軍略上の理由（瀬田川を徒歩で渡れる場所を確保しておきたかった）もあってなかなか受け入れられなかったが，琵琶湖の水位が＋3.76 m まで上昇した明治 29 年(1896)の大洪水をきっかけに，瀬田川の掘削と南郷洗堰の建設［明治 38 年(1905)完成］が行われ，琵琶湖の水位は人工的に調整されるようになった．現在では新洗堰［昭和 36 年(1961)完成］により上流と下流の状況を監視しながら水位調整が行われている[13]〜[15]．

(2) 土 地 利 用

琵琶湖流域や木津川流域などの上流域では比較的耕地が多く，下流域では住宅地や商・工業用地が多い．琵琶湖・淀川水系における土地利用形態別の面積比率は，図-1.6 に示すように，平成 7 年(1995)では山林が最も多く(40 %)，続いて宅地(31 %)，田(17 %)，畑(4 %)となっている．昭和 46 年(1971)と平成 7 年の土地利用形態を比較すると，山林と田の合計の比率が 79 % から 57 % に減少（－22 %）し，宅地が 13 % から 31 % に増加（＋18 %）している．猪名川流域では，

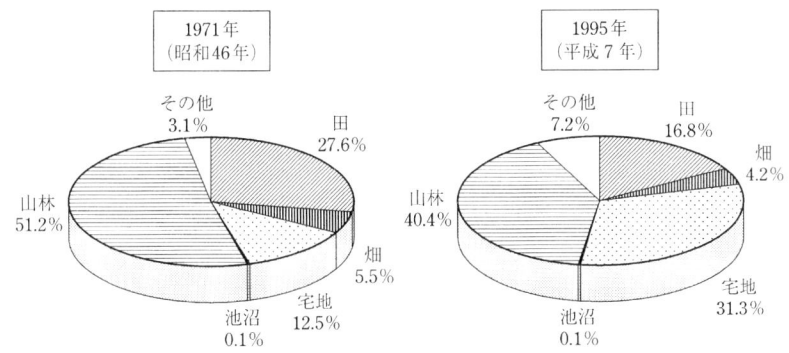

注1）集計の対象とする地域は、琵琶湖・淀川流域に一部または全部が含まれる市町村である．
　2）課税対象分の土地のみを対象としている．
　3）その他には原野，牧場，雑種地も含まれる．

図-1.6　琵琶湖・淀川水系における土地利用形態[13]

阪神地区のベッドタウンとして大規模な宅地開発が行われ，猪名川は典型的な都市河川となっている[15),16)]．

（3）気　象

降水量は，図-1.7に示すように，琵琶湖・淀川水系の北部および南東部で多く，年降水量がおよそ2 000～2 500 mmになっている．北部で降水量が多いのは，冬季に降雪量が多いためであり，南東部の高見山地から鈴鹿山脈にかけて多いのは，梅雨前線や台風による降水量が多いことが影響している．大阪の平野部では年降水量は1 500 mm前後と上流部に比べ少ない．

気温は，琵琶湖周辺の山地や鈴鹿山脈，丹波山地東部など各河川の上流部では，平野部に比べやや低くなっている．年平均気温［昭和37～56年（1962～1981）平均］は，彦根14.3 ℃，大津14.7 ℃，上野（木津川流域）13.6 ℃，園部（桂川流域）13.5 ℃，大阪16.1 ℃，豊中（猪名川流域）15.5 ℃である[17)～19)]．

（4）人　口

琵琶湖・淀川水系における人口は，大阪・京都などの大都市とその周辺の衛星都市に集中している．人口の推移は，図-1.8に示すように，昭和初期には500万人程度でゆっくりとした増加であったが，1960年代から1970年代前半にかけ

12　1章　自然と水環境

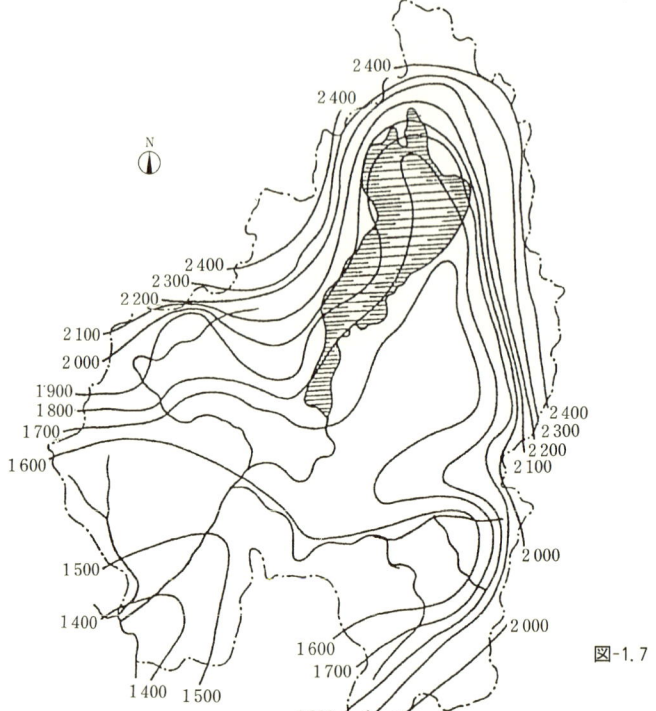

図-1.7　琵琶湖・淀川水系における降水量[19]（mm/年）

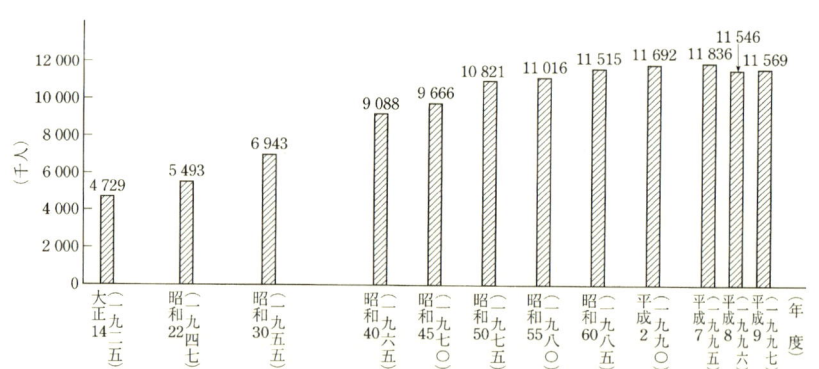

注）集計の対象とする地域は，琵琶湖・淀川流域に一部または全部が含まれる市町村である．
　　国勢調査より作成（平成8年度～9年度は住民基本台帳）．

図-1.8　琵琶湖・淀川水系における人口の推移[13]

ての高度経済成長期に急激に増加し，1970年代後半には1000万人を突破した．平成9年(1997)の流域人口は1160万人であり，その内訳(流域内人口比率)は，大阪府が54％，京都府19％，滋賀県11％，兵庫県9％，奈良県5％，三重県2％となっている．昭和40年(1965)から平成7年(1995)の間に増加した人口(人口増加率)は，大阪府が113万人(1.21)，京都府56万人(1.33)，滋賀県43万人(1.51)，兵庫県27万人(1.34)，奈良県30万人(1.98)，三重県5万人(1.35)であり，増加した人口では大阪府，京都府が多いが，人口増加率は上流の滋賀県や奈良県で大きくなっている．これは，交通網整備による通勤圏拡大や上流での産業発展に伴い，下流から上流に徐々に宅地開発の舞台が移動していることを示している[13]．

(5) 産業・経済

1960年代から1970年代前半にかけての高度経済成長期には，名神高速道路，東海道新幹線の開通，南郷新洗堰および琵琶湖大橋の建設など，大規模な社会基盤整備事業が琵琶湖・淀川水系でも進められた．また，昭和49年(1974)には『琵琶湖総合開発特別措置法』が成立し，京阪神地域への水供給確保のための琵琶湖の水資源開発と琵琶湖周辺域の社会基盤整備事業とが並行して進められた．このような社会基盤整備に伴い阪神工業地帯を中心に産業が急成長した．また，京都・滋賀など内陸部にも電気や精密機械，繊維などの工場が進出した．表-1.4に示すように，琵琶湖・淀川水系の産業は，昭和45年(1970)から平成2年(1990)にかけて急激に成長し，総生産で4.8倍，工業製品出荷額で3.6倍になった．その後は，景気が悪化したため両指標とも頭打ちになっている．工業製品出荷額の平

表-1.4 琵琶湖・淀川水系の産業[13]

		1970	1975	1980	1985	1990	1995
総生産(10億円)		15 974	27 602	44 042	56 978	77 149	84 004
就業人口 (千人)	第一次産業	291	193	146	120	93	97
	第二次産業	2 128	1 968	1 919	1 939	2 029	2 007
	第三次産業	2 562	2 798	3 054	3 300	3 519	2 830
工業製品出荷額(10億円)		9 476	13 407	24 305	28 866	34 265	30 576
商業販売額(10億円)		22 291	43 607 (1974)	59 661	82 855	108 886 (1991)	95 983 (1994)

注1) ( )内は商業統計表の刊行年．
注2) 経済企画庁経済研究所「県民経済計算年報」，国勢調査，工業統計表，商業統計表より作成

成7年(1995)の値を府県別でみると，大阪府15.2兆円，滋賀県6.1兆円，京都府5.2兆円，兵庫県2.7兆円となっており，滋賀県が意外に大きいことがわかる．これは，名神高速道路の開通に伴い滋賀県の丘陵地帯に大規模工場が多く立地したためである[13),20)]．

一方，農業を中心とする第一次産業の就業人口は急減し，現在，大部分の農家は兼業農業である．このような兼業化は，農業の機械化を促進させ，さらに機械を導入するための圃場整備事業が積極的に進められるようになった．また，圃場整備に伴い，用排水路網の整備，用排水の分離，用水路のパイプライン化などが進められ，農業の水利システムは大きく変貌することになった．このような整備は農作業を楽にした反面，農業用水量の増加(節水意識の低下)，農業用水における反復利用の慣習の衰退，水路に堆積した泥の底浚いの慣習の衰退などを招き，農業由来の汚濁負荷量を結果的に増大させた可能性が考えられる．

(6) 水量・水質の概況

琵琶湖・淀川水系の主要河川の流量は，表-1.5 に示すように，琵琶湖から瀬田川を経て宇治川から流出する水量が最も多く 155 m³/s (1991〜95 年平均)，次に木津川 50 m³/s，桂川 39 m³/s の順になっている．淀川(枚方大橋)の水量 241 m³/s の約6割が宇治川，約2割が木津川，約1.5割が桂川からのものと考えら

表-1.5 琵琶湖・淀川水系の流量および水質

	流量 (m³/s)	BOD (mg/L)	NH₄⁺-N (mg/L)	TN (mg/L)	TP (mg/L)	BOD 負荷量 (t/日)	NH₄-N 負荷量 (t/日)	TN 負荷量 (t/日)	TP 負荷量 (t/日)
瀬田川	139	1.1	0.03	0.64	0.026	13.2	0.36	7.7	0.31
宇治川 (御幸橋)	155	2.0	0.17	1.1	0.073	26.8	2.28	14.7	0.98
桂川 (宮前橋)	39	2.5	0.64	4.7	0.32	8.4	2.16	15.8	1.08
木津川 (御幸橋)	50	1.9	0.27	2.2	0.087	8.2	1.17	9.5	0.38
淀川(枚方大橋)	241	2.3	0.23	1.8	0.12	47.9	4.79	37.5	2.50
猪名川 (軍行橋)	7	7.0	3.4	9.8	1.1	4.2	2.06	5.9	0.67

注1) 流量：1991〜95年平均，水質：1995年度平均．
注2) 猪名川の水質は中園橋と利倉橋の平均値を示す．

れる．

　一方，水質は，主要河川の中では猪名川が最も悪く，生物化学的酸素要求量（biochemical oxygen demand：BOD），TN，TPとも最も高い濃度を示している．枚方大橋上流の主要河川では，桂川の水質が最も悪い．BODでは桂川 2.5 mg/L，宇治川 2.0 mg/L，木津川 1.9 mg/Lと大きな差はないが，アンモニア態窒素（NH_4^+-N），TN，TPでは，桂川は宇治川，木津川に比べ 2 倍以上の濃度となっている．

　汚濁負荷量（濃度 × 流量）を枚方大橋上流の主要河川についてみると，BOD 負荷量は，宇治川が桂川や木津川に比べ大きく 3 倍程度になっている．一方，TN 負荷量でみると宇治川と桂川は同程度で木津川はその 6 割程度になっており，水量が少ない割には桂川と木津川の負荷量が大きい．このことは，淀川本川の TN 濃度を下げるためには桂川や木津川流域における窒素負荷削減対策が重要であることを示している．また，TP 負荷量は，宇治川と桂川が同程度で，木津川はその 4 割程度になっており，水量は少ないが負荷の大きい桂川流域でのリン負荷削減対策が重要であることを示している．

　図-1.9 は琵琶湖・淀川水系の上流から下流の BOD 濃度の変化を示す．京都府を流下する過程で濃度が高くなっていることがわかる．また，図-1.10 は琵琶湖・淀川水系の主要地点における BOD 濃度の経年変化を示す．全般的に改善傾向がみられ，特に桂川，芥川，大阪市内河川での低下が顕著である．これは，下水道の整備および下水処理の高度化の影響が大きいと考えられる．一方，もともと濃度の低い琵琶湖や木津川での濃度低下は小さい．図には示していないが，木津川

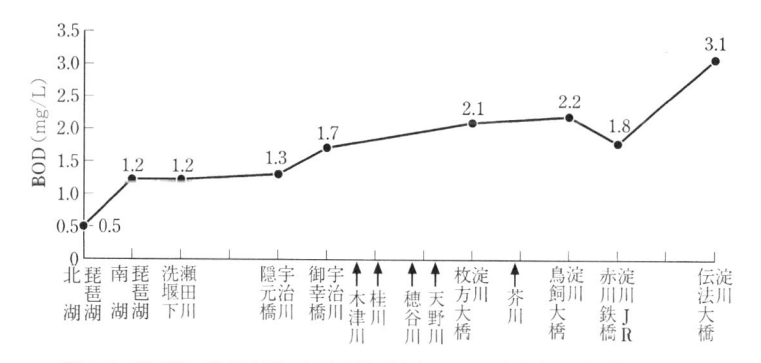

図-1.9 琵琶湖・淀川水系における流下方向の BOD 変化（1992 年度平均値）[21]

16 1章 自然と水環境

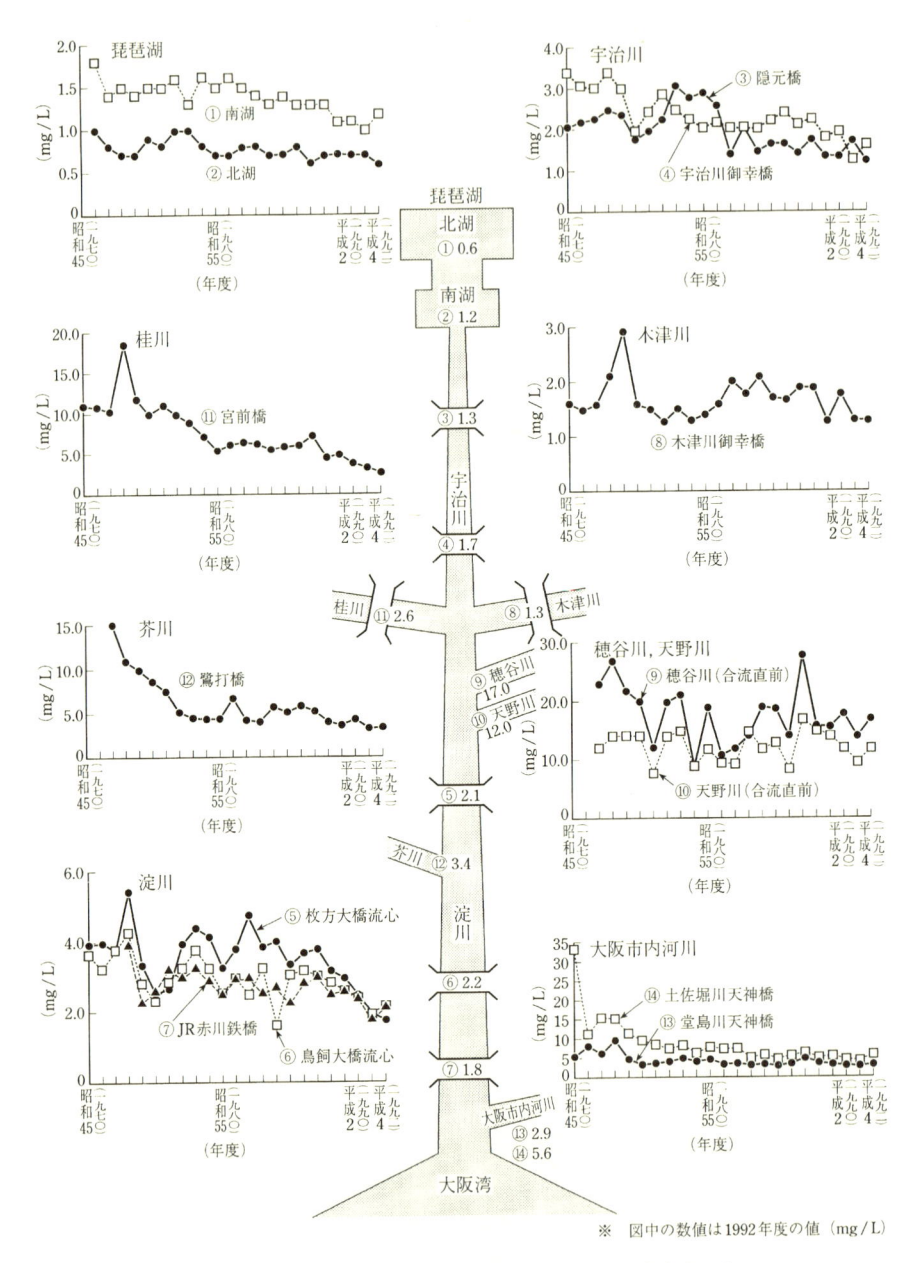

図-1.10 琵琶湖・淀川水系の主要地点におけるBOD経年変化[21]

※ 図中の数値は1992年度の値 (mg/L)

ではアンモニア態窒素が増加する傾向があり，流域の生活系汚濁負荷が増加している可能性が考えられる．

このように淀川本川（枚方大橋付近）の水質は，桂川を主とする京都府からの汚濁負荷の影響を強く受けていると考えられる．最近，下水道の整備，下水処理場における高度処理の導入などにより桂川からの汚濁負荷量は低下してきたが，淀川の水質改善を図るためには京都府での負荷削減対策が重要であることに変わりはない．また，上流の滋賀県や奈良県で急激に人口が増加しており，宅地開発の進行に対して下水道整備などの対策の実施が遅れないように行政施策を迅速に進めていくことも大切であろう．また，長期的な観点では，森林面積の減少を抑え，清澄な水を供給する水源を保全していくことが重要と思われる．さらに，人手不足，経営難の中で効率性を追求してきた農業生産システムについても，環境面からの再検討が必要と思われる．［大久保］

1.2.2 大阪湾

(1) 地形・気象

大阪湾は図-1.11の海底地形に示すように，瀬戸内海の東端に位置し，北東から南西方向に約60 kmの長軸と，北西から南東方向に約30 kmの短軸をもつ楕円形の陥没湾である．湾の南部は紀淡海峡を経て紀伊水道に，北西部は明石海峡を通じて播磨灘と連なっている．湾内の中央をほぼ南北に走る20 m等深線は大阪湾を二分している．その東側と西側では，地形が異なっている．湾の西部海域は海底起伏が複雑で，

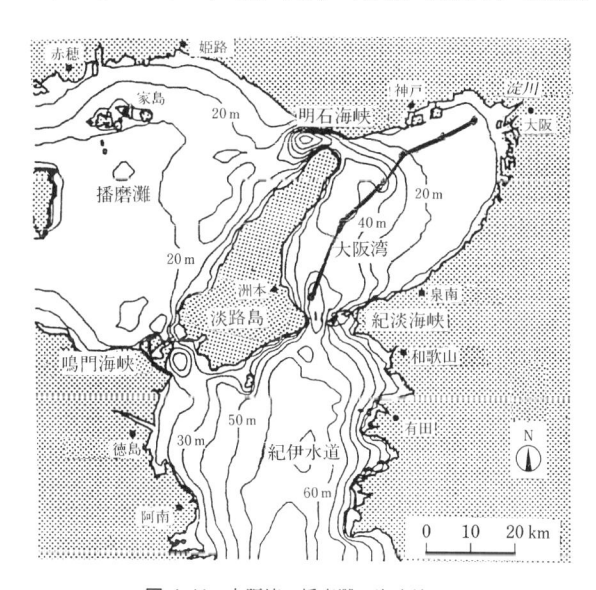

図-1.11 大阪湾・播磨灘の海底地形

水深 40～70 m の海底谷になっており，海峡周辺では 100 m にも達している．この海域は明石，紀淡の両海峡を通じての海水交換が活発に行われており，底質は礫，砂分が多い．これに対して，20 m 以浅の東部海域では，水深は一様に 10～20 m と平坦であり，微細泥が堆積した泥質海域となっている．水域は 20 m 等深線までは湾の西部に向かいゆっくり傾斜している．

降水量は 6 月の梅雨期と 9 月の台風期に多く，それぞれ 230 mm，200 mm である．降水量の少ない 12 月で 40 mm，1 月，2 月では 50 mm である．気温は 8 月に 27 ℃ と最も高く，1～2 月に 6 ℃ と低くなる．風速は，年間を通じて大きな変化はなく，7 月に 2.9 m/s と最も弱く，2 月に 3.5 m/s と最も強い．大阪湾の集水域は 2 府 5 県にわたり，集水面積は約 11 200 km² である．周囲地形は，北は六甲山地，東は生駒山地，金剛山地，南は和泉山脈などの 500～1 000 m の山地が連なっており，平地は大阪平野などに限られている．大阪湾に流入する主要な河川は，淀川，大和川などがある．これらの多くは北東の湾奥部に集中し，年平均流入量 389 m³/s の 90 % 以上を占めている．

図-1.12 は大阪湾における長軸方向測線(**図-1.11** 参照)に沿った鉛直断面の密度(σ_t)の季節変化[23]を示す．西部海域は明石海峡と紀淡海峡を通過する潮流に支配されており，鉛直方向に強混合状態にある．一方，東部海域の潮流は全般的に弱く，停滞性の強い海域である．加えて，淀川からの河川水

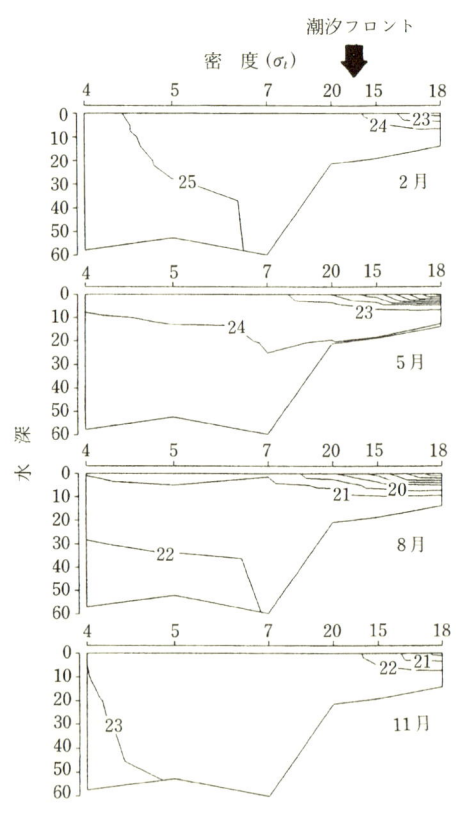

図-1.12 密度の鉛直断面分布の季節変化にみられる潮汐フロント

の流入で1年中，成層が形成されていて，上層の水深は5m程度である．この結果，西部海域と東部海域の境界では，海表面を西部海域へと拡がる潮汐フロントが形成されている．それは収斂線になっており，海表面のごみの集まりから肉眼でも識別できる．潮汐フロントがおおむね20m等深線上に発達することは同図からもわかる．

(2) 流 動 系

大阪湾の流動の主要な要因は月と太陽の起潮力による海面の昇降運動，そしてその海面勾配による圧力によって惹起される潮流である．しかしながら，物質の輸送への貢献を考える場合には，潮流よりもむしろ，流れの変動を一潮汐周期で積分した場合の定常流れ成分として定義される残差流が重要であることが定説になってきた．残差流は変動流速を調和分解したときの恒流成分に相当する．

図-1.13は大阪湾の残差流系と成層構造を鳥瞰図と東西方向に切断した鉛直断面図で示す[24]．大阪湾の流動構造は20m等水深線の付近の海域に形成される潮汐フロントを境界にして，海水流動も東部海域と西部海域でそれぞれ異なっている．西部海域では，明石海峡や紀淡海峡から大阪湾に流入する潮流はジェット状に流入・流出する．淡路島最北端のせん断層から発生した渦群が合体を繰り返し，時計回りの循環「沖ノ瀬環流」をつくる．この環流は水深方向に変化しないことから，複雑な地形との非線形作用で生じる潮汐残差流である．この循環流の流速は大潮時に発達したときには潮流成分よりも大きくなる場合もある．また，沖ノ瀬

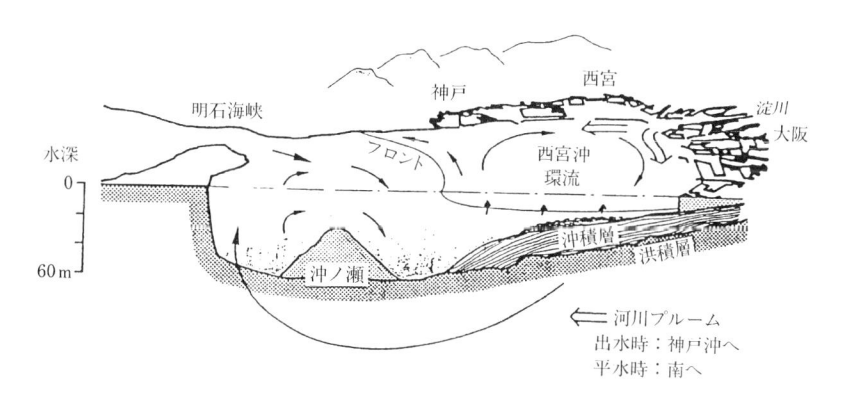

図-1.13 大阪湾の残差流系と成層構造の模式図

環流の中心部には運ばれてきた土砂が長年にわたって集積，堆積し，鉛直断面図にみられるような高さ約26 mの「沖ノ瀬」を形成している．須磨沖反流，友ヶ島反流など，海峡近くで形成される残差流は潮汐残差流である．

いまひとつは，東部海域湾奥部の水深3～5 mに限って観測される湾奥部の時計方向回りの循環「西宮沖環流」である．図-1.12の密度構造の季節変化からわかるように，成層の度合いは季節によって異なるが，湾奥部は1年中成層している．このような流動は密度勾配による圧力の影響を受けやすい．上層と下層では異なった流動構造をもつ．また，密度流は流速の小さな流れであることから，地球自転の影響を受けやすい．西宮沖環流の生起機構は次のように説明される．河口域特有のエスチュアリー循環により下層水は成層化した上層に湧昇する．その結果，湧昇の中心が高水圧となり，水平発散する．つまり，放射状に広がる．水平発散は地球自転の影響を受けて時計回りの高気圧性循環を引き起こす．力学的には，圧力勾配による力とコリオリ力とが釣り合った流れである．その流速は淀川河口においても30 cm/sに達することもあり，予想以上に速い．伊勢湾や東京湾においても時計回りの循環が湾奥の上層で観測されていることから，高気圧性循環は幅広で，成層化した内湾の湾奥部に特有な現象である．伊勢湾[25]でも東京湾[26]でも，その存在が確認されている．残差流を惹起するもう一つの外力として，風応力もある．

河川流量の少ない場合には，上述したように河川水は西宮沖環流の移流効果により南方に広がる．これに対して，洪水時には，淀川からの大量の河川水が神戸沖を西に向かうことが衛星写真などでみられる．成層水塊がロスビー変形半径（この場合は約10 km）を超えると，成層水塊にコリオリ力が働く．その結果，河川水は北半球では右に岸を見る方向に岸に沿って沿岸流(coastal jet)を形成し，速い速度で流れることが知られている．コリオリ力の影響が結果として，同じ淀川の河川水を異なった方向の流れに働きかけることは興味深い．

(3) 残差流系と物質輸送

水理実験で染料を流して流動を可視化するように，数値実験でも粒子を流したときの3次元的な動きをコンピューター・グラフィックを用いたアニメーションでみることができる．淀川河口から1万個の粒子群を放流して，それらの挙動を

追跡する数値実験[27]を行った.
図-1.14は粒子群の挙動をもとに粒子の循環機構を模式的に示している. 淀川からの河川水は西宮沖環流によって運ばれて, まず南に向かい, 約8日間東部海域の上層を時計回りに運ばれる. この間鉛直方向の拡散はほとんどなく, 粒子群は沈降しながら水表面を這うように薄く広がる. その後, 須磨沖で流れの

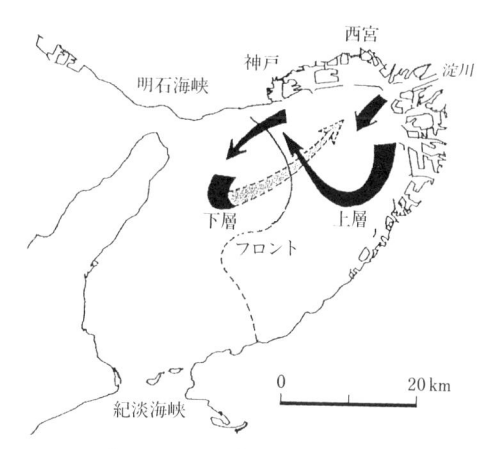

図-1.14 淀川河口から放流された浮遊粒子の追跡結果

方向を西に向けて湾西部に入り, 明石海峡からの強い潮流と出会う. そこで鉛直方向に強く混合して, 粒子群は大きく拡散する. 10日後には淡路島の海岸沿いに南下する粒子群と, 東部海域の成層化した境界面の下層を湾奥に向かう粒子群とに分離する. 後者は放流粒子の約30％に相当し, 湾奥部で連行されて上層へと戻っていく. いわゆるエスチュアリー特有の鉛直循環が大阪湾でも生じていることが数値実験からわかった. この一巡には約20日の時間を必要としている.

エスチュアリー循環は湾奥部における水循環や物質輸送を考えるうえで重要である. 図-1.15は湾奥部海域における一潮汐間の水収支の計算結果[28]を示す. 水深6mまでを上層として, ここでは, 西部および南部海域へ合計6710 m^3/s の流出があり, 河川と下層からそれぞれ500, 4340 m^3/s の流入がある. この比較から, 湾奥部上層への海水の供給は下層水の湧昇が主要な要因であることがわかる. その値は河川流入水の約9倍に相当する. 一方, 下層では, 上層と南部海域へそれぞれ4340, 1170 m^3/s

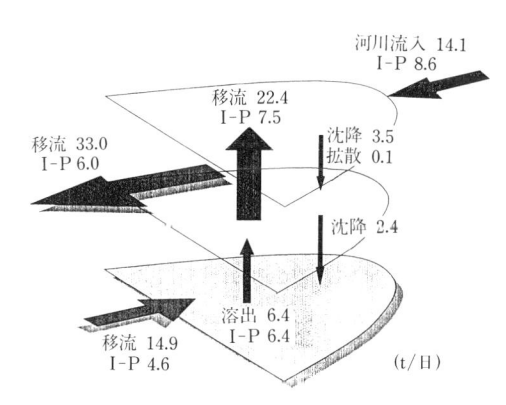

図-1.15 湾奥部海域における1潮汐当たりの流量収支

の流出があり，西部海域から 5 380 m³/s のエスチュアリー循環による流入がある．湯浅ら[29]が昭和 60 年(1985) 9 月に実施した観測の，流量と塩分の収支から，湾奥部上層への供給は河川から 120 m³/s，下層から 4 520 m³/s，そして 4 640 m³/s が流出するという結果を示している．観測値と計算値とが驚くばかりに合致している．数値実験により得られた断面平均的な沸昇流速は 0.113 m/s である．

次に，栄養塩の輸送過程の一例として，図-1.16 にリンの収支[28]を示す．全リン(TP)は下層では周辺海域から 14.9 t/日流入する．下層においては，底泥溶出で 6.4 t/日，上層からの沈降で 3.5 t/日供給され，逆に海底への沈降で 2.4 t/日が消失する．これらの内部変化過程を経て，残る 22.4 t/日が湧昇して上層へ供給される．上層では陸域からの 14.1 t/日が加わり，下層への沈降で 3.5 t/日が消失し，残る 33.0 t/日が表層を通して主に西部海域へ流出する．東部湾奥の海底では，溶出と沈降の負荷収支から 4.0 t/日の負荷が底泥から海域へ供給されていることとなる．なお，湯浅らは大阪湾における実測から，湾奥海域の TP の収支を算定している．これによると，湾奥上層海域では TP に関して，陸域流入が 12.1 t/日，下層からの湧昇 24.3 t/日，下層への沈降 9.9 t/日，残る隣接水域への流出が 26.5 t/日となっている．これは本数値実験で算定したリン収支とおおむね一致している．本計算の結果から，湾奥海域では湧昇に伴い下層から上層に供給されるリンは，陸域流入負荷を 100 とすると TP で 160，無機態リンで 110 となる．以上の考察により，大阪湾湾奥海域の上層では，陸域負荷量の流入と同程度の負荷量が下層から供給されていることとなる．この事実は陸域からの負荷を低減することが必要であることはいうまでもないが，今まで長年にわたって堆積されてきた底泥からの溶出を定量的に評価する必要性を示唆している．［中辻］

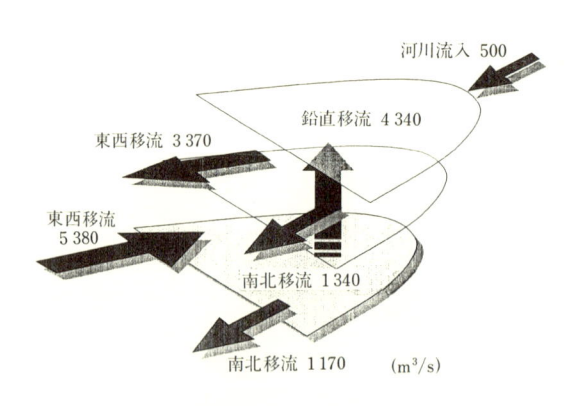

図-1.16 湾奥部海域における 1 潮汐当たりのリン収支

1.2.3 地下水

(1) 利用概況

近畿地方には琵琶湖という大きな表流水源があることもあって，地下水が注目されることは少ないようである．しかし平成7年(1995)における都市用水の水源別取水量では，北陸地方の51.8％，東海地方の42.6％に比べれば少ないが，近畿地方でも22.1％が地下水を水源としており，地下水の利用量は決して少なくない[30]．京都市伏見区や神戸市灘区の酒造りなど，水質に大きく作用される製造業では，地下水は貴重な水源であり，また，環境庁が昭和60年(1985)に発表した名水百選には近畿(滋賀，京都，大阪，兵庫，奈良，和歌山)からは11箇所の名水が選ばれているが，そのうちの9箇所は湧水または地下水である．近畿地方の地下水は良質の水源としてもっと注目されてよいように思われる．

(2) 地質構造と地下水

ある地域に地下水が豊富に存在するためには，その地域の地質構造が水の流れやすい(透水性の良い)層，つまり砂礫層のように大きな連続した空隙がある層をもっている必要がある．このような地域としては，たとえば九州の阿蘇山周辺にみられるような火山噴出物からなる堆積層をもつ地域もあげられる．しかし，大阪府と奈良県の境にある屯鶴峯などが形成された1500万年ほど前以後，盛んな火山活動がみられない近畿地方[31]においては，地下水が豊富に存在する地域は，ほとんどが比較的新しい時代に水の作用によって堆積した地層をもつ地域である．すなわち，数百万年ほど前に始まる新第三紀鮮新世以後の堆積物からなる地層で，約160万年前に始まる更新世に堆積した洪積層や，約2万年前の最終氷河期以後，現在も河川による堆積が続いている沖積層が含まれる．

近畿地方の地質構造は，南から紀伊山地，多くの断層が存在する地域として有名な近畿三角地帯，丹波高原などの近畿三角地帯北西部の3つに大きく区分される．紀伊山地は，第三紀末までに形成された準平原が第四紀(約160万年前)に入って急速に隆起してできたと考えられており，多くが山地であって地下水はあまり豊富ではない．丹波高原や丹後半島などにおいても，一部の盆地などを除いては，地下水が豊富に存在する地域は少ない．一方，近畿三角地帯には盆地や平野が多

数存在し，比較的地下水の豊富な地域が多い．この近畿三角地帯の地形は，東西方向の圧縮によって生じた基盤褶曲によるものと考えられている．プレートテクトニクスによれば，人類が地上に登場する160万年くらい前から，近畿地方の南および東の海底で日本列島の下にプレートが潜り込み，このため六甲山地や丹波高原，生駒山地が隆起し，琵琶湖や近江盆地，京都盆地，大阪平野などが沈降したと考えられている．この地盤の動きは現在も続いており，平成7年(1995)に発生した兵庫県南部地震は，この動きに関連する断層の一つが動いたものである．

　過去160万年ほどの間に地球は何回かの氷河期を経験している．氷河期には海面が今よりも数十m以上低下し，それまで泥が堆積していた海底が陸上となり，そこに河川が流れ，扇状地や河川氾濫原に砂礫などの堆積層を形成した．間氷期になると再び海面が上昇し，再び海底となった地域には粘土層が堆積する．このような地層の形成を繰り返す間にも沈降を続けた大阪平野や京都・奈良盆地には，大阪層群と呼ばれる厚さ数百mに及ぶ砂礫層と粘土層が交互に層をなす地層を形成することとなった[31),32)]．これらの上部層が現在，地下水の豊富な帯水層となっている．また琵琶湖周辺には大阪層群に相当する古琵琶湖層群が存在し，やはり地下水の豊富な帯水層となっている．京都盆地や奈良盆地には現在も高濃度の塩化物イオン濃度を示す被圧地下水が存在し，これらは，これらの地域が海底であった頃に閉じこめられた海水であることを示唆している[33)]．

　現在利用されている地下水が多く存在するのは地下数百mまでの地層である．地下数十m以深の地下水は多くが被圧されている．被圧地下水とは，その名のとおり圧力を受けている地下水であり，その層の上部を遮る不透水層に穴をあければその層よりも高くまで水面が上がり，なかには地表面から吹き出すものもある．このような地下水は図-1.17のような層構造をもっており，その地下水より高い位置にある山間部などから地表水が滲み込み地下水となったものであるが，下流ではその地下水が存在する層が粘土層など透水性の低い層の下となり，圧力を受けるようになったものである．被圧地下水の流れは一般に非常に遅く，いまだに数千年前に地表から浸透した地下水が流れている場合もある．地表面に最も近い層は不圧帯水層といい，そこには圧力を受けていない地下水があり，一般に流速も地表水との交換速度も速い．地下水としてはその他に岩盤の割れ目の中を流れる裂か水があり，近畿地方では京都府と兵庫県の境付近にある夜久野ヶ原な

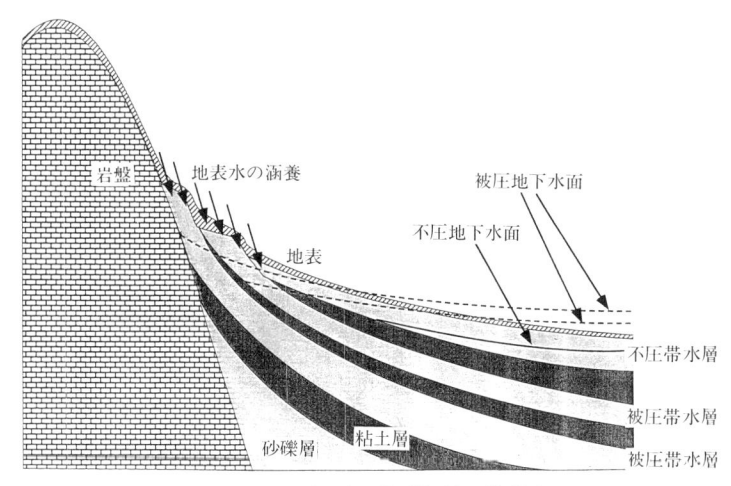

図-1.17 不圧地下水と被圧地下水の模式図

どで局所的にみられる．

(3) 賦存量と地下水区

現存する深井戸の深度などから推定された近畿3府県の地下水賦存量は，大阪で835億 m^3，奈良で106億 m^3，京都で105億 m^3 であり，この3府県で約1 000億 m^3 になる[34]．この値を琵琶湖の湖水量275億 m^3 と比較すると，いかに多くの水が近畿の地下に存在しているかが想像できる．しかし，賦存量と利用可能量とは異なることに注意する必要がある．特に被圧帯水層の場合は地下水を利用することによって地下水流動や上下の帯水層から地下水が供給されるため，賦存量から利用可能量を単純に推定することはできない．地下水の供給を考えると，賦存量よりも多量の地下水が利用可能であるが，有害な地盤沈下などの影響が出ない程度の揚水量にとどめることが大切である．

近畿地方の地質で，新第三紀鮮新世以後の堆積物からなる地域を図-1.18に示す．これらの地域は，地下水が豊富に存在している地域にほぼ対応していると考えられる．これらの中で，物理的につながりのある一固まりの地下水が存在する領域は地下水盆と呼ばれ，多くは平野や盆地の領域とほぼ一致している．図-1.18に示す個々の地域の特徴は，「日本の地下水[36]」などに地下水区として詳しく説明されている．ここで地下水区とは，地下水盆に地下水の利用上の特徴を考慮

26　1章　自然と水環境

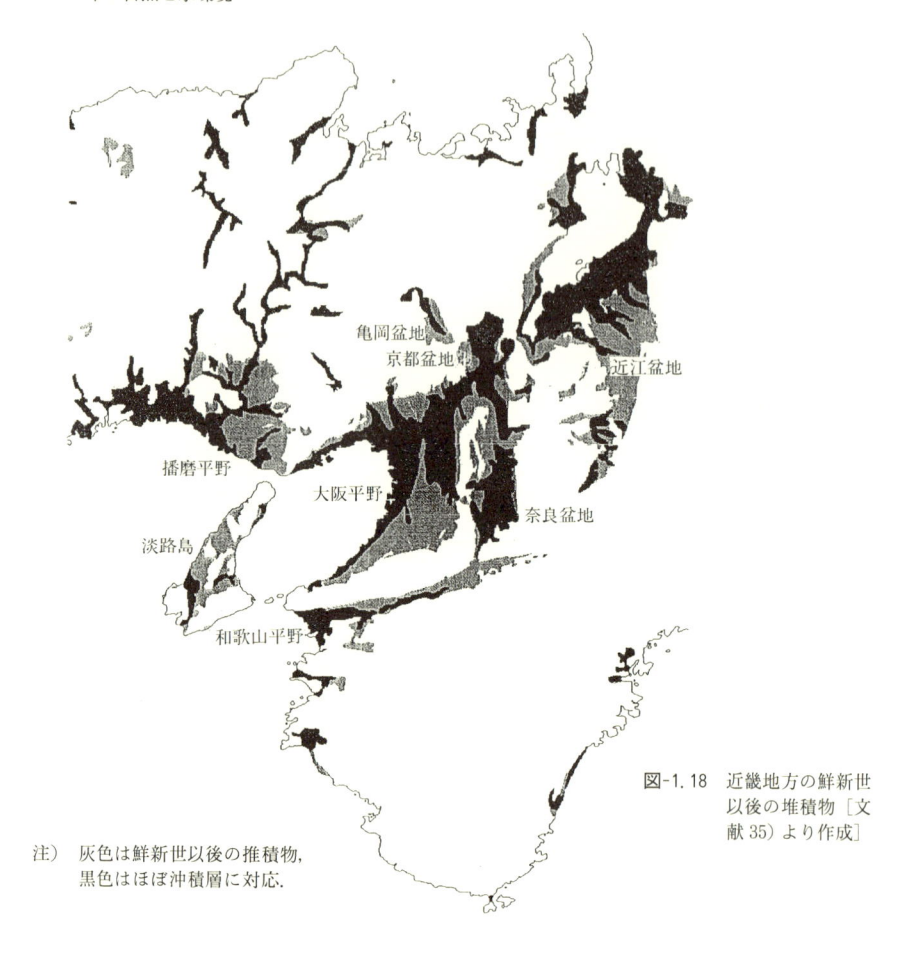

図-1.18　近畿地方の鮮新世以後の堆積物［文献 35）より作成］

注）灰色は鮮新世以後の堆積物，黒色はほぼ沖積層に対応．

して，ある一定の範囲をくくったものである．その主なものの概要を表-1.6に示す．

(4) 水　質

　地下水を利用する場合，その量のみでなく質も重要となる．地下水の水質特性を表示する方法としてヘキサダイアグラムがよく用いられる．これは図-1.19の左上の凡例に示すように，中央の軸を0として，地下水中の主要陽イオンであるマグネシウムイオン（Mg^{2+}），カルシウムイオン（Ca^{2+}），ナトリウムイオン

表-1.6　近畿地方の主要な地下水区の概要

大阪平野	帯水層は，大阪層群中の粗粒層およびその上位の洪積層の中の砂礫層であり，主に被圧帯水層である．扇状地堆積物の分布は貧弱である．泉南，泉北地方や東大阪などでは，工業用などとして古くから盛んに被圧地下水が揚水されたため，早くから地盤沈下の害が顕在化した．
和歌山平野	紀ノ川下流部に広がる氾濫原，三角州状の平野．海岸部の−30 m付近に発達する層厚約10 mの砂礫層は連続性が良く，上流側に向かって次第に浅い位置にくる．この砂礫層の上位に沖積層が重なる．帯水層は沖積層の中の砂礫層と洪積層中の砂礫層である．沖積層中の砂礫層は，臨海部で粘土層により二分されるが，上流部では粘土層が消失し，1枚の帯水層になる．
播磨平野	大阪層群の明石累層が層厚200 m以上に達し，礫，砂，粘土からなる，地下水の豊富な被圧帯水層を形成している．この地域は地盤沈下は顕著ではないが，地下水利用の増加による海水の浸入(塩水化)という問題が起こっている．
近江盆地	近江盆地北部の低平地の三角州や，扇状地などは主として不圧地下水の良好な帯水層を構成している．また，低平地の地表下30〜40 m以深の古琵琶湖層群とみられる地層には被圧帯水層が発達している．近江盆地北部の山地を構成する石灰岩は裂か水を胚胎し，伊吹山麓などで湧水となって現れている．近江盆地南部の平野の地下には古琵琶湖層群が広く分布し，その上部を厚さ30 m前後の段丘堆積物や扇状地堆積物，沖積層が覆っている．古琵琶湖層群中の砂礫層には被圧地下水が，上部の被覆層には主として不圧地下水が存在する．
京都盆地	花折断層などの断層運動により生じた盆地で，厚さ200 m以上に達する大阪層群上において，桂川，宇治川，木津川などのまわりを段丘堆積物や扇状地性堆積物，沖積層が覆っている．扇状地堆積物である上部洪積層に主として不圧地下水が，大阪層群に被圧地下水が存在する．
亀岡盆地	桂川上流大堰川の流域に開けた盆地で，大阪層群相当層である篠層の上部を段丘堆積物や扇状地性堆積物，沖積層が覆っている．深さ10 m程度までの浅井戸や60〜80 m程度の深井戸が利用されている．
奈良盆地	丘陵および盆地の地下には大阪層群が分布し，ここに被圧地下水が，丘陵周辺の発達の悪い段丘堆積物と盆地主部の薄い沖積層に不圧地下水が存在するが，不圧帯水層はあまり優れたものではない．井戸の大部分は深さ150〜200 m程度の深井戸であり，浅井戸の揚水量は少なく農業用に限られている．
淡路島	基盤の凹部や谷を埋める形でほとんど全域にわたって大阪層群が分布し，その上部の低地部に扇状地礫層および沖積層が重なる構造となっている．大阪層群中には豊富な被圧地下水が賦存している．扇状地礫層および沖積砂礫層中には，比較的豊富な不圧地下水があって，淡路島の農業用水および飲雑用水として重要な水源となっている．

注)　文献36)より作成

(Na^+)＋カリウムイオン(K^+)の規定濃度を右側に，主要陰イオンである硫酸イオン(SO_4^{2-})，炭酸水素イオン(HCO_3^-)，塩化物イオン(Cl^-)の規定濃度を左側にとって表示したものであり，六角形の形状パターンから水質の特性を一目で把握できるように工夫したものである．最近は化学肥料などによる人為汚染の程度を表示するため，Cl^-の代わりにCl^-＋硝酸イオン(NO_3^-)を表示する場合もある．水が涵養源から地下に潜り込んでからの時間が長くなると，土壌中の成分が地下水中に溶けだし，地下水が流れてきた経路の特性を反映する水質を呈するようになる．このため地下水の水質には地域性が強く現れることがある．図-1.19

は建設省河川局が地下水保全管理の一環として公表している「地下水水質年表 1994 年版[37]」から作成した，近畿地方における地下水のヘキサダイアグラムの分布である．京都盆地や奈良盆地の地下水に比べ，大阪平野の地下水の方が各種イオン濃度が概してより高く，大阪平野の地下水の方が地中での存在時間がより長い可能性を示している．また大阪湾近くでは塩水化の進んだ地下水もいくつかみられる．なお図-1.19 中央部に SO_4^{2-} 濃度がきわめて高い地下水がみられるが，この地下水は平成 3 年(1991)頃から pH が減少しはじめ，平成 4 年(1992)には pH が 3 のレベルに低下し，以後異常な値を示している．

　地下水質に影響を与える因子として地質の違いや帯水層中での滞留時間の違いのほかに，涵養源の水質の違いもあげられる．図-1.20 は平成 2 年(1990) 7 月に

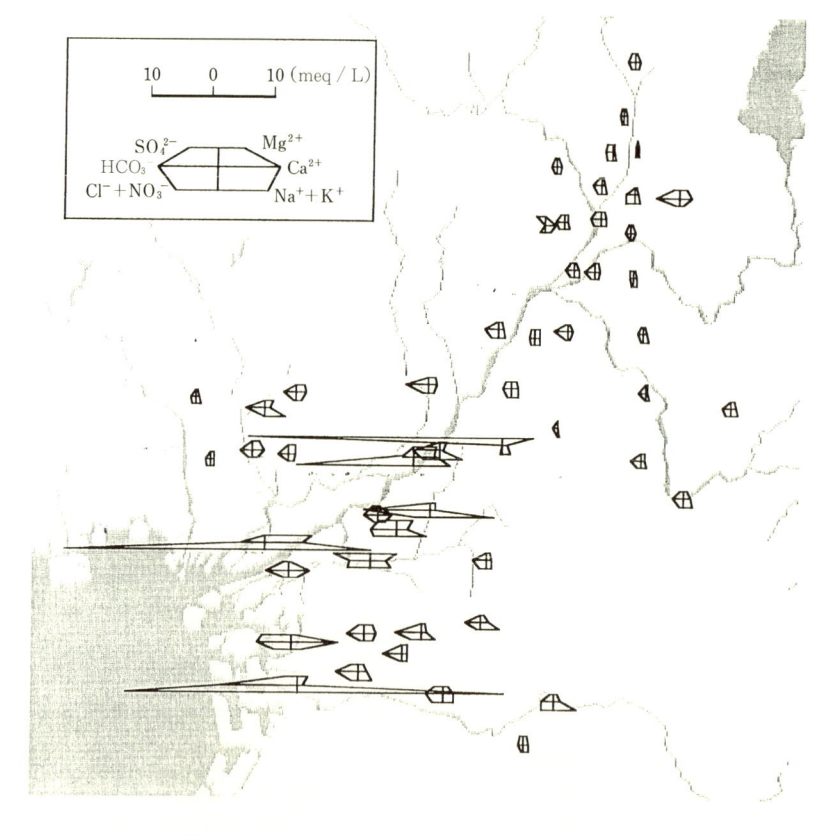

図-1.19　近畿地方の地下水のヘキサダイアグラム分布 ［文献 37) より作成］

測定された京都市桂川河川水と桂川周辺における主として不圧地下水中の塩化物イオン濃度の分布である．この地域の不圧帯水層は桂川の旧河道や扇状地礫層と考えられ，地下水が豊富で古くから利用されていたが，近年，南部において不圧地下水質の悪化が報告されている．桂川はA地点にある大規模下水処理場からの放流水のためA地点下流で水質が大きく悪化するが，桂川周辺の地下水もほぼA地点下流で塩化物イオン濃度が高くなっており，桂川の水質悪化に対応して周辺の不圧地下水の水質も悪化している．これは桂川周辺における大量の地下水揚水のため桂川周辺において地下水位が低下し，桂川からの河川水の浸透を引き起こしているためと考えられている[38]．

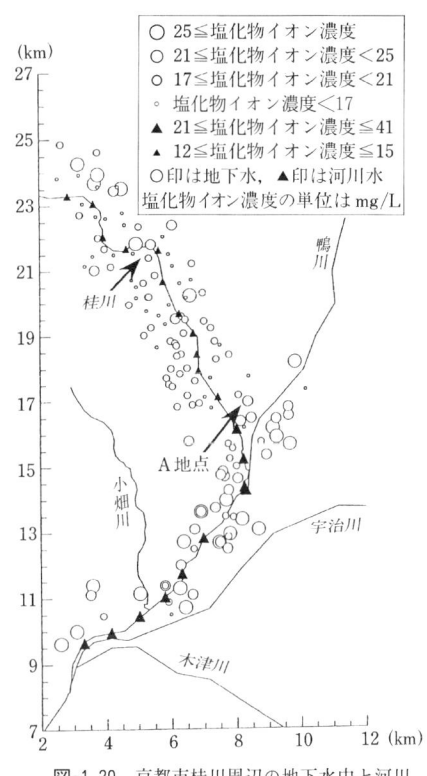

図-1.20 京都市桂川周辺の地下水中と河川水中塩化物イオン濃度分布［平成2年(1990)7月］

(5) 人間活動の影響

平成9年(1997)に開業した京都市地下鉄東西線の建設工事の際には，東西線南部における地下水位の低下と東西線北部での地下水位の上昇がマスコミを騒がせた．これは地下鉄工事により，北から南への浅層地下水の流れが遮られた結果生じた現象である．このように地下水の流れや水質は，さまざまな人間活動の影響を受けて変化するものである．そのほかに人間活動が地下水層に与える影響として，地盤沈下の問題がある．大阪湾岸の地下水開発は，地下水の過剰汲上げによる地盤沈下が日本で初めて証明されたことで有名である．近年は工業用水などの表流水への転換が進み，地下水利用量が減少しているため地盤沈下は減少していると

いわれ，平成8年(1996)の大阪平野での地盤沈下量は2cm以下に減少している[39]．また最近は日本海側の豪雪地帯での，冬の溶雪用地下水の汲上げによる地盤沈下が観測されている．［米田・森澤］

1.2.4 温　　泉

(1) 奈良県の温泉

温泉とは地面から湧き出た熱い湯と思う人が多いと思うが，『温泉法』によると「地中から湧出する温水，鉱水及び水蒸気，その他のガスで，湧出口出口での温度が25℃以上のものか，特定の成分が一定量以上含有しているもの」と規定されており，温度が低くても特定の成分を一定量以上含有しておれば温泉ということになる．奈良県は「国のまほろば」といわれた日本文化の発祥の地ではあるが，温泉には恵まれず，平成10年(1998)3月末の奈良県の温泉利用状況報告書によると，利用許可を与えた源泉数は78源泉(自噴は18，動力揚湯は60)と我が国の総源泉数(2万強)の0.4％にも満たない．そのうち実際に利用されているのは57源泉で1年間に約40万人が利用している．総湧出量は約7.4 m³/min で我が国の総湧出量(約2 200 m³/min)の約0.3％である．源泉の分布(図-1.21)を泉温でみると，25℃未

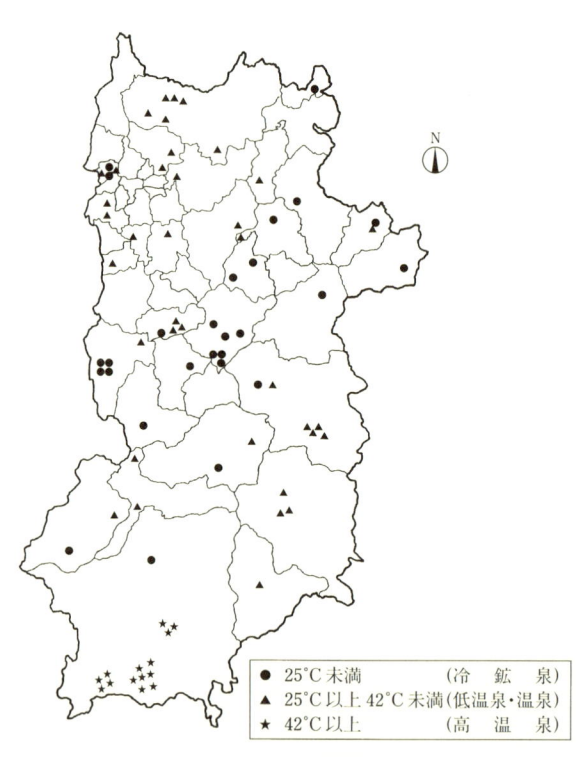

● 25℃未満　　　　　　(冷　鉱　泉)
▲ 25℃以上42℃未満(低温泉・温泉)
★ 42℃以上　　　　　　(高　温　泉)

図-1.21　温泉の分布(奈良県)

満が 27 源泉(約 35 %),25 ℃ 以上 42 ℃ 未満が 37 源泉(約 47 %),42 ℃ 以上が 14 源泉(約 18 %)である.約半数は 25 ℃ 以上 42 ℃ 未満の低温泉と温泉からなり,湯けむりの立ち上がるような 42 ℃ 以上の高温泉は全体の 2 割に満たず,しかもすべて十津川村に集中している.これは湯泉地,十津川,龍神,湯ノ峰,川湯,白浜,勝浦温泉と同様に,熊野酸性火成岩とも呼ばれる新第三紀の火成岩が地下に隠れた結果,それが各温泉の熱源になっていると推定されている.

　奈良県衛生研究所では,昭和 53 年(1978)度より温泉の指定分析機関として温泉調査を実施し,調査開始当初は小分析と中分析の 2 種類の分析を行っていた.小分析では調査を行った源泉が『温泉法』の別表に規定されている基準値に適合する項目があるかどうかを判定するだけであるのに対し,中分析ではさらに多くの項目について測定し,含有成分から泉質名のつけられる源泉については泉質名をつけ温泉と認定していた.平成 2 年(1990)より小分析,中分析といった区別をなくし,『温泉法』に記されているすべての項目について分析するようにした.

　調査を開始した昭和 53 年～平成 9 年(1978～1997)度までの 20 年間に調査した源泉数は 91 である.そのうち温泉法の規定に適合したのは 77 源泉であり,適合率は約 85 % であった.調査開始当初は適合しない源泉もあったが,最近では掘削業者があらかじめ他の分析機関で分析を行い,規定に適合するようになってから当所で調査しているので,最近では不適合になった源泉はない.以下,昭和 53 年度から平成 9 年度までの 20 年間に当所が行った温泉調査結果をもとにして当県の温泉の特徴について述べる.

　昭和 53 年度以後,当県内で開発された源泉は 77 あり,その 70 % 以上が県北部で開発されており,南部で開発されたのはわずか 21 だけであるが,泉温が 42 ℃ 以上の高温泉や単純硫黄泉といった北部ではみられない源泉が南部では開発されている.泉質名として一番多いのは単純温泉(17 源泉)であり,次にナトリウム－塩化物・炭酸水素塩泉(9 源泉),ナトリウム－炭酸水素塩泉 (7 源泉),ナトリウム－塩化物泉(4 源泉),ナトリウム－塩化物強塩・炭酸水素塩泉(3 源泉)などである.なお,『温泉法』の規定に適合した 77 源泉のうち泉質名のつけられたのは 59 源泉(約 77 %)であった.陽イオンの主成分として一番多いのはナトリウムイオンで 59 源泉(約 77 %),陰イオンの主成分としては炭酸水素イオンが一番多く 46 源泉(約 60 %),二番目に塩化物イオンで 24 源泉(約 31 %)あり,炭酸

水素塩泉と塩化物泉で約91％を占める．また，泉質名のつけられなかった源泉の陰イオンの主成分は，18源泉中17源泉が炭酸水素イオンであった．

溶存物質が10 g/kg以上の高張性の源泉は12（約16％）あり，橿原市に県内最高の溶存物質37.8 g/kgを含有する非常に浸透圧の高い源泉がある．なお，その成分は，ナトリウムイオン9.67 g/kg，塩化物イオンが24 g/kgと海水とよく似た成分であった．また，高張性の源泉のほとんどが，太古の時代に海であった県北部の大和平野に存在し，とくに溶存物質が20 g/kg以上の非常に浸透圧の高い源泉は，そのほとんどがナトリウム－塩化物強塩泉であり，化石海水型の源泉であると考えられる．

当県でも昭和63年～平成元年(1988～1989)の「ふるさと創生資金」の交付以後，住民の福祉の向上，健康増進を目的とし，盛んに市町村による温泉開発が行われるようになり，現在では県内47市町村の内19市町村が自己の温泉を所有しており，県内各地で市町村の保養センターが建設され，広く地域住民に利用されている．［今井］

(2) 兵庫県の温泉

近年，県民の自然志向や健康志向の高まりにより，県下の温泉の利用も漸次増加の傾向にある．それに伴い，有名な温泉地以外でも温泉の掘削や利用施設の拡充が盛られており，地域の活性化と相まって温泉を利用する計画が図られている．平成10年(1998)3月末日現在，兵庫県下の源泉総数は351にのぼる．そのうち，利用源泉数は204である．表-1.7に兵庫県源泉一覧表を示した[40]．当県の有名な温泉地は，有馬温泉（主な泉質：含鉄－ナトリウム－塩化物・炭酸水素塩泉），城崎温泉（主な泉質：ナトリウム・カルシウム－塩化物泉），湯村温泉（主な泉質：単純温泉）などがあるが，平成10年4月5日に明石海峡大橋の開通とともに，淡路島の地域活性化に温泉を中心とした保養施設，リゾート施設の開発が盛んである．

次に主な温泉のうち，代表的な温泉としての有馬温泉と，近年開発の著しい淡路島の温泉の泉質と湧出地点の地質との関係について，さらに詳細に記述する．

a. 有馬温泉の泉質　有馬温泉は，兵庫県南東部の六甲山地北側に位置し，多様な温泉水を有することで，また，関西の奥座敷としても有名である．有馬周辺

表-1.7 兵庫県源泉一覧[40]

市町名	温度別源泉数			主な泉質名
	25℃未満	25～42℃	42℃以上	
神戸市(有馬)	17	9	13	含鉄－ナトリウム・炭酸水素塩泉
神戸市(その他)	22	14		単純弱ラドン泉
姫路市	4	1		カルシウム・ナトリウム－塩化物泉
尼崎市			2	ナトリウム－塩化物
西宮市	8	4	3	ナトリウム－塩化物強塩高温泉
芦屋市	1	1	1	含ラドン－ナトリウム塩化物泉
宝塚市	8	4		ナトリウム・マグネシウム(・カルシウム)－塩化物泉
川西市, 猪名川町	14	3		含炭酸ナトリウム塩泉
三田市	4			単純炭酸冷鉱泉
加古川市	3	1		含炭酸カルシウム－炭酸水素塩泉
西脇市, 加美町	2	1		カルシウム・塩化ナトリウム
三木市, 吉川町			2	含鉄・炭酸ナトリウム塩泉
社, 竜野, 東城町	8	4		カルシウム・塩化ナトリウム泉
新宮, 御津町	2			ナトリウム・塩化マグネシウム泉
赤穂市, 相生市, 上群町	4	2		単純冷鉱泉
夢前, 神崎, 香寺, 大河内町	6	5		規定泉
上月, 三日月町	3			ナトリウム・塩化カルシウム泉
山崎, 安豊, 一宮, 波賀, 千種町	7	2		単純弱ラドン泉
城崎町	1	4	8	ナトリウム・塩化カルシウム泉
豊岡市, 日高町	7	6		ナトリウム・塩化カルシウム泉
竹野, 香住, 出石, 但東町		8	2	単純温泉
温泉町(湯村)		36	27	単純温泉
温泉町(他), 浜坂, 美方, 村岡町	3	15	5	ナトリウム・マグネシウム・塩化物(・カルシウム)泉
養父, 大屋, 生野, 和田山, 山東町	6	5		単純温泉
青垣, 春日町	3	1		単純炭酸泉
篠山, 西紀, 丹南町	4			ナトリウム・塩化カルシウム泉
洲本市	3	1		規定泉
淡路, 北淡, 東浦, 一宮, 五色町	10	3		単純弱ラドン泉
緑, 西淡, 南淡町	5	1		単純硫黄(H₂S)泉
計	155	133	63	

地域には，中生代三畳紀～ジュラ紀の丹波層群とこれを不整合に覆う白亜系の有馬層群に属する流紋岩および上部白亜系の六甲花崗岩が分布している．これらの岩体中には大小の断層があり，温泉群はこれらの断層に近接する位置に存在する[41]．また，約2km四方の非常に狭い地域に強塩泉，炭酸泉，ラドン泉，単純泉など多種多様の源泉がある．単純泉や炭酸泉は深度20～30mの浅井戸である．ラドン泉は，六甲花崗岩と流紋岩の接する位置に湧出している．

辻ら[42]は，有馬型温泉水の水質および湧出機構について主要成分と微量成分を分析し，その主要溶存成分の分析結果から4つのグループに分類している．第1グループの含鉄高温強塩泉は泉温80℃以上で，塩化物イオンを10g/kg以上含

み，とくに多量の鉄および塩化ナトリウムを溶存している．第2グループの中低温強塩泉は泉温が80℃未満で塩化物イオンを10g/kg以上含んでおり，第1グループと同様に多量の鉄および塩化ナトリウムが溶存している．第3グループの中低温弱塩泉は，その成分比からみて溶存成分の乏しい地下水に希釈されたもの．第4グループは有馬型温泉水以外である．一方，源泉水中の微量元素の主な特徴については，アルミニウムとチタンは有馬温泉起源水である塩水中の岩石由来の元素であることを示唆し，また，リチウムとバナジウムは塩化物イオンと高い相関があり，塩化ナトリウムと同様に，塩水中に最初から含まれていたという可能性を示唆している．

b. 淡路島の温泉の泉質　淡路島の基盤岩の特徴は，洲本と湊の2地点を結ぶ線を境にして，その境から北部は主に白亜紀後期の領家花崗岩類で，南部は同紀末期の和泉層群からなる[43]．これら基盤岩の上部を岩屋累層の第三紀層，大阪層群のうち，主に中・低位段丘層および沖積層が薄く覆っている[44]．

① 和泉層群を湧出母岩とする温泉群の特徴　この泉質の特徴は，陽イオンではナトリウムイオンが多く，陰イオンでは塩化物イオンより炭酸水素イオンの方が多いナトリウム－炭酸水素型の温泉である．雨水あるいは陸水と湧出基盤岩あるいはカルシウム（マグネシウム）－ナトリウムのイオン交換反応によってナトリウムイオンが増加し，それに伴い堆積層中の炭酸が溶出し，炭酸水素イオンとなって温泉水中に溶存して形成された単純炭酸泉である．一方で，主成分がほとんど海水に近い水質の温泉もある．海水と異なる点は，HCO_3/Cl 比が海水より高いことである．炭酸ナトリウム型の地下水が海水またはそれに近い塩水に混入した泉質も存在する[45]．

② 花崗岩を湧出母岩とする温泉群の特徴　淡路島の花崗岩を湧出母岩とする温泉は，単純泉あるいは単純弱放射能泉であり，その水質は，溶存物質量は和泉層群と比べて少ないが，ナトリウム－炭酸水素型である．岩石－水反応では，花崗岩であっても大きな破砕帯や変性帯を通る場合は変性粘土鉱物の影響を受け[46]，和泉層群を母岩とする場合と同様に溶存量も多くなる．日下ら[47]は，神戸層群地下水の特徴として，その水質を決める支配的因子が同層の粘土鉱物質土壌のイオン交換現象に由来していると推察している．　　［田中］

(3) 和歌山県の温泉

　和歌山県の温泉は県全体に分布しており，紀南地方には白浜，勝浦，湯の峰・川湯，龍神温泉などの温泉地が数多くある．一方，紀北地方では1980年代後半の好景気や1億円の「ふるさと創生資金」の活用もあり，1000 m以上の掘削による深層熱水型の新しい温泉の開発がみられる．

　和歌山県の源泉数は，平成10年(1998) 3月31日現在で470本あり(図-1.22)，そのうち237本(50％)が公衆用として利用許可が取られている．泉質は硫黄泉が最も多く，次に単純泉，重曹泉，塩化物泉の順であり，泉温は25～34 ℃ 未満(低温泉)が最も多く，次に34～42 ℃ 未満(温泉)，42～60 ℃ 未満(高温泉)，25

図-1.22　和歌山県の温泉分布図(温泉数)(出典：平成10年度版和歌山県環境白書)

℃未満（冷鉱泉），60℃以上（高温泉）の順となっている．

以下に和歌山県の代表的な温泉地の歴史，泉温，泉質などについて記述する．

a．白浜温泉　白浜温泉は，和歌山県の南西海岸部の白浜町にあり，日本書紀や万葉集などに「牟婁の温湯」，「紀の温湯」という名で登場している．飛鳥時代の天皇や宮廷貴族が入浴したと伝えられ[48]，兵庫県の有馬温泉，愛媛県の道後温泉と共に「日本三古湯」としてその名は全国に知られている．源泉は町内に93本あり，その泉温は温泉中心地で50〜86℃，周辺地で30〜50℃である．泉質はナトリウム－塩化物・炭酸水素塩泉で硫黄を含有する温泉もある．白浜町湯崎には，86℃の高温泉で，温泉に含まれる炭酸ガスにより毎分450L湧出する掘削自噴泉もある．

白浜温泉の温泉源は鉛山湾海底地下に存在し，この第一次温泉源が岩層亀裂や層理面などに沿って放射状に浸透拡散していると考えられている[49]．

b．勝浦・湯川温泉　勝浦・湯川温泉は，和歌山県の南東部海岸の那智勝浦町にあり，湯川温泉は，西暦480年頃清寧天皇行幸の際に発見され，旅人の湯垢離として使用されていたとの記録がある[50]．源泉は町内に175本あり，県内最多の温泉所有町である．泉温は25℃以下の冷鉱泉から60℃の高温泉まであり，泉質は含硫黄－ナトリウム－塩化物泉が多いが単純温泉もある．

勝浦温泉地域の温泉源は熊野酸性火成岩類で，勝浦湾の外側に北東から南西方向に背斜帯があり，これからお湯が拡散湧出しているものと考えられている[51]．

c．湯の峰・川湯・渡瀬温泉　湯の峰・川湯・渡瀬温泉は，和歌山県の南東内陸部の本宮町にあり，源泉は町内に37本ある．湯の峰・川湯温泉は，昭和32年（1957）に厚生省から国民保養温泉地に指定され，昭和60年（1985）には環境庁から渡瀬温泉を含めた「熊野本宮温泉郷」として国民保養温泉地に追加指定を受けている．

湯の峰温泉は，平安時代から鎌倉時代にかけて全盛を極めた「熊野詣」の街道沿にあり，成務天皇の頃に発見された日本最古の温泉といわれ「熊野詣の湯垢離場」として知られている[52]．湯の峰温泉は，すべて自噴泉であり，泉温は60〜90℃の高温泉で，泉質は含硫黄－ナトリウム－炭酸水素塩・塩化物泉である．

川湯温泉は，川原の砂を掘れば露天風呂ができる温泉地で知られ，冬場は川原に1000人が入れるという大きな露天風呂（仙人風呂）が開かれる．泉温は50〜70

℃ の高温泉で，泉質はナトリウム－炭酸水素塩・塩化物泉である．

　渡瀬温泉は，クアハウス，キャンプ場，テニスコートなどを設置しており，泉温，泉質は川湯温泉と同じである．

　湯の峰・川湯・渡瀬温泉の熱源については，1500万年前頃に活動したとされる石英斑岩が地下に存在していることが確認されており，これが熱源と考えられている[53]．

d.　**龍神温泉**　　龍神温泉は，和歌山県の中央東部の龍神村にあり，源泉は村内に6本ある．その昔，弘法大師が難陀龍王の夢のお告げによって浴場を開いたことから龍神温泉の名がついたと伝えられている．また，徳川時代紀州藩の温泉別荘地であり[54]，今でも上御殿，下御殿の名を残した温泉旅館も存在し，歴史と伝統ある温泉として知られている．泉温は47～49℃で自然湧出しており，泉質はナトリウム－炭酸水素塩泉で胃腸病，皮膚病，神経痛などに適応するほか，肌がなめらかな感じとなり，島根県の湯の川温泉，群馬県の川中温泉と共に「日本三美人湯」として知られている．龍神温泉は，秘湯のイメージがあるが，最近はキャンプ場，テニスコートなどを備え平成8年(1996)に国民保養温泉地として環境庁から指定を受け注目されている温泉である．　［辻澤・坂本］

文　　献

1) 合田健(編著)(1985)：水質環境科学，丸善．
2) 国土庁計画・調整局編(1998)：21世紀の国土のグランドデザイン－地域の自立の促進と美しい国土の創造－，大蔵省印刷局．
3) 環境庁水質保全局編(1998)：健やかな水循環の確保に向けて－豊かな恩恵を永続的なものにするために，健全な水循環の確保に関する懇談会報告－，環境情報科学センター．
4) 建設省近畿地方建設局編(1996)：近畿地方の"水土"グランドデザインとギャラクシープラン，大蔵省印刷局．
5) 国土庁長官官房水資源部(1998)：平成10年度版・日本の水資源－地球環境問題と水資源－，大蔵省印刷局．
6) (社)日本河川協会監修(1998)：河川便覧，(有)国土開発調査会．
7) 岩佐義朗(編著)(1994)：湖沼工学，山海堂．
8) 環境庁：日本の環境対策は進んでいるかIII，「環境基本計画」第3回点検報告，中央環境審議会，平成10年12月．
9) 建設省近畿地方建設局・水資源開発公団(1993)：淡海よ永遠に，琵琶湖開発事業誌＜I～II＞．
10) 村岡浩爾(1998)：水循環の現状と課題，かんきょう，23(7)，pp.4-7．
11) 高橋裕・河田恵昭編(1998)：水循環と流域環境，岩波講座・地球環境学7，岩波書店．
12) 水文・水資源学会編(1997)：水文・水資源ハンドブック，朝倉書店．
13) 琵琶湖・淀川水質保全機構(1998)：BYQ水環境レポート－琵琶湖・淀川の水環境の現状－平成9年度－．

14) 小出博(1975)：利根川と淀川，中公新書，p. 384.
15) 鉄川精・田村利久・松岡数充(1979)：淀川－自然と歴史－，松籟社．
16) 琵琶湖・淀川水環境会議編(1996)：よみがえれ琵琶湖・淀川　美しい水を取り戻すために，日経サイエンス社．
17) 彦根地方気象台編(1993)：滋賀県の気象．
18) 滋賀県(1997)：琵琶湖と自然(四訂版)．
19) 農林水産省近畿農政局淀川水系農業水利調査事務所編(1983)：淀川農業水利史，農業土木学会．
20) 琵琶湖総合開発協議会(1997)：琵琶湖総合開発事業 25 年のあゆみ．
21) 琵琶湖・淀川水質保全機構(1995)：琵琶湖・淀川の水質保全．
22) 大阪府・京都府・滋賀県・兵庫県の各府県の環境白書．
23) 大阪府水産試験場(1972－1992)：浅海定線調査，大阪府水産試験場事業報告．
24) 中辻啓二・藤原建紀(1995)：大阪湾におけるエスチュアリー循環構造，海岸工学論文集，42, pp. 396-400.
25) 杉山陽一・中辻啓二・藤原建紀・水鳥雅文(1994)：伊勢湾北部海域の密度成層と残差流，海岸工学論文集，41, pp. 291-295.
26) 中辻啓二・尹鐘星・白井正興・村岡浩爾(1996)：東京湾における残差流系に関する三次元数値実験，海岸工学論文集，42, pp. 386-390.
27) 中辻啓二・末吉寿明・山根伸之・藤原建紀(1994)：三次元粒子追跡による流動構造の解明，海岸工学論文集，41, pp. 326-330.
28) 中辻啓二(1998)：環境水理シュミレーションの組み立て方と留意点，水工学シリーズ 98-A-4, p. 20.
29) 湯浅一郎・上嶋英機・橋本英資・山崎宗広(1993)：大阪湾奥部の循環流とリンの循環，沿岸海洋研究ノート，31(1), pp. 93-104.
30) 国土庁長官官房水資源部編(1998)：日本の水資源(平成 10 年版)－地球環境問題と水資源－, p. 394, 大蔵省印刷局．
31) 地学団体研究会大阪支部編(1999)：大地のおいたち，pp. 127-145, 築地書館．
32) 大場秀章・藤田和夫・鎮西清高編集(1995)：日本の自然地域編 5・近畿，pp. 4-13, 岩波書店．
33) 日本の地質「近畿地方」編集委員会編(1987)：日本の地質 6・近畿地方，p. 212, 共立出版．
34) 山本荘毅(1992)：地下水水文学，pp. 128-131, 共立出版．
35) 地質調査所編(1995)：100 万分の 1 日本地質図第 3 版 CD-ROM 版，数値地質図 G-1, 地質調査所．
36) 農業用地下水研究グループ「日本の地下水」編集委員会編(1986)：日本の地下水，地球社．
37) 建設省河川局編(1996)：地下水水質年表・第 10 回・平成 6 年，(社)地下水技術協会．
38) 米田稔・井上頼輝(1995)：ある盆地における浅層地下水と河川水の関わりについて，1995 年日本地下水学会秋季講演会講演要旨集，pp. 64-69.
39) 環境庁水質保全局(1997)：平成 8 年度全国地盤沈下地域の概況，地下水技術，39(12), pp. 9-27.
40) 兵庫県健康福祉部薬務課 1998 年度資料(1998).
41) 宇野泰章・寺西清・礒村公郎(1990)：兵庫県南東部の温泉の化学組成と粘土鉱物の産状，鉱物学雑誌，19, pp. 63-70.
42) 辻治雄・山崎良行・粟野則男・茶山健二・寺西清・礒村公郎・市橋啓子(1997)：有馬温泉に湧出する有馬型温泉水の水質に関する研究，温泉科学，47(1), pp. 1-13.
43) 市原実(1991)：大阪とその周辺地域の第 4 紀地質図，Urban Kubota, No. 30.
44) 布施雅子・宮島年男・田中栄治・足立伸一(1991)：大阪府の温泉，大阪府立公衆衛生研究所報(公衆衛生編)，29, pp. 193-207.
45) 寺西清・市橋啓子・礒村公郎・辻治雄・山崎良行(1996)：花崗岩及び和泉層群を湧出母岩とする淡路の温泉について，兵庫県立衛生研究所年報，31, pp. 168-174.
46) 高松信樹・下平京子・今橋正征・吉岡龍馬(1981)：花崗岩地帯湧水の化学組成に関する一考察，地球科学，15, pp. 69-76.
47) 日下譲・福井要・辻治雄・玉利祐三・藤原儀直(1982)：第三紀神戸層群．

48) 白浜町企画部(1997)：町勢要覧.
49) 佐藤幸二(1964)：紀伊白浜温泉の地質と温泉, 地質学雑誌, 70, pp.110-126.
50) 那智勝浦町：那智勝浦町史.
51) 高橋保他(1977)：温泉の地球化学的研究（第15報）和歌山県勝浦，湯川温泉, 温泉科学, 28, pp.165-177.
52) 本宮町：本宮町史.
53) 原田哲朗他(1988)：紀の国石ころ散歩, 宇治書店.
54) 龍神村：龍神村史.

2章　歴史のなかの水環境

　近畿地方は，政治の中心地として藤原京，平城京，長岡京，平安京が都に定められ，皇居が造営されその地に新しい文化が発展してきた．都周辺の水は人々の生活を支え，文化を育み水田は農民の生産の基礎となった．近畿圏の主な水環境は，大和川，淀川そして琵琶湖が中心である．すなわち，4世紀に成立した大和政権と朝鮮半島や大陸との交流は，大和川を経て飛鳥や藤原京に向かった．当時の大和川は万葉にも数多く歌われているように，水量も豊富で船の往来も盛んであった．5世紀河内王朝の時代，淀川もまた，奈良盆地北部と難波を結ぶ重要な交通路であり穀倉地帯であった．河内平野における古代王朝は，政権基盤となった水稲耕作や農産物の蓄積のため，田畑の開墾，排水，治水など土木工事に努めた．依網池，茨田堤などは仁徳帝の時代に始まり，6世紀に完成したといわれる．
　古代～奈良時代に都との交流に盛んに利用された大和川の舟運は，中世では地域の物流に利用されたが，近世の大阪の発展とともに盛況を示すようになった．この川船は，賃稼ぎのほかに人の渡船にも利用された．寛永15年(1638)の船改めでこれらの船に剣先船の名称が与えられた．また柏原船なども平野川では生活物資の運搬にあたった．また淀川は，中世には貴族の熊野詣でや高野山詣でに利用された．近世，淀川の舟運は経済の中心の大阪と京都を結ぶ交通路となり，河口から京都まで380箇所に関所が設けられ通行料が徴収された．船も，天正年間(1573～92)には二十石船から有名な三十石船が出現し，旅客専用で，上りは1日，下りは半日で伏見と大阪天満間を往復した．江戸時代，用水の管理は村単位で行われ，溜池，川水などで水不足するときは，古くからの慣行を基礎につくられた

時間給水の番水制度で調整された.

琵琶湖は面積 670 km² の日本最大の淡水湖で，この水を京都に通じて船を走らせて物資を輸送しようとする試みは，平清盛をはじめ多くの人によって計画された．明治 18 年(1885)京都府知事北垣国道(きたがきくにみち)が計画し，田辺朔郎の設計監督によって約 5 年を要して完成した琵琶湖疏水がある．ここに我が国最初の水力発電所が設置され，この動力を利用した傾斜式鉄道（インクライン）で物資の通船運輸が行われた．琵琶湖・淀川水系の水を上水道として利用したのは大阪市で，明治 28 年(1895)で 50 万人の利用者であったが，次第に阪神間に範囲がひろがり，昭和 58 年(1983)には 1 000 万人となった．琵琶湖総合開発の完成時の平成 9 年(1997)には利用者が 1 400 万人となった．［佐谷戸］

2.1 都の生活と水利用の変遷

我が国では，藤原京，平城京，長岡京，平安京など，政治の中心地として大陸風の都が造営され，国の文化はこれら都の改新・盛衰とともに発展してきた．そしていうまでもなく，いずれの都においても水は，都の人々の生活を支えて文化を育み，都周辺においては水田農業など農家の生産の基盤となり，また都への舟運など輸送路としての利用も早くから発達してきた．都におけるこうした水利用とその変遷は，古文書や遺構の発掘調査などによって明らかにされてきているが，遡るほど断片的になる．以下では，都の歴史と文化が今日に生きる平安京以来の京都に限定して，生活，伝統産業・文化などと水とのかかわりを概観する．

2.1.1 都の暮らしと水

(1) 都の川と地下水

平安京遷都［延暦 13 年(794)］に際し，「葛野の大宮地は，山川も麗しく，四方の国の百姓の参出来ることも便にして……」と記されたように，新都は，三方に静山，東部に加茂川・高野川とこれに続く鴨川，中央に堀川そのほかの中小河川，西に大堰川などの清流を有する山紫水明の盆地につくられた．東西 4.5 km，南

北 5.2 km の広さをもつ条坊制の都の建設に際しては，道路・土地区画の造成とともに，河川の改修が大きな事業となったが，造都後の京中には，名の如く人工河川の堀川や，道路に沿って南流する河川のほか，なお数多くの旧来の河川があったとみられる．また右京には低湿地が多く，造成できないところも少なくなく，京中各所には森林や沼沢が散在するなど，平安京は自然と人工の水系が人々の身近に豊かな水環境を形成し，都市と田園の風景を併せもつ都であった[1]．

洛中洛外を流れるこれら大小の河川は，時代とともに姿も生活とのかかわりも変えていったが，耕作のための灌漑用水として，また物資の運送の手段として，庭園の遣水の水源として，洗濯そのほかの洗い場として，中世の戦国期には堀などと同様に要害として[2]，さらにまた納涼や遊楽の場として，そして伏流水の供給源として，さまざまに役立ってきた．しかしまた，「加茂川の水，双六のさい，山法師」ともいわれたように，平安京以来，暴れ川の加茂川や他の河川の氾濫とその対策も，長く重要な問題であった．

京都盆地の地勢と水系はまた，深く浅く豊かな地下水を涵養し，これは井戸水となり，都の人々の暮らしを支え，また湧水となって池庭や沼沢の風景を育んだ．浅井戸地下水の利用は，造都の後，上水道利用が始まる明治の後期に至るまで千百年余の間続き，水道への転換とともに衰微していくが，伝統的地場産業などにおいては，深井戸の利用はなお続いている．

こうした利水条件を地質的にみると，鴨川以東，堀川以西は粘土質であるが，これらの間にある平坦部のほとんどは沖積層である砂礫層で水の浸透は容易であり，暴れ川の加茂川沿いは旧河道が広くて伏流水が多い．また東北部が高くて南西部が低く，北は鞍馬口から南九条の間の高低差は 39 m，東は三条寺町から西は三条千本までの高低差は 8 m という地勢(明治期)であり，地下水は東北部で供給されて南西に流れていたとみられる[3]．

(2) 生活と井戸

a. 都の生活 平安京初期の貴族は 1 町(約 120 m 四方)を基準とする広さの寝殿造りの邸宅に住み，戸籍に登録された京中住民(京戸)は，小区画(1 町の 1/32)の宅地に建ぺい率 2 割程度の住宅を建てて住んでいた[4,5]．9 世紀初めの平安京の人口は 10 万人強と推定されている．このような貴族の邸宅(後記)や京戸の

住様式も時代の流れとともに変化していく．京戸の宅地は，京戸が貴族の家人や商工業者に転じる，また官人や雑色人の生活基盤が変化することなどに伴って変化し，道路に沿った町が形成され，道路に面し一部に板敷の床をもつ住宅，店屋，棟割長屋など，いわゆる町屋が10世紀末，11世紀初頭に成立した．さらに戦国期や江戸時代を経て明治の近代化時代へと生活様式は展開されるが，生活や労働の場としての町屋の基本的な形式は，約1 000年間も継続している．

b. 井戸の変遷　都における生活や商工業的な活動のための水には，主として井戸水が用いられてきた[6),7)]．一部では湧水も用いられたものと推定される．井戸も，平安京以前に奈良の平城京址や藤原京址などでも数多く発見されている．これらの多くは杉材で周囲を囲った円筒形あるいは四角形の井筒を用いたもので，優れた技術に基づくものである．平安京初期の井戸の遺構である西寺跡の食堂近傍のものは，底から2段の井戸枠を遺しており，平城京大膳職で発見されたものと同規模である．また寛治5年(1091)の銘のある鉢を出した平安後期の遺構としては，四隅に柱を立て，その間四方に桟をかけて堅板をもたせかけた構造の井戸があり，地上では井戸穴への落込みを防ぐ工夫がなされている．築井法はこのような木製の角井筒を用いるようなものから単に掘ったものまでさまざまな種類があったと推定される．明治32年(1899)の調査では，井戸の周囲が石垣造りのものが半数，次いで瓦積み，漆喰造り，単に掘ったもの，石垣漆喰造りなどとなっている[3)]．井戸水の汲上げ方は，木製の桶に縄をつけて振り下ろす振り釣瓶や縄の代わりに竹竿を用いる方法などから，縄の両端に釣瓶をつけて井戸上の滑車で引き上げる車井戸へ，そして明治には手押しポンプへと変わる．

c. 井戸水利用の姿　都に住む人々の生活様式の変遷の過程で，貴族や武家，富裕な商工業者などは時代によらず独自に井戸を所有し，また時代とともに内井戸をもつ町屋も増加したが，多くの人々は共同で井戸を利用してきたものと考えられる．戦国時代の16世紀前半から後半の景観年代に描かれたといわれる「洛中洛外図屏風(町田本，上杉本)」には，表は道路に面し，裏が街区中央の空地を囲むように並ぶ棟割長屋風の町屋，空地の振り釣瓶井戸，洗濯などの生活風景が，また江戸時代の京名所扇面などにも，街区中央の空地の風景，すなわち井戸，物干し場，便所を共同で利用し，交流の場とする光景が描かれている．共用の井戸は道路にも設けられた．これは古くからであり，平安時代には通行人のために街

路樹と井戸を備えさせている（延喜式）．また中世以前の七条あたり，下町の風情をたたえた街角の路上の井戸（福富草紙），戦国時代の千本閻魔堂路上の振り釣瓶井戸（上杉本），江戸時代には，烏丸通錦小路北の手洗水町の「手洗水」であった屋根と滑車を用いた車井戸（都名所図会）など[7]，図絵の記録も少なくない．

　干ばつの年には都の井戸が涸れることも多かったようで，二条以北の井戸が涸れ，冷泉院（退位した天皇の後院）の水を開放したがこれも涸れたので，神泉苑（後記）の水を汲ましめた［延喜17年（917）「日本略記」］，また四条以北の井泉は尽き果て，鴨川あたりでも三条以北は同様となり，道長の邸宅のひとつである枇杷殿の水を開放した［寛弘元年（1004）「御堂関白記」][8]，そのほかの記録がある．

　大きな都市のうちでも市街地に埋立地が多い江戸や大坂では，井戸水はいわゆる「鉄気（かなけ）」が多くて飲用に適さず，清涼な水に商品価値が生じて「水屋」という商売が成り立った．しかし京都では井戸を掘れば飲用水が得られ，江戸期ともなると町屋の発達によって内井戸を備えた家も増加していた．幕末の風俗史家・喜多川守貞は「近世風俗史」に，「京都は水性清涼，万国に冠たり．故に飲食の用みな必ず井水を用い，然も河水また万邦に甲たり．鴨川の水，衆人の称する所也」と激賞している[9]．

　沐浴の習慣は心身を清浄にする禊として古くから行われていたが，平安遷都以後の寺院や公家における穢の潔斎としての入浴の考え方は，清浄の回復から入浴の習慣化へと向かわせ，さらに入浴後の爽快感は風呂を安らぎの場にもした．貴賤を超えて多数の人々が相集い，風呂を焚き，茶湯を行い酒宴を催し（淋汗茶湯），また公家の間では人を饗応するために招くことを「風呂に招く」と称した．「洛中洛外図屛風（上杉本）」には16世紀中頃の町の光景として，はね釣瓶の井戸をもつ板葺屋根の町屋造りの風呂屋，来る人帰る人，奥の風呂から今しもあがる人，湯女に月代をそらせ，結髪させている人，口をすすぐ人など，賑わいが描かれている．一方，天文11年（1542）には，「賭博，遊船，夜行，遠射」とともに，「銭湯」が禁制となり，寄合い，情報の場として権力に危険視される事態を招いてもいる[10]．江戸期ともなると井戸のみならず風呂も普及したとみられ，前記の喜多川守貞は，「市中，大・中はもとより小戸に至るまで，自家に浴室あり」，そのため，「風呂屋の数，江戸に比して甚だ少なき也」と記している．

2.1.2 庭園と水

平安時代の貴族の住居は，寝殿造りの屋敷と大池泉式の庭園に代表されるが，院政期以降は寝殿造りの様式は大きく変わり，次いで書院造りが出現する．鎌倉・室町時代には池泉はやや小規模となったが，安土・桃山時代には館の豪華さとともに復活するなど，変遷はあるものの，屋敷内の池庭は貴族や武家権力者の生活と文化の一要因であった．遣水を川から得たもののほか，上流貴族の池庭では湧水であった場合が少なくない．藤原頼道の邸宅であった高陽院には，水量豊富な泉や滝があったとあり，発掘調査により水位差のある 2 つ以上の池があったことが明らかにされている．法成寺，高陽院，冷泉院，堀川院，神泉苑，朱雀院，淳和院などは，平安京のほぼ北東から南西へ連なるように位置しているが，いずれも邸宅内に池があり，自然地形による湧水を意識して造営場所を定めている[11]．

今も豊かな水が昔日の姿をしのばせてくれている神泉苑は，当時は湧水で堀川などの伏流水であったため，少々の日照りが続いても水が涸れず，干ばつによって井戸が涸れると百姓や京中の人々に開放され［貞観 4 年（862）〜］，また祈雨の法会が行われた．この池には早くから善女竜王が祭られている．神泉苑は，徳川家康が二条城を造営した折に堀に利用されるなど，その規模を失った[12]．

2.1.3 都の名水

地下水に恵まれた京の都では，早くから多くのいわゆる名水が存在した[13]．清少納言は「枕草子」において，9 井をあげており，異説もあるが，「桜井」にあたるといわれる井が現存（湧水：左京区松ケ崎）する．これらの選定にあたっては井にまつわる古歌や伝承が念頭にあったとされる．

主に水質の良否によって名水を選ぶようになるのは中世以降で，足利義政の同胞衆であった能阿弥は「茶の湯に適した七名水」を選んでいるが，「御手洗井（下鴨神社）」現存する。また選者不明であるが，「都七名水」があり，「雍州府志［貞享元年（1684）］ほかには「北京（上京）九井」，「西陣五水」などが示されている．これら当時の井のうち「県井（京都御所）」，復活された「飛鳥井（白峰神宮）」，「千代井（本隆寺）」，この近くの「染殿井（雨宝院）」などが存続している．また伏見には「伏見

七名水」があり，唯一「白菊井(板橋小学校)」が復活している．万葉の昔に遡る「石井」は大正初年まで存続したという．

江戸時代になると，寺社や名所旧跡の案内には名水も紹介され，その数は150前後にも及ぶといわれる．これらも多くが時代の変遷の過程で姿を消したが，社寺などに関係する井戸は現存するものも少なくない．京都では現代の名水として，御香宮神社の「御香水(井)」が国の名水百選に選ばれている．

2.1.4 水利用の近代化へ

生活を支え文化を育んできた都の水も，都の人口や産業，土地利用などの変化によって，種々の影響を受けてきた[3]．五代将軍綱吉の天和元年(1681)には人口は57万人に達していたといわれるが，人口増と生活の向上，商工業の発達，北辺農地の拡大とし尿還元の増加などによって，洛内の小河川や井戸も，場所によって汚濁が進行していたと推定される．

明治に入ると，遷都〔明治2年(1869)〕によって京都は急速に衰微し，最低人口は20万人程度にもなったが，近代的産業の振興，京都市三大事業の進捗などによって明治20年代には産業都市，学芸都市としての面目を得るに至り，以後，今日に向けて発展の途をたどる．この過程では，我が国の他の都市においてもそうであったように，生活衛生の近代化が重要な課題のひとつであった．古来より，衛生設備や医療技術の未発達であった都は伝染病のるつぼであったが，明治23年(1890)からの10年間をみても，上京区，下京区で発生した伝染病患者は腸チフス，赤痢，コレラ，ジフテリア，ほうそう，猩紅熱，発疹チフスなどで，7種の伝染病患者の合計は約1万2000人，なかでも腸チフス，赤痢，コレラ患者は総数の8割であった．腸チフスは年中発生しており，井戸の飲料水の汚染が関係していると考えられていた．明治産業振興期の京都では，河川・地下水汚濁の進行，下水道がなく降雨時には水があふれる溝渠や河川，そして井戸や便所への流入など不衛生な状態が生じており，明治29～30年(1896～97)に実施された本格的な井戸の水質調査は，都における井戸がその役割を果たしえなくなりつつあることを示すものであった．そして明治末期には三大事業のひとつ，第二疏水と上水道の建設が始まるのである．

2.1.5 伝統産業・文化と地下水

都の水・地下水が育み今日に至った伝統的産業や諸芸の例を略記する[9].

茶道は，表千家，裏千家，武者小路千家の三千家をはじめ茶道の各家元がかつての清流「小川」の周辺に点在している．平安遷都当時の小川は加茂川から南へ堀川に向かう川であったが，変遷の後，昭和38年(1963)には埋め立てられて消滅した．しかし伏流水はあって，かつての小川沿いの小川通(堀川通東入)に面する裏千家の名井「梅の井」，表千家，武者小路千家などの井も健在といわれる．また京都には能阿弥による茶の湯の七名水が存在した．

17世紀の後半に確立された京友禅は水洗いを必要としなかったが，明治の初めに大量生産の可能な「写し絵」が発明され，水洗い工程が組み込まれた．これは河川で行われ京都の風物詩のひとつであったが，水質汚濁の進行により，現在では水洗いのすべてが屋内の人工河川で行われており，水温や水質的に利点のある深井戸地下水が使われている．

豆腐は，鎌倉時代の後期(13世紀)に禅僧が精進食品としてもち帰ったとか，さらに早く仏教伝来とともに伝えられたともいわれ，現在でも京都が主産地である．湯葉は，豆乳を加熱しつつ液面にできる薄い被膜をすくいとったものである．大豆の浸漬工程その他で井戸水が使われてきており，現在でも水温・水質の安定性などから深井戸地下水を利用している業者も多い．豆腐の歴史も古いが，多くの業者が深井戸地下水を使っている．

生麩は南北朝時・足利初期(14世紀)に伝来し，禅寺や上流社会で食された．京都では現在の麩屋町が17世紀に形成されている．小麦粉のグルテンに餅米やあわ，よもぎなどを加えて練り，蒸すか，あるいはゆがいたものであるが，グルテンの製造と保存には16℃前後の一定した水温が必要であり，なお多く深井戸地下水が利用されている．

酒造は，秀吉・家康時代の伏見の城下町造営により，醸造地伏見の基礎が築かれ，現在では全国代表的な酒産地のひとつとして知られている．その基盤は，桃山丘陵地帯からの豊富な地下水，近辺でとれる良質の米，盆地特有の冷込み気候などといわれる．伏見の水の良さは古くから言い伝えがあり，伏見の氏神として酒造家の信仰も厚い御香宮神社の名前の由来もそのひとつである．　　［寺島］

2.2 淀川・寝屋川の舟運と河内平野の水利用

2.2.1 河内平野の成り立ちと古代の水利用

　河内平野は，縄文時代初期には海面上昇（縄文海進）によって河内湾が形成されていた．その後の海退によって淀川と大和川が運ぶ土砂が堆積し河内潟へと変化し，5世紀のはじめ河内王朝の頃，その中央部は淡水の河内湖を形成していた（図-2.1[14]）．生駒山系南端の「亀の瀬」を通って流入する大和川は西の上町台地に遮られて北進し，この河内湖へ流入し，深野池，新開池などを残し沼沢地から河

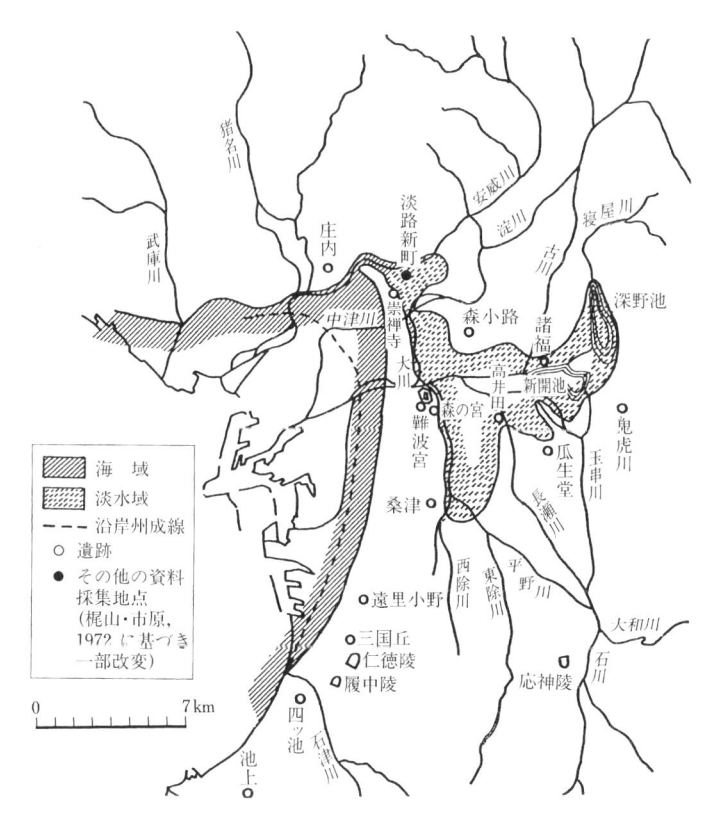

図-2.1　5世紀の河内平野

内平野へと変化した．河内潟を取り囲むようにその周辺に弥生の村々の生活が営まれ，広大な干潟に連なる低湿地を利用し，一部では漁労も営まれていた．この時代の遺跡から多くの丸木船が発見されている[15]．弥生時代の農耕遺跡は湾岸汀線の後退とともに平地部へ広がっていく．大和川をはじめ南部の丘陵地帯からの流れはすべて河内平野を貫流し上町台地北端の京橋から大阪湾に流れた．このため，人々は，淀川と大和川のたび重なる氾濫に苦しめられた．古代の人々のこのような様子が語り継がれて「日本書紀」の神武記などの出来事として記述されたといわれている[15]．

　4世紀に成立した大和政権と大陸や朝鮮半島との交流は難波津（浪速津）から大和川，石川を船で遡行し陸路竹ノ内峠を越えて，また船で大和川を飛鳥，藤原京へ向かった．大和川と石川の合流点付近には古代の舟運を司った舟氏の古墳があるように，大和川は当時の交通（舟運）の要衝であった[16]．当時の大和川の情景は万葉にも多く歌われているように水量も豊富で，舟の往来が盛んであったといわれている[21]．5世紀河内王朝の時代，淀川もまた，奈良盆地北部と難波とを結ぶ重要な交通路であり，穀倉地帯であった京都盆地と近江平野への道であった．河内政権は淀川水系と大和川中・下流水系の支配権を得て成立したといわれる[15]．淀川と大和川が合流して大阪湾へ入る難波は重要な地点であった．

　大和川の変遷は本節では触れないが，奈良時代から平安初期にかけて藤原京，平城京の造営に必要な膨大な量の森林が伐採され，平安初期には河道が大幅に改変されたといわれており，以降中世に大和盆地の諸河川は天井川になったといわれている[20],[21]．

2.2.2　河内王朝の時代－池溝の開発と灌漑用水の確保－

　河内平野における古代王朝の政権の基盤である水稲耕作による農産物の蓄積は，田畑の開墾と灌漑・排水・治水などの土木工事と物資の輸送手段の整備を前提とした．依網池，難波の堀江の開削，茨田堤，河内の感玖(こむく)の大溝の着手など多くの治水事業が仁徳朝に施工されたという伝えが記紀に共通している[16],[19]．5世紀初頭かどうかはともかく（古市大溝は6世紀といわれている）5世紀の河内平野にとって灌漑・治水事業がきわめて重要であったことは確かなことである．堀江開削や

治水事業の時期は応神・仁徳帝の時期に着手され，その後の長い年月の間継続され 6 世紀に完成したと考えられる．

『大宝令』に「水を引いて田に灌漑するには，すべて下より始め順次これを用いよ」[17]とあり，また承年元年(931)の勅に「国を富まし民を安くするには，こと良田に帰す，良田の開くるは実の池溝にあり」[17]とあるように，池溝の開発と灌漑用水の確保は古代の政権にとって最も重要な課題であった[17],[18]．灌漑用水の重要性は，水源涵養と結びつく．「類聚三代格」に「大同元年(806)諸国をして山林の乱伐を禁じ」，また「弘仁 12 年(821)大和の国の申請に任せ，川，渓，泉，源，溝，池すべて田の灌漑水の沿辺たる山林藪沢は公私を問わず悉くこれが伐損を厳禁している」という記述があるように源流域の森林保全の重要性は古くから認識されていた[17],[18]．

2.2.3 河内平野の舟運

古代から奈良時代には都との交流に盛んに利用された大和川(寝屋川)の舟運は，中世においても地域の物流に用いられてきたが，近世の大坂の発展に伴って盛況をみせるようになる．旧大和川や寝屋川を上下する川船には賃稼ぎの船以外に川筋の村々が所有し，村用や池の渡船に供していたものもあった[23],[24],[26]〜[30]．

寛永 15 年(1638)の船改めで川船に剣先船の名称が与えられた(図-2.2[24])．剣先船には，古剣先，新剣先，在郷剣先，井路川剣先の 4 種(489 艘)があった．古

図-2.2　剣先船[24]

剣先船(211艘)は長さ約22m,幅2.2m,深さ0.5m,稼ぎ場は寝屋川,楠根川,恩智川,猫間川筋で京橋から亀の瀬までで,石川は富田林まであった.亀の瀬から上流の大和川は魚梁船の領域で[25],大和の荷物はここで積み替えられた.京橋から下流は茶船,上荷船の領域であった.積み荷も油粕,干鰯などで,米・大豆など俵物は積まないことになっていた.新剣先船(100艘)は延宝3年(1675)に新たに認可された.在郷剣先船(78艘)は古船と同様中世からあったが,賃積み稼ぎではなく,大和川川筋諸村の村用や渡船のためのもので,認可も受けていなかったため延宝8年(1680)いったん営業を停止されたが,洪水時に船がないと非常に難渋し,貞享元年(1684)河内23箇村に認可された.大和川付け替え以後古・新剣先船は新川筋を主な稼ぎ場とし,枝川では稼がないようになった.

　剣先船以外に平野川筋を稼ぎ場とする柏原船があった[24),26),27)].別名了意船ともよばれ,元和・寛永の2度にわたる大和川洪水により荒廃した柏原村の再興のために,寛永13年(1636)40艘が認められた.大きさは剣先船よりやや小さく,大和川の水を引き入れた了意川を通り,竹淵川・平野川を経て大坂市中の浜々に着船が認められた.

　また,手舟とよばれた農民の自家用船(3枚板の小舟)は肥料の干鰯,油粕が高価で下肥を用いるようになってきたため運搬も増加したし尿を運ぶ下尿船であったが,農間稼ぎでつくられた縄,筵などを返り荷として積むようになった.農耕以外に年貢米,自家栽培の野菜の積出し,大坂の下肥の積帰り,大坂への老人子供の輸送なども行ったため賃稼ぎ船との抗争も多々あった.川筋には大小剣先船,柏原船,農家の手舟などがひしめいていた.

　大和と大坂の間の積み荷は大和からは米,大豆などの俵物,雑穀,菜種,綿実などが,大坂からは油粕(菜種から油を絞った粕.江戸時代随一の菜種の生産地は畿内で,大坂で加工された),干鰯(食用に加工した後の頭や骨などの胴鰊),鰊の〆粕(大釜で煮た鰊から油を取り除き乾燥させたもので第一級の肥料)などの肥料類,薪炭,醤油,青物類,荒物類などさまざまな物資が運ばれた.近世の大和は米麦二毛作,畑での多毛作,田畑輪換農法などによる先進的な農業地域で,水稲反収の高さは全国一であったといわれており[20)~22)],肥料は必需品であった.

　「……鯰川よりゆらゆらと,野崎参りの屋形船.卯月なかばの初暑さ……」と近松門左衛門の浄瑠璃で有名な野崎参りは大坂の発展とそれに伴う町民や近隣農民

の生活の向上が背景にあった．その庶民のレジャーのひとつが野崎参りであった．賑わったのは4月の無縁経の法要の8日間で，船は積み荷用の剣先船や農家の手舟を洗い上げて，よしずを張って客を乗せたという[28)~30)]．

2.2.4 淀川の舟運

　古代から淀川の舟運は大和川と並んで重要な役割を果たしてきた．中世においては貴族の熊野詣でや高野山詣でも淀川を船で浪速まで下り陸路熊野へ詣でた．淀川を航行する川船を対象に，淀川河口から京までの間に数多くの関所が設けられ，河手，津料を徴収していたといわれている[23),31),32)]．

　近世になって淀川舟運の役割は，経済の中心地の大坂と京を結ぶ交通要路として重要性を増していった．古来，淀川本流，支流において独占権をもっていた「淀船」は，元は石清水八幡宮の支配に属し八幡宮の神役に奉仕したという．天正年間，秀吉によって，淀の川村，木村両人の支配が認められた．積載石数が本流で二十石積みであったため淀二十石船とよばれた．一方，天正末期に，本来，海運に従事していた船持ちが秀吉の小田原攻めの功績で「川方御役船持，過書頭」を命ぜられて，三十石船が出現する．二十石積み以下の淀船と三十石積の過書船が併存することになる．両船はたびたび紛争を起こしたが，過書座の支配下におかれ淀船も過書船の船種に分類されている．伏見船は元禄11年(1698)伏見再興のため十五石船20艘が認められたが，元禄13年(1700)には百石船まであったため，淀船は大きな打撃を受け激しい営業競争が繰り返された．天明年間(1781〜89)過書船は927艘，伏見船151艘が稼働していた．過書船の船種は三十石船をはじめとして，物資輸送の天道船，尼天道船，道灘衆中船，青物船，手繰今井船，淀船などがあり，幕末には約480艘が稼働していた．船の呼称は積み荷，根拠地，古来よりの呼び名などさまざまである．有名な三十石船は早登人乗三十石船とよばれ，旅客専用で，長さ約27m，幅3.6mで，1日2回，上りは1日，下りは半日で伏見と大阪天満の八軒家間を上下した．枚方付近で，この船の乗客に飲食物を販売する船は「くらわんか船」とよばれた（図-2.3[33)]）．大阪の市中を働き場とする上荷船，茶船は大坂へ入る廻船，川船の積み荷を市中の浜に運ぶ独占的特権をもっていた．市中へ入る船の荷物はいったん上荷船や茶船に積み替えて市中の掘

図-2.3 三十石船に漕ぎ寄せる「くらわんか舟」(安藤広重画)[33]

割を利用して蔵屋敷や市場，浜へ運ばれた．最盛期には3 600艘あったという[23),31),32)]．

2.2.5 水の問題 ― 水論 ―

人と水とのかかわりには飲料水，灌漑用水，堤防，水車などがあるが，問題の多いのは灌漑用水である．その村に入ってくる水を「用水」，出ていく水を「悪水」といった．水を利用するためには，貯水・流水の必要があり，貯水にはため池をつくり，流水のためには用水樋・堤塘(ていとう)あるいは他村・他人所有の井路を利用する流水があった[18),20),24),26)～32),34),35)]．

用水の管理は村単位で行われ，河水，池水ともに取水口に樋(入圦(いり))が設けられ，排水口には落樋が設けられる．井路浚，溝掘浚も村の行事であった．樋の大きさは厳重に定められた．灌漑水の需要期に，適当な降雨があれば，問題はないが，降水量が少なく，ため池，川水，谷水だけでは不足する場合，古くからの慣行に従って配水されることになる．配水は旧来からの慣行を基盤につくられた水割による時間給水で，これが番水制度である．これらの農耕用水の需要を満たすことができないために生ずる争いが用水論であり，排水をめぐる争いが悪水論である．江戸時代の農村は水論に明け暮れた．水論は地域によって，用水の確保の差異によって，また排水の難易によって当然異なった．厳しい掟は水が死活問題であっ

たからである．絶えず自然の移変りに目を配り，大雨がくれば洪水対策を，日照りが続けばその対策を絶えずたてておかねばならなかった．

2.2.6 生駒山麓の水車

生駒山脈の西麓に通称河内七谷とよばれる谷筋がある．この渓流の豊富な水の水力を利用した水車産業が興った[34]〜[37]．水力を利用した水車産業は江戸時代から興り，明治の最盛期には194台を数えたという．昭和18年(1943)頃でも100台近かったが，昭和53年(1978)に姿を消した．この地域に水車が栄えた背景には，山間部に位置し落差を利用した「上掛け水車」を利用したこと，農業用水との競合が少なかったこと，大和と摂津(大阪)を結ぶ交通(舟運)の要衝として栄えた地域であり，輸送の便が良かったことなどがあげられる．製品は寛文年間(1661〜72)の辻子谷での胡粉製造が始まりとされているが，菜種，綿実，精米，漢方薬の粉末，伸線など多種に及ぶ．電力の普及に従って水車が減少するなかで動力の熱を嫌う和漢生薬の薬種細末や粉末加工が主の辻子谷の水車は1960年代後半まで残った．水車による伸線業は大正末期にはほぼ電力に代わってなくなっていった．

河内平野は大和川と淀川の恵みを受けてきたが，飲用水は質・量とも十分ではなかった．生活用水は山麓部を除いて平野部では井戸水が用いられた．

旧大和川の川筋跡には伏流水が残っており，水質は地下水より良質で，量も豊富であったという．このような所では川跡に掘られた元井戸から竹筒の樋管を引いて，水井戸組合員に給水した．川筋から離れた村では井戸水(地下水)を利用した。水質は良質ではなく，小石，砂，炭，棕櫚の皮を入れた「こしがめ」でろ過をして用いていた．［土永］

2.3 琵琶湖疏水の歴史

2.3.1 疏水への夢

広辞苑によると，「疏水」とは，灌漑，給水，舟運または発電のために新たに土

地を切り開いて水路を設けて通水させることで，多くは湖沼，河川を開溝して水を引き，地形によってはトンネルを設けること，と記述されている．

琵琶湖はいくつか断層が陥没して湖盆を形成したもので，長さ 68 km，湖岸線 235 km，面積 670 km^2 の日本最大の淡水湖である．この満々と湛える琵琶湖の水を京都に通じて舟を走らせて物資を輸送し，また灌漑に利用しようとする疏水構想は，平家の全盛期をつくり上げた平清盛や天下統一を果たした豊臣秀吉も描いたといわれる．琵琶湖疏水については，慶長 19 年(1614)徳川幕府の儒学者林羅山から京都の豪商角倉了以の息子与一宛の書状がある．これは角倉家が宇治川から瀬田川を結ぶ舟運を開きたいという考えがあることを家康に言上したところ，家康は舟が上下できればよく，もしできなくてもこの工事で湖水の低下をきたし，その結果，地味の肥えた 6〜7 万石の田地が造成でき，また水位の引下げによって近江で 20 万石の新田の開拓ができると考え，この計画に期待するというものである．

琵琶湖唯一の出口であった瀬田川，宇治川に船を通して北国からの物資を伏見，高瀬川を経て京都に運送し，また開拓を行うという角倉了以の考えは実現しなかったが，この計画はまことに壮大なものであった．

琵琶湖疏水は明治 18 年(1885)に起工し，約 5 年を要し明治 23 年(1890)に完成した多目的運河である．この疏水はその後琵琶湖第二疏水(10.5 km)が開削されたので，現在は琵琶湖第一疏水と称している．琵琶湖疏水建設という大土木事業計画の参考となったものに安積疏水の完成がある．この工事は，福島県の猪苗代湖の湖水を灌漑用水として利用して安積平野を開発し，広大な農地造成を目的としたものである．これは明治政府のお雇いのオランダ人技師長ファン・ドールンの設計・監督で，明治 12 年(1879)10 月に着工し 40 万 7 100 円の予算と 4 年の歳月をかけて完成した幹線 52 km，分線 78 km，トンネル 35，新田開発 4 000 ha に及ぶ大土木事業であった．安積疏水は明治 14 年(1881)年 7 月に完成したが，ファン・ドールンはその前年の 2 月，母国オランダに帰国した．この事業は当時我が国で行われた最先端の土木技術であったが，その完成後スタートすることになった琵琶湖疏水は，外国人技術者の雇用には多額の予算を必要とすることから招聘をあきらめ，全く外国人技術者の助力のないまま，京都府はこの工事を日本人のみの技術力で進めることを決意しなければならなかった．

2.3.2 北垣国道知事の決意

延暦 13 年(794),桓武天皇により平安京に遷都されて以来,1075 年間維持してきた首都の座を明治 2 年(1869) 3 月の江戸遷都において江戸に譲った京都は,蛤御門の変で焦土と化し,その復興もままならなかった.明治 14 年(1881)北垣国道は,第 3 代京都府知事に就任した直後から古都の復興に情熱を傾け,先人達が脳裏に描きそして成就できなかった「夢の運河」とまでいわれた琵琶湖疏水計画の実現に向かって走りだした.北垣知事が疏水問題に着手しようとした動機は,東京遷都後の打ちひしがれた京都の復興を第一に,次に,国の勧業立基金や産業立基金の恒久的事業への有効な投資,そして,安積疏水の完成によって疏水の灌漑用水利用への有益性が認められたことである.北垣知事はまた,水不足に悩む京都市民の生活用水を確保する必要性を疏水建設の目的にあげて内務省に陳情した.そして明治 16 年(1883) 11 月に発表した疏水計画には,水車による水力動力の確保,舟運,田地灌漑,精米水車,防火,飲料水,衛生など多目的な運河の建設に拡大された.北垣知事は就任直後から疏水問題に取り組んだが,着手するまでには諸般の事情から 4 年の歳月が経過した.

2.3.3 北垣知事と田辺朔郎

北垣知事は,優れた外国人技術者の雇用には多額の費用を必要とすることから工事を日本人のみの力でなし遂げようと考え,工部大学校(現東京大学)に赴き大鳥圭介校長に面会し,優秀な技術者の推薦を依頼した.大鳥校長は,卒業研究に琵琶湖疏水をテーマとした田辺朔郎に焦点を絞って推薦することとした.このとき田辺は 21 歳であった.田辺は工部大学校で土木学を専攻し,琵琶湖の疏水計画に京都府が着手した明治 14 年には,工部大学生として工部省工作局から学術研究のため京都・大阪方面への出張を命じられた.当時東海道線は未開通であったため,彼は徒歩で10日間をかけて京都に入り,琵琶湖疏水について独自の立場で調査計画を手掛けることとした.そして,大津・京都間の疏水予定地域を詳細に踏査した.彼はこのデータをもとに卒業論文のまとめに入ろうとしたが,不幸にも右手の中指を怪我し,不自由な左手で論文や製図を執筆しなければならなかっ

た．しかし努力の甲斐あって，指導教授や大鳥校長が激賞した卒業論文「琵琶湖疏水工事の計画」をまとめた．田辺は，明治16年(1883)優秀な成績で工部大学校を工学士の称号を得て卒業し，直ちに京都府に御用掛として採用された．

琵琶湖疏水の着工にあたって重要なことは，精密な測量技術である．そのため北垣知事は，田辺を京都府に招聘しようとしていた頃，測量技師として抜群の才能を有し，その優秀さを熊本県大書記官時代から認めていた高知県技師嶋田道生に白羽の矢をたてた．嶋田は北垣知事の懇望にこたえ，当初は高知県と兼任であったが，明治16年(1883)1月京都府の専任職員となって赴任してきた．同年5月，田辺の採用で，工事の実施に向け若く情熱的な技術陣で固めることができた．

疏水工事は明治18年(1885)6月2日に着工され，4年8箇月の歳月と総工費約125万円の巨費が投下され，幾多の難工事を克服して明治23年(1890)3月9日に完工した．全長20.1 km，取水量8.3 m^3/s で，現在，この疏水を琵琶湖第一疏水という．第一疏水の完成後，明治41年(1908)から12年をかけて大津から鴨川まで10.5 kmの開削と鴨川運河の拡張が行われた．これを琵琶湖第二疏水という．ここに新しい水力発電所(出力4 800 kW)が設置されている．

工事は，湖水を京都に流すために，まず逢坂山を貫通する長大トンネルを掘り抜く必要があったが，当時は日本人の掘削したトンネルで煉瓦巻のものでは，鉄道が京都・大津間に掘削した逢坂山トンネル663 mの技術だけであった．しかし疏水建設のため長等山を貫通するトンネルは，逢坂山トンネルの4倍の長さを必要とする規模のものである．田辺朔郎らはまず工区の中間に堅坑(シャフト)を開削し，この両側と藤尾・大津の両側4箇所から掘り進める計画で，明治18年8月6日堅坑開削をスタートした．しかし工事が掘り進むに従い，地質は上部の砂礫層から角硅岩と粘板岩の互層となって湧出水がひどくなり，釣瓶の人力巻上げでは排水は無理となり，工事は完全に停滞した．その後ポンプ汲出しに切り替えてから漸く掘削が進むようになったが，地上から45 mのトンネル線に到達するのに196日を要した．この工事の1日平均の進捗度はわずか21 cmにすぎない難工事であった．その後第二堅坑などの開削が始まり，トンネル全域での工事が本格化し，ついに明治22年(1889)2月22日貫通した．疏水工事のなかで最も難関であった第一トンネルは4年7箇月を掛けて完成した．このトンネルは大津側から731 mの地点で入り，1/3 000の勾配で通過する．トンネルは上下5 m，

幅 4.5 m の筒型で建設時は煉瓦造りであったが，現在はコンクリートで塗装してある．壁面には 2 本の線が走り，その 1 本は送信用ケーブルで他の 1 本はロープであり，当初，大津側に向かう運搬船はこのロープをたぐって船を動かした．

疏水は第一トンネルを抜けて県境をすぎ，JR 東海道線に沿って進み，天智天皇陵の麓を廻り，最も短い第二トンネル(124 m)を貫通させた．次いで日岡山下の第三トンネル(849 m，日岡トンネル)をくぐり抜け，蹴上のインクラインと上部の運河に接する幹線では京都市街地に近いトンネルを貫通し，蹴上浄水場に出る．その後に建設された琵琶湖第二疏水(全線トンネル)もここで合流する．琵琶湖から流れてきた本線は高低差 36 m を落下する．この水を利用して我が国最初の蹴上水力発電所(当初 80 kW，500 V，直流エンジン型発電機 2 台設置)が設けられた(図-2.4)．

図-2.4 琵琶湖疏水

① インクライン：蹴上インクラインは，第三トンネル西口を出た運河の西端から南禅寺の舟溜まで水平距離 581.8 m の山腹に，36.4 m の落差の傾斜面に勾配 15 分の 1 のレールを敷き動力で架車を走らせ，舟を上下させるために敷設した傾斜式鉄道である．運転ははじめ，水車動力を用いてワイヤーロープで結んだ軌道上の舟台枠を上下する構造が考えられたが，蹴上水力発電所の完成によって，電力利用で明治 24 年(1891) 12 月 26 日に営業運転を開始した．しかしこの疏水を利用した通船運輸は昭和 23 年(1948) 11 月 16 日で廃止された．

② 分線工事：蹴上から京都市の北部を大きく迂回し，小川頭において小川に

合流(後に堀川に合流)する全長 8.4 km を分線とした．その目的は，主として水力発電水路に，残りを畑や防火用水など広範囲に使用するためである．
分線は北に向かい南禅寺から鹿ケ谷方面を抜け，途中から導水管を通して松ケ崎浄水場に達する．このコースは東山の麓を通るため第四トンネルから若王子の間は寺院や名勝が多い．とくに吉田山裏の若王子から銀閣寺にかけては，哲学の道として知られている．また南禅寺境内の谷間にある「水路閣」は長さ 93.2 m，幅 4 m で，水路は径 2.4 m の半円形の断面をもち，高さ 5〜8 m で，閣体は，煉瓦と花崗岩で積み上げた 13 の橋脚と両側の橋台によって支えられている．堂々とした姿から「水路閣」とよばれている（図-2.5）．なお分線の総延長は 8 390.4 m である．

図-2.5 南禅寺境内水路閣

本線はこの後，聖護院町，岡崎町を経て鴨川に注ぎ，疏水は鴨川運河となって伏見に到達する．琵琶湖疏水は，現在，本・支線の総延長が延べ 31 km である．
第一疏水を要約すると次のようになる．

閘門・制水門(大津市三保ケ関)… 第一トンネル(長等山トンネル：2 436 m)… 山科(やましな)運河 … 第二トンネル(124 m)… 第三トンネル(日岡トンネル：849 m)… 蹴上浄水場(第二疏水の合流点：水力発電所がある)：インクライン(勾配 15 分の 1)… 夷川(えびすがわ)閘門 … 鴨川運河(閘門 7 箇所)… インクライン … 宇治川．

本工事は着工以来 4 年 8 箇月の歳月と 125 万円余の膨大な予算を費やし，明治 24 年(1891)3 月全線開通をみた．通水試験にも合格し，4 月 9 日明治天皇，皇后

両陛下をお迎えし，聖護院夷川船溜の中島で竣工式が挙行された．この大工事の完成は，この工事に一身をとした知事北垣国道，若き技術者田辺朔郎，測量技術で貢献した嶋田道生らの輝やかしい勝利であった．［佐谷戸］

2.4 琵琶湖と水文化 ― その生態と文化の多様性をみる ―

2.4.1 「古代湖」としての琵琶湖

「古代湖」という言葉が次第に知られるようになってきた．湖を分類するにはさまざまな基準があるが，「古代湖」という表現は，湖の"寿命の長さ"からみたものである．湖は周辺の土砂流入などで自然に埋まってしまうことが多いが，時には何十万年もの間，埋まらない湖がある．その間に，生物が独自の進化をとげ，固有種ができたりする．生物進化が独自に起きるほど寿命の長い湖が「古代湖」である．世界的にみると，古代湖として著名なのは，東アフリカの大地溝帯にある「タンガニーカ湖」，「ビクトリア湖」，「マラウィ湖」やロシアの「バイカル湖」，南米の「チチカカ湖」などである．今，世界で知られている古代湖は10個に満たない．琵琶湖もその「古代湖」のひとつである．

琵琶湖が今の場所で，今の形になったのは約40万年前といわれている．しかし，琵琶湖の原形ができたのは約400万年ほど前であるという．このような自然の長い歴史を反映して，琵琶湖には，魚類ではニゴロブナ，ホンモロコ，ビワコオオナマズなど，琵琶湖の独自の環境にあわせて進化してきた固有種がいる．琵琶湖に棲息する魚類53種のうち，13種が固有種である．カワニナという貝類では，十数種の固有種がみられる．一方，気候・地形的にみても，琵琶湖は自然の巧みな水たまりでもある．気候的にみると，琵琶湖南部は太平洋側気候で梅雨と台風時期に雨が多い．一方，琵琶湖の北部は日本海側気候で冬に雪が多い．つまり1年を通じて平均的に降雨量が多く，しかも周囲を山に囲まれ，400本以上の河川や水路から水が常時流れ込んでいる．自然の出口は瀬田川1本である．それが自然の水たまりとしての琵琶湖の価値につながっている．

2.4.2 淡海文化の構造的特色 ―「周縁文化」としての宿命 ―

　琵琶湖に人が住みついたのが旧石器時代，せいぜい1～2万年前にすぎない．それから現在まで，琵琶湖周辺では，狩猟採集から稲作農耕，そして工業文明とさまざまな生活様式や生活文化を外部から受け入れてきた．筆者自身は，琵琶湖周辺の文化を基本的に規定してきた大きな構造的要素が2点あると考えている．1点は，上記のような気候・地形的な自然の巧みさと，古代湖としての琵琶湖における生物の多様性という自然的条件を制約条件としながらも，それに適応し，時には改変の手を加え発展してきた「淡海文化」である．人の手による水田開発や工業的開発に対応する形で，自然の側も変化してきた．つまりここには，自然と人間との相互の「共進化」の過程がみられた．

　もう1点は政治，経済，文化的な「周縁性」である．琵琶湖は，「近江」，「淡海」という名付けにみるように，政治文化の中心部（奈良や京都，近世になると大阪）に地理的に近接してきた．時には大津京のように，湖辺そのものが政治の中心になったが，それはむしろ例外的である．近江は古代以来，日本の政治文化の中心に近接しその近接性ゆえに，対比的に「周縁文化」をつくってきた．古代の天皇制の中心としての奈良と京都，平安時代以降の荘園制度や社寺仏閣の中心である京都，そして武士社会の商業の中心である大阪，明治時代以降の近代工業化の中心である大阪圏，琵琶湖はいつの時代もそれぞれの時代の中心に対して，農水産物を供給し，人材を供給し，あるいは都市産品の市場となってきた．琵琶湖文化には，それぞれの時代の中心的な政治や文化の圧倒的な権力をきわめて近接した場で受けとめざるをえないという，受け身の文化の宿命があった．ありていにいえば，いつの時代も「支配される側」にあったのが琵琶湖地域の宿命であった．近年になって，近畿都市圏に水を供給するようになった琵琶湖総合開発もある意味で周縁的な役割の象徴でもある．

　さて，このような構造を具体的に以下に述べる．琵琶湖周辺の文化を総体として把握するために，表-2.1を準備した．「琵琶湖をめぐる文化複合」として，横軸には，湖が内在的にもっている要素（価値）を4種に分けて取り上げた．つまり「水」，「生態系」，「水面」，「風景」という4要素である．それぞれの要素について，文化は複合的な総体として蓄積されてきている．ここでは，それを物質文化的な

「モノ」,社会組織的な「コト」,精神文化的な「ココロ」という3つの切り口でアプローチしてみる.この3つの切り口は民俗学の柳田国男の文化分類,「生活外形」,「生活組織」,「生活心性」という考え方から学んだ[42].

表-2.1 琵琶湖をめぐる文化複合

湖の文化複合	湖の要素			
	水	生態系	水面	風景
モノ:生活外形 技術	水利用技術 降水対応	漁具・漁法	船・航海技術	絵画・版画 写真
コト:社会組織 習慣	水利用制度 (水利権) 治水組織	漁業制度 (漁業権)	航海制度 (航行権)	文学・観光
ココロ:精神文化, 宗教,信仰	水神信仰 雨乞い信仰	殺生観念	航海信仰	風水思想 伝説・伝承

2.4.3 水資源としての琵琶湖文化

古来より琵琶湖辺に人が居住しはじめたとき,飲み水が直接に入手可能である,という条件は重要であったと思われる.同時に水の有無が強く影響するのが稲作水田農耕文化である.琵琶湖辺での最古の稲作の痕跡は2300年前,大中の湖周辺であり,その後,稲作は山間部の谷水やため池を利用する棚田や平野部の河川水を利用する水田へと拡大し,琵琶湖周辺には5万ha以上の水田が形成された.

しかし,湖の水そのものが,生活用水,農業用水,工業用水など,いわば水資源として広い範囲の人たちに利用されるようになるのは意外と新しい.重力に沿って湖に流れ込んでしまった水を重力に反して汲み上げる「逆水(揚水)」技術の発達が必要である.したがって,琵琶湖の水が大量に真っ先に利用されるのはむしろ下流部である.その最初の出来事が,明治23年(1890)に完成する琵琶湖疏水である.しかし疏水の最初の水利用は,水力発電であり,京都への水道用水の供給は第二疏水が完成した大正元年(1912)以降である.琵琶湖・淀川水系の水を近代的な上水道水源として最初に利用したのは,大阪市であり,明治28年(1895)にはじまるが,その給水人口は約50万人である.1935年には阪神間に,また1955年以降は,大阪近郊圏に琵琶湖・淀川水系の水が上水として供給される範囲が広

まる．昭和30年(1955)には約500万人となり，昭和50年(1975)には1 000万人，琵琶湖総合開発完成時の平成9年(1997)には1 400万人となった[43]．一方，琵琶湖周辺で生活用水として琵琶湖の水を使っていた人口は1955年まではほんのひとにぎりでしかない．しかしその時代までは，琵琶湖水は浄化しなくても，直接飲み水に使われるほど清浄であったという事実は重要である．たとえば琵琶湖に浮かぶ沖島では昭和36年(1961)まで，飲み水から洗濯，風呂，すべての生活用水源は自然の湖水であった．1960年代以降，上水道が普及するにつれ，滋賀県内でも琵琶湖の逆水に依存する人口が増え，平成10年(1998)では，滋賀県内でも人口の8割以上が上水を琵琶湖水に依存している．上水として依存度が増すことと並行して水道普及によって増大した排水が琵琶湖に流れ込み水質汚濁の一因となっているのは，当然の流れとはいえ水利用をめぐるジレンマでもある[44]．

　農業用水も琵琶湖総合開発時代の構造改善事業により琵琶湖逆水が増えて，平成に入ってからは県内水田の約半分が琵琶湖逆水による灌漑用水に依存している．工業用水も，大正時代に湖辺に琵琶湖水を利用する化学繊維工場ができ，近年は内陸部まで琵琶湖水は利用されている．農業用水，工業用水，いずれも利用後の排水は琵琶湖に流れ込み，水質汚濁の原因となっている．

　水利用については水路を開削し，水を流し，あるいは水を汲み，運ぶなどのさまざまな技術が古来より工夫されてきたが，水利用に伴う文化で最も重要な社会制度は，本来自然物である水を配分する社会制度である．古来より京都のような大消費地を近傍にかかえていたことが近江の水田開発を水の自然条件以上に過剰に推し進め，「水の一滴は血の一滴」といわれるほど水が逼迫した．そのような近江盆地では緊密な水利権制度がはりめぐらされ，水を管理する村落共同体組織が高度に発達し，地域社会の基本的組織文化をつくってきた．

　一方，水は多すぎれば洪水をもたらすやっかいな存在でもある．琵琶湖周辺では，自然の水の出口が瀬田川1本しかなく，しかもこの出口が土砂などで埋まりやすかったという自然条件もあり，とくに江戸時代以降は，湖辺では2〜3年に一度，琵琶湖の溢水(水込み)に悩まされてきた[45]．明治時代では，最大50 m^3/sしか疎通能力はなかったが，明治38年(1905)に南郷洗堰ができ，瀬田川の疎通力を高める工事がなされ，溢水は減少した．琵琶湖総合開発では，最大800 m^3/sまでの疎通力を確保し，湖辺の溢水の危機は大幅に減った．

水にまつわる精神文化も琵琶湖周辺では，多様な展開をみせている．稲作農耕地帯では，水にまつわる行事（雨乞い）も発達し，一部では現在まで引き継がれている．また川水や湧水，井戸水などを清浄に使い続けるための生活文化として，排水を再利用する排水文化や，水神信仰なども受け継がれてきた．また琵琶湖そのものに水神さんを求める信仰も古代より受け継がれており，その中心は竹生島の弁財天信仰である．これらの信仰は時代によりいわば新しい伝統として創生され，昭和に入ってはじめられた「琵琶湖まつり」でも，竹生島の元水汲みは儀式のハイライトとなっている．

2.4.4 生態系に適応した琵琶湖の漁業文化

縄文時代に琵琶湖辺に住みついた人たちの食料源は，湖の魚介類と湖辺の森の産物であった。たとえば，縄文時代中期の粟津貝塚遺跡では，遺跡が水底にあったことから植物性遺体の保存状態がきわめて良好で，当時の人たちの季節ごとの食生活サイクルなどをさぐることが可能な資料が数多く出土している．その結果，春先から夏にかけてはシジミなどの貝類や産卵のために湖辺に寄ってくるフナやコイなどの魚類，秋にはトチや栗などの木の実，冬にはシカやイノシシなどの獣類と，季節ごとに，湖の幸と山の幸を組み合わせて食料を得ていたことがわかる[46]．縄文時代にはすでに河口部にヤナのような漁具がつくられた跡もある．

古墳時代に入ると現在のエリの原型もみられ，各種の網を使った漁法も発達した．また湖辺の遺跡からは，丸木舟なども発見され，沖合にも人々がでたことが推測される．琵琶湖では明治時代の記録では，40種類近くの漁法が知られているが，とくに沿岸部の内湖や河口部での漁法には，ヤナひとつを取り上げても河川ごとに形は異なり，ウケのような漁具も，コイ，ウナギ，フナ，エビなど対象となる生物と仕掛ける場所に合わせてきわめて多様なタイプが知られている．琵琶湖の魚類のほとんどは河川や沿岸域で産卵するという生態的特色があるが，このような生態に合わせて多様な漁業文化が形成されてきたことがわかる[47]．

琵琶湖漁業については，人々がいつでもどこでも漁業ができたわけではなく，古代からさまざまな漁業権制度が発達してきた。古代には漁獲物を天皇家に献上するのと引替えに魚介類を捕獲する権利の後ろだてをもらう「供御人（くごにん）」という特権

漁業者制度があった．中世には，特権漁業の後ろだては上鴨神社など荘園領主となり，武家の時代になると織田信長や江戸幕府が漁業権の後ろだてとなった．中世から近世にかけて，次第に自治組織として成長していた村落は近世には社会の基本単位としての地位をより一層強め，江戸時代の漁業権は直接的には村落共同体によって管理されていた．しかし漁業権は租税と引替えであったという点からみると藩や幕府の支配下にあった．明治時代以降，近代法制度の整備のなかでも，なお漁業権については，村落あるいは漁業組合による共同的管理の原則は継承しており，それは戦後の水産業協同組合法を経て，現在まで継承されている．

　魚介類の文化をみるとき，琵琶湖辺での特色は保存食にある．淡水魚はもともと腐敗しやすく，保存食が高度に発達した．飴だきや，鮒鮨(ふなずし)に代表される熟鮨(なれずし)がその典型であるが，飴だきは江戸時代以降であるのに比べ，熟鮨は延喜式にも記載されており，少なくとも平安時代には存在したといえる．魚介類を米など穀物と漬け込む熟鮨の起源は東南アジア近辺であろうと推測される．鮒鮨が一般には著名だが，鰰(はす)，追河(おいかわ)，諸子(もろこ)なども熟鮨として加工されており，鮒鮨，鰰鮨(はすずし)や鯔(どじょう)鮨(ずし)は社寺の儀式用としても重要である[48]．水産物の市場としては，中世には，京都にシジミ売りが出現しており，京都との結びつきは現在まで強い．

　このように多様な生物種に対応した多様な漁業文化は生態と文化の相互依存性を示す事例としても重要である．しかし，近年における固有種の漁獲高の減少と，一方でブラックバスなどの外来種の増大は，淡水魚食文化の需要の減少などと併せて，琵琶湖の漁業文化の将来に暗いかげをおとしている．

2.4.5　水面・風景としての琵琶湖文化

　琵琶湖の水面は古来から湖上交通の場として活用されていた．京の都から北陸への旅には湖上交通が使われ，旅の途中で生まれた歌も万葉集から多い．柿本人麻呂や紫式部が残した歌は著名である．

　交通網を考えるとき，琵琶湖で固有に発達した船が丸子船である．中世にその起源があるといわれるが，最も発達したのは江戸時代で，日本海側の米や海産物を京や大阪に運ぶ交通路として琵琶湖の湖上交通が活用され，そこで活躍したのが丸子船であった．江戸時代中期には，琵琶湖全体で3000艘近くの丸子船が操

業していた[49]．これらの船を管理していたのが船奉行であり，草津の芦浦観音寺に中心があった．また大津と草津の間には東海道のバイパスとしての湖上の渡しがあった．

　また琵琶湖は，近江八景に典型的にみられるように日本の水の風景としても著名となった．近江八景は，16世紀に中国の瀟湘八景にちなんで設定されたが，江戸時代には広重の版画などを通じてひろく全国に知れわたるようになった[50]．

　琵琶湖周辺には，石山寺，三井寺，竹生島の宝厳寺など，西国三十三番札所などもあり巡礼の旅の場でもあった。湖辺の仏教文化も比叡山の天台宗寺院を中心に発展したが，天台宗の教義では，琵琶湖は「薬師のうみ」と称された．

2.4.6　これからの琵琶湖文化

　以上のように，琵琶湖の文化はそれぞれの時代によって，天皇家，有力寺社，幕府，近代国家など，外部の勢力の影響を強く受けた「周縁文化」の性格を強くもってきた．このような社会的構造は，現在でも琵琶湖総合開発計画の策定過程にみられるように，継承されているといえる．外部との対抗関係のなかで琵琶湖社会はつくりだされてきた．しかし，地域社会の結束力や強固な信仰心，地域社会としての伝統文化の保全，地域自治の伝統など，内部的な結束力が強いのも琵琶湖文化の特色といえるだろう．

　文化人類学の米山俊直は，日本文化の特色のひとつに京都など小盆地ごとの文化の固有性に基づいた分析を行っている[51]．琵琶湖盆地も典型的な小盆地文化を形成してきた．しかも山一つ隔てたごく近接にある京都盆地には，長い間，政治権力と文化の中枢があった．琵琶湖は，ある意味でこの京都の権力中枢と比較すると，真ん中には「水しかない」，いわば「中空の小盆地」であった．とくに地元にとっては，琵琶湖は「いつでもある当たり前の存在」であった．そこに1950年代後半以降の開発の波が強く覆いかぶさり，外部圧力に対抗できぬまま，水質汚濁や生態系の破壊を招いてしまった．しかし，今，ようやく地元にあっても，琵琶湖を単にそこにある当たり前の存在としてではなく，琵琶湖の内在的な価値を発見しようという動きがみられる．琵琶湖博物館や本地はこのような淡海文化の志の現れといえる．新しい世紀を目前にして，まさに湖を母とするような，周縁文

化ではない，湖の価値を自覚的に高め，自然と人間が本来の意味で共生が可能となる生態文化をつくりだせるかどうか，これからの世代にかかっているといえるだろう．手遅れにならないことを真に願う．　［嘉田］

文　　献

1) 村井康彦(1994)：雅・王朝の原像，pp.13-34，講談社．
2) 村井康彦(1994)：絢・天下人の登場，p.24，講談社．
3) 京都市(1918)：京都三大事業誌．
4) 岩井忠熊編(1994)：まちと暮らしの京都史，pp.166-170，文理閣．
5) 村井康彦(1990)：平安京と京都，pp.75-77，三一書房．
6) 宮本馨太郎(1990)：民具入門，pp.35-36，慶文社．
7) 高橋康夫(1988)：洛中洛外・環境文化の中世史，pp.88-98，平凡社．
8) 岩井忠熊編(1994)：まちと暮らしの京都史，pp.142-145，文理閣．
9) 京都新聞社(1983)：京都・いのちの水．
10) 村井康彦(1990)：平安京と京都，pp.66-67，三一書房．
11) 岩井忠熊編(1994)：まちと暮らしの京都史，p.195，文理閣．
12) 村井康彦(1990)：平安京と京都，pp.64-69，三一書房．
13) 駒敏郎(1993)：京洛名水めぐり，本阿弥書店．
14) 大阪市立自然誌博物館(1996)：河内平野の生い立ち，大阪市立自然誌博物館友の会．
15) 新修大阪市史編纂委員会(1988)：新修大阪市史第一巻，大阪市．
16) 羽曳野市史編纂委員会(1997)：羽曳野市史第1巻，羽曳野市．
17) 西岡虎之助(1982)：池溝時代から堤防時代への展開，西岡虎之助著作集第一巻，三一書房．
18) 宝月圭吾(1950)：中世灌漑史の研究，目黒書店［1983年に復刻版刊行(吉川弘文館)］．
19) 辻川季三郎(1994)：水利灌漑，築造史考，自費出版．
20) 宮本誠(1994)：奈良盆地の水土史，農文協．
21) 奈良県農業試験所(1995)：大和の農業技術発達史．
22) 徳永光俊(1978)：近世大和の農業生産力，歴史評論345号．
23) 新修大阪市史編纂委員会(1989)：新修大阪市史第二巻，大阪市．
24) 布施市史編纂委員会(1967)：布施市史第二巻，布施市役所(現東大阪市)．
25) 肥後和男(1937)：近世における大和川の舟運－特に魚梁船について－，大和王寺文化史論，第一書房．
26) 柏原市史編纂委員会(1972)：柏原市史第二巻，柏原市．
27) 八尾市史編集委員会(1958)：八尾市史，八尾市．
28) 大東市教育委員会(1980)：大東市史，大東市教育委員会．
29) 住道町誌編纂委員会(1956)：住道町誌，大阪府住道町役場．
30) 四条畷市史編纂室(1972)：四条畷市史第一巻，四条畷市役所．
31) 日野照正(1975)：近世淀川の舟運，枚方市史研究紀要59号，枚方市．
32) 枚方市史編纂委員会(1977)：枚方市史第三巻，枚方市．
33) 中島三佳：宿場町枚方とくらわんか，p.59，1982．
34) 枚岡市史編纂委員会(1965)：枚岡市史第二巻，枚岡市役所．
35) 河内四条史編纂委員会(1977)：河内四条史，河内四条史編纂委員会．
36) 東大阪市史編纂委員会(1988)：東大阪市史2，東大阪市．
37) 出水力(1987)：水車の技術史，思文閣出版．
38) 京都新聞社編(1990)：琵琶湖疎水の100年(叙述編)，京都市水道局．

39) 織田直交(1995)：琵琶湖疎水，かもがわ出版.
40) 下中邦彦編(1972)：世界大百科事典，平凡社.
41) 新村出編(1991)：広辞苑第4版，岩波書店.
42) 柳田国男(1935)：郷土生活の研究，筑摩書房.
43) 嘉田由紀子・小笠原俊明編(1998)：琵琶湖・淀川水系の水利用の歴史的変遷，滋賀県立琵琶湖博物館研究調査報告第6号，琵琶湖博物館.
44) 嘉田由紀子(1995)：生活世界の環境学－琵琶湖からのメッセージ，農山漁村文化協会.
45) 鳥越皓之・嘉田由紀子編(1984)：水と人の環境史－琵琶湖報告書，御茶の水書房.
46) 吉良竜夫・嘉田由紀子・織田直文編(1996)：滋賀の自然と人を語る，ぎょうせい.
47) 小川四良(1996)：沖島に生きる，サンライズ出版.
48) 滋賀の食事文化研究会編(1996)：ふなずしの謎，サンライズ出版.
49) 橋本鉄男著・用田政晴編(1997)：丸子船物語・サンライズ出版.
50) 滋賀県立近代美術館編(1990)：近江八景，滋賀県立近代美術館.
51) 米山俊直(1984)：小盆地文化論，岩波書店.

3章　近畿における水利用

　近畿の河川には，太平洋側の熊野灘，瀬戸内海や日本海側に流れ出る多くの大河川があるが，水利用ということからみれば淀川が際だった存在である．飲料水を供給する水道は，淀川の流域をはるかに越えて，西は兵庫県の神戸まで，南は大阪府の南端や奈良盆地にまで供給されており，近畿圏1400万人とも1600万人ともいわれる人々の生活を支えている．淀川は工業用水，農業用水の利用も多く，日本の大河川で最も多様で循環的な高度利用がされている河川である．

　このような高度利用ができるのは，水甕である琵琶湖をはじめ，流域に多くのダムが建設されて水量の確保がなされ，下水道の建設が急ピッチで進んで水質の保全が図られたおかげである．さらに，取水や排水の管理がきちんと行われていること，下水道やその他の排水の水質管理が厳密に行われ，水質監視の体制が整っていることなどによって，上流側に数百万人の人口を抱えているにもかかわらず，最下流地点で取水した表流水を水道水として供給できているのである．しかしながら，流域の活力の増加によって汚濁はさらに進行する可能性が高い．今後は，下水道などの整備をさらに進めるとともに発生源の負荷を減らしていく努力も必要となる．現状の調査や効果の高い管理法の開発が望まれる．

　一方，地域の水にも関心をもつ必要がある．地域には，湧水や地下水，渓流水など「おいしい水」として長く利用されてきた水がある．これらは，地域の文化や歴史の一部ともなっており，最近では有名な「名水」を選定して保存活用が図られている．また，河川や湖沼のもつ自然性を復元して，都市や都市近郊の自然機能の再生に努めている例も出てきている．

利用の高度化は管理の高度化によって実現される．その意味で淀川は世界に発信できる実験の場でもある．[山田(淳)]

3.1 水 利 用

3.1.1 近畿の生活用水・工業用水の現状

(1) 近畿の産業活動の概況

近畿地方の総面積(3万1352.08 km^2)は全国の8.3％にすぎないが，総人口は約2149万人[平成8年(1996)]で全国の17.1％を占め，人口密度(681人/km^2)は関東に次いで高い．経済のウエイトでみると，域内総生産[平成6年(1994)度]は82.6兆円で全国の17.3％，製造品出荷額など[平成7年(1995)度]は17.7％，商品(卸売り)販売額(平成6年度)は19.2％と，ほぼ全国の2割のシェアを占めている[1]．

とくに大阪湾岸地域は陸上交通の要衝にあったため，古くから大陸との結節点として開け，大阪，京都，奈良を中心に商業や文化が発達した．また，近代の重化学工業を中心とする経済の発展にも近畿は大きな役割を果たし，現在も伝統産業から先端産業に至るまで幅広い業種の集積する我が国第二の大都市圏を形成している．しかし，近畿経済の相対的地位は低下を続けており，昭和54年(1979)以降の実質経済成長率はおおむね関東，中部，全国平均を下回っている．

(2) 生 活 用 水

水資源(淡水)の利用形態は大別すると，都市用水(生活用水，工業用水)と農業用水に分けられる．近畿の都市用水の水源別取水量を示した**表-3.1**をみると，河川水，地下水への平均的な依存率はそれぞれ76.5，22.1％と，全国平均の69.3，28.0％とそれほど大きな違いはない．しかし，地域別では臨海部の河川水依存率は79.4％と内陸部の68.1％よりかなり高い．また，近畿における水道普及率は，臨海ブロックでは99.3％と沖縄に次いで高く，内陸ブロックでも98.5％と高い状況にある．

3.1 水利用

表-3.1 近畿地域都市用水の水源別取水量(1995年)[3]

	河川水		地下水		その他		合 計
近畿内陸	8.45	68.1 %	3.85	31.1 %	0.11	0.9 %	12.41
近畿臨海	28.59	79.4 %	6.86	19.1 %	0.57	1.6 %	36.02
近畿(計)	37.04	76.5 %	10.72	22.1 %	0.67	1.4 %	48.43
全　国	221.62	69.3 %	89.40	28.0 %	8.80	2.8 %	319.82

単位:億m³/年

一般に生活用水の使用量は気候,生活様式,経済社会活動の変化などに伴い変動する.たとえば,昭和50年(1975)から平成7年(1995)までの給水人口規模別の上水道1人1日平均給水量(有効水量ベース)は,給水人口の多い大都市ほど大きくなる傾向がみられる(有効水量ベースとは水道による給水のうち,漏水などによるロスを除いて需用者において有効に受け取った段階の水量を基準としていることを意味する).これは大都市ほど水洗トイレの普及率が高い,通勤・通学などで昼間人口が多くなる都市活動が旺盛なことによるものである.

このため,近畿の生活用水使用量[有効水量ベース,平成6年(1994)]は図-3.1に示すように,臨海部で20.6億m³/年,内陸部において6.7億m³/年程度で推移しており,臨海部の値は関東臨海に次いで高くなっている.1人1日平均の生活用水使用量では図-3.2に示すように,近畿内陸354 L/人・日,臨海部では371

図-3.1 近畿の生活用水使用量の推移(有効水量ベース)[1]

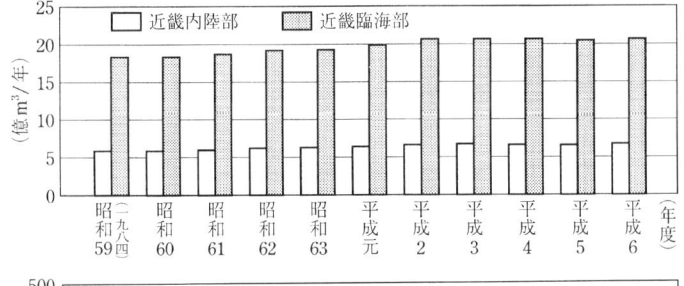

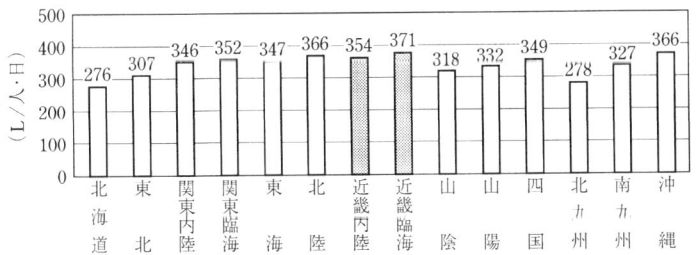

図-3.2 生活用水の1人1日平均使用量[平成6年(1994),有効水量ベース[1]]

L/人・日であり，全国的にみても多いグループに入る．しかし，使用量の多い臨海部において平成2，3年(1990, 91)度をピークに減少している．

(3) 工 業 用 水

全国的な工業活動を製造品出荷額でみると図-3.3 に示すように，高度経済成長以降も平成3年(1991)までは年々増加し，とくに昭和50年(1975)頃から昭和63年(1988)頃にかけて大幅な上昇がみられた．平成4年(1992)以降はバブル崩壊により3年連続で減少したが，それ以降は回復傾向にある．しかし，近畿のみでみると，平成2年(1990)頃をピークにそれ以降，製造品出荷額は低下傾向を続けている．これは関東に比べて素材型，生活関連型産業のウエイトが高く，技術先端型業種の工場立地が遅れたことなどによるものである[1]．

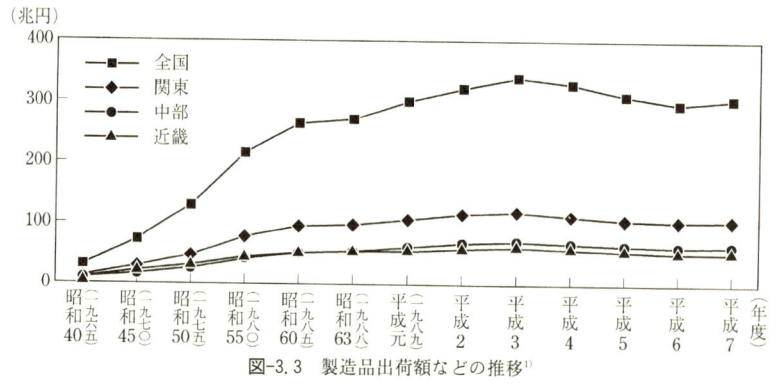

図-3.3 製造品出荷額などの推移[1]

工業用水は水中の浮遊沈殿物を沈殿処理したもの(ろ過処理や塩素処理は行っていない)であるが，近畿の中心である大阪府では淀川から取り入れた水を守口市にある大庭浄水場，摂津市にある三島浄水場で処理し，給水の申込みのあった企業や工場に送っている．産業別では化学，鉄鋼，石油，石炭，繊維などであり，用途別には冷却用，洗浄用，ボイラー用のほか，ビルの清掃用，洗車用，散水用，空調冷却用，環境修景用など工業以外の分野での雑用水としても利用が行われている(図-3.4)．大阪府の場合では高槻市から泉南市まで府内24市2町の企業や工場に給水が行われている．

近畿全体としてみると，内陸部の工業出荷額は電気機械器具製造業，一般機械器具製造業の割合が高い．工業用水では化学工業，プラスチック製品製造業の比

率が高い．回収率は62.4％と全国平均に比べ低くなっている．臨海部の工業出荷額では電気機械器具製造業，一般機械器具製造業の割合が高く，工業用水では鉄鋼業，化学工業の比率が高い．回収率は84.8％と全国平均に比べて高くなっている[3]．

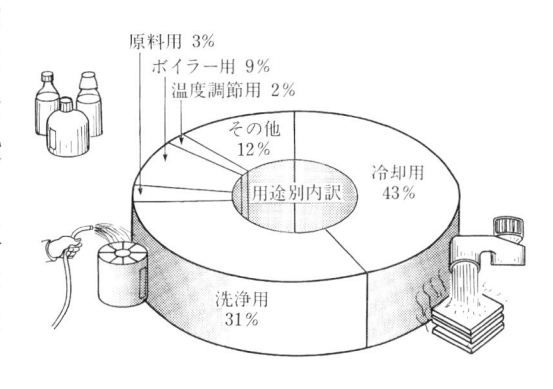

淡水補給量は，内陸部，臨海部とも昭和50年(1975)頃は減少傾向，昭和60年(1985)以降は横這い傾向で推移しており，平成7年(1995)は内陸部では約4.3億 m^3/年(対前年比1.5％の減)，臨海部では約13.1億 m^3/年(同1.8％の減)である[3]．

図-3.4 大阪府の工業用水利用の用途別内訳

(4) 近畿の水資源の問題点

a. 渇水の状況 渇水に関しては，これまでに昭和52年(1977)8月末～翌年1月初め，昭和53年(1978)9月初め～翌年2月初め，昭和59年(1984)10月初め～翌年3月中旬，昭和61年(1986)10月中旬～翌年2月中旬などにおいて，淀川沿岸都市で117～159日に及ぶ給水制限が行われた[2]．また，平成6年(1994)夏には西日本各地の記録的な高温と少雨(琵琶湖流域の降雨量は平年の30％)により異常渇水と猛暑に見舞われた．これに対応して，琵琶湖・淀川渇水対策会議が設けられ，8月末には官公庁などにおける止水バルブの調整など，行政機関自ら節水を強力に推進すること，および淀川中下流の利水については一律15％の取水制限，琵琶湖周辺にあっては8％の取水制限が決められた．続いて9月初めには淀川中下流の利水は一律20％，琵琶湖周辺では10％の取水制限へと強化された[4]．

このような渇水のために，学校プール使用中止，干上がった紀ノ川などの一部で川底が露出，雨不足による水圧バランスの崩れで井戸に海水浸入，学校で給食中止，掃除乾拭き，運動会延期など大きな影響がみられた．このほか，異常気象がもたらす極度の渇水により，社会生活面に多大な影響がもたらされた．

b. 主要都市別賦存水量　図-3.5は全国の主要都市における賦存水量(市街地面積または市街地人口当たりの河川の流出量)を示したものである．これによると，近畿では芦屋市，神戸市が極端に水の少ない地域であることがわかる．とくに，政令指定都市では神戸市はワースト1であり，市街地面積当たりの流出量ではワースト2の千葉市の半分，市街地人口当たり流出量では横浜市の約3分の1の水準である．

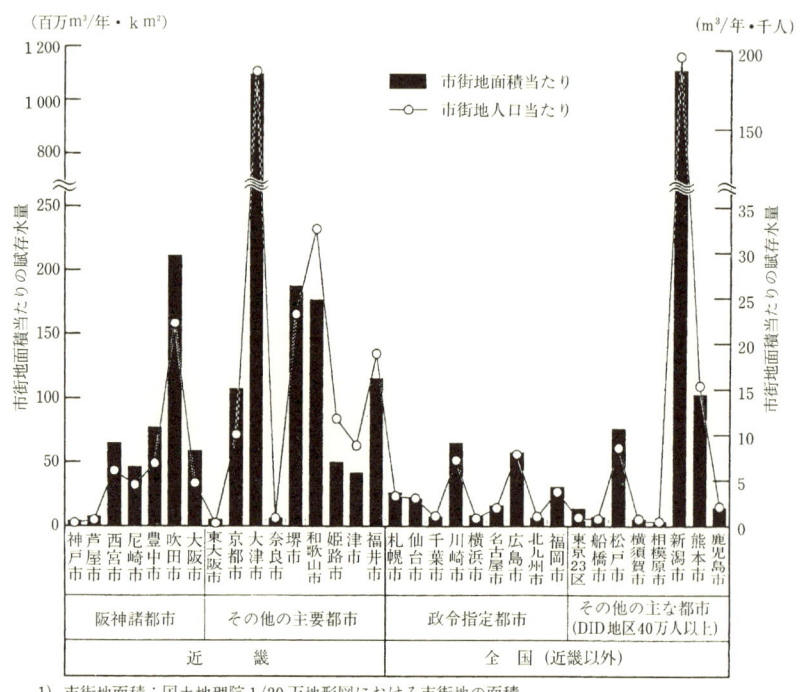

1) 市街地面積：国土地理院1/20万地形図における市街地の面積．
2) 市街地人口：1985年 国勢調査報告人口集中地区別人口から市街地面積比率をもとに算定した人口．
3) 流域面積：各都市の市街地[1]の集水面積．
4) 降雨量：各都市の流域の中の代表的と考えられる雨量観測所の降雨量．
5) 年間流出量：流域面積×降雨量×0.8(流出率を0.8と設定)．

図-3.5　全国主要都市賦存水量[4]

また，図-3.6に示すようにこれら主要都市では被覆面積率(市街化区域面積に占める裸地以外の被覆された面積の割合)が非常に高くなっており，京都市，大阪市では約4分の3がすでに被覆化されており，神戸市においても経年的に被覆化の進行が著しい．このことは雨水が浸透，貯留されることなく河川に直接流出

する率を高めていることになり，河川の維持用水の減少をもたらしている．これは，阪神・淡路大震災の際に，河川水を消火用水として用いることができず，延焼をくい止められなかった原因のひとつにもなった．

近畿の降水量はほぼ全国レベルにある一方で，水需要度がきわめて高い地域で

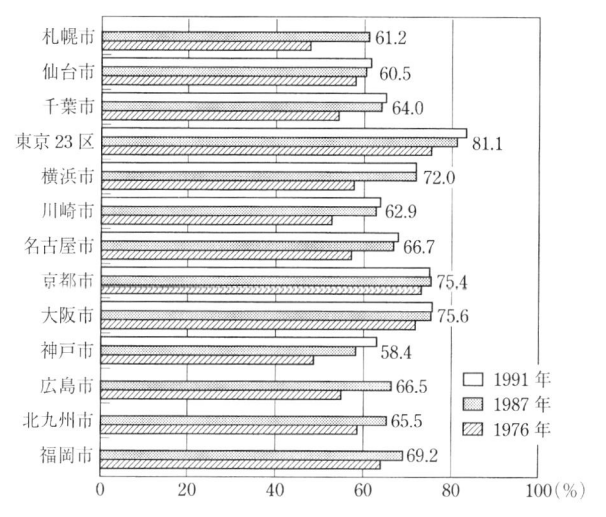

都市	被覆面積率(%)
札幌市	61.2
仙台市	60.5
千葉市	64.0
東京23区	81.1
横浜市	72.0
川崎市	62.9
名古屋市	66.7
京都市	75.4
大阪市	75.6
神戸市	58.4
広島市	66.5
北九州市	65.5
福岡市	69.2

資料：国土庁資料をもとに修正．
注）今回の被覆面積率は，市街化区域面積に占める田，畑，森林，荒地，幹線交通用地，河川・湖沼，その他空地，ゴルフ場など以外の土地の割合．

図-3.6 被覆面積率[4]

ある．また，河川水量の季節的な変動が大きいために，水不足が起こりやすい状況にある．このため，流量の変動にかかわらず安定して水量を確保できるようにしていくことが重要な課題となっている．[和田]

3.1.2 近畿の名水と宮水

1960年代以降，日本全国の公共水域での水道水源での汚染が進み，とくに湖沼・貯水池では富栄養化が進行し，カビ臭などの異臭味が発生し，全国の水道においてここ10年間では平成3年(1991)に最高1956万7千人が被害を受けるに至った．

また，厚生省は昭和60年(1985)4月に「おいしい水」研究会の報告をまとめ，

全国の水道水のおいしい都市を選んで報告している．残念ながら，当時琵琶湖でカビ臭が発生していたこともあり，近畿からは1箇所も選ばれなかった．

一方，近年湖沼などの富栄養化に加え，水道水源汚染が問題となってきており，全国的においしい水，良質の水を求める声が大となってきていた．このような折から，環境庁では昭和60年に全国に存在する清浄な水，とくに湧水と表流水について，優れたものの再発見に努め，国民一般にそれらを紹介し，認識普及を図り，国民の水質保全への意欲をよび起こし，良質の水資源，水環境の積極的な保護への参加を期待する目的で，学識経験者からなる名水百選調査検討会を設け，「名水百選」を選定した．

(1) 環境庁による名水選定

環境庁では，有識者による名水を選定するにあたり，以下の条件を設定し，各都道府県より推奨された784箇所にも及ぶ各地の名水の調査検討に入った．選定条件は，

① 水質，水量，周辺環境，親水性の観点からみて，状態が良好である，
② 地域住民よる保全活動がある，

を必須条件とし，他に規模，故事来歴，希少性，特異性，著名度などを勘案し選定した．選定された名水のうち，湧水が4分の3を占め，ほかは河川水と地下水となっている．しかし，各自治体から推奨された各地の名水はいずれ劣らぬもので，調査検討会のメンバーはその選定に苦慮したと聞いている．なお，不幸にして選に漏れたものの，十分に名水に値するものも多く，その後，環境庁とは別に，各都道府県や市町村など地域での名水に選定されている．また，これを契機に，名水やその水環境を保護する目的で，各地に水質保全に関わる官民こぞっての団体や協会，研究会などが設立され，水環境の保全に大いに役立っているところも多い．

(2) 近畿の名水

環境庁の名水百選に近畿地方からは，滋賀県の泉神社湧水（湧水），十王村の水（湧水），奈良県の洞川湧水群（湧水），京都府の磯清水（地下水），伏見の御香水（地下水），大阪府の離宮の水（地下水），和歌山県の紀三井寺の三井水（湧水），野

中の清水(湧水)および兵庫県の宮水(地下水), 布引渓流(河川水), 千種川(河川水)の計 11 箇所が選定された. 湧水とは地下水が地表に湧き出たものを, 地下水は動力で汲み上げたもので主に井戸水を, 河川とは河川水や瀑布で地表を流れるものを, それぞれ示している. 以下に全国的にも特徴のある近畿の名水についてみていく.

a. 天橋立の磯清水(京都府)　　近畿の名水で特徴のあるのは京都府の磯清水で, これは日本三景の天の橋立にあり, 周りを海に囲まれた, 宮津湾に長く延びる全長約 3.3 km, 幅 40〜100 m の砂嘴の中央にある天の橋立神社境内にある. 井戸の水面まで 2 m ほどで, 全く塩味を感じない真水が昔ながらの井戸で汲み上がる仕組みになっている. 海に囲まれた場所で真水が湧出する事由については多くの説があるが, いまだに十分解明されていない. これは遠く平安時代から知られており, 和泉式部が「橋立の松の下なる磯清水, 都なりせば君も汲ままし」と詠んだという名水である.

b. 宮水(兵庫県西宮市)　　名酒の産するところ名水ありで, これは日本ばかりでなく万国共通のようである. 日本酒では灘の宮水が最も有名である. 宮水の発見者は山邑太左衛門で, 天保 11 年(1840)頃, 山邑家は灘五郷(西宮市の今津郷・西宮郷と神戸市の魚崎郷, 御影郷, 西郷)のうち, 西宮郷とそこから西へ 5〜6 km の魚崎郷で酒をつくっていたが, 常に西宮の酒が優れていることに気づいた. そこで使用する米を同じにしたり, 杜氏(酒をつくる職人)を交代したり, 水をお互いに交換したりし, ついにその理由が西宮の浅井戸の水にあることをつきとめたというものである. それ以降, 西宮の水を魚崎郷の蔵に送り, 西宮郷と同様なうまい酒ができるようになった. また, 当時最大の消費地である江戸に送り, 天下に「灘の酒」の名を知らしめた. やがてこの水を「宮水」とよぶようになり, 以来灘の酒造家はこの宮水を酒づくりに使用して現在に至っている.

　宮水の成分は多くの人により分析されているが, 灘酒研究会「灘酒」による各成分は, 硝酸態窒素として 3.57 mg/L, リンは 2.275 mg/L と比較的高いが, 浅井戸の割合には鉄は 0.0023 mg/L と低く, 有機物量を示す過マンガン酸カリウム消費量は 5 mg/L と低い値となっている. 酵母の増殖に必要なカリウム, リン, マグネシウム, カルシウムなどは適度に存在し, 酒の色や香味を劣化させる鉄分は極力低い値であることが望まれるが, 宮水は酒づくりに最も適したものとなっ

ていることが考えられる．

　宮水は，六甲山の山麓に形成された扇状地の沖積層の砂礫層に夙川からの水が入り，帯水層となった昔の海岸線近くの深さ5m層の浅井戸から汲み上げられる地下水である．また，この宮水帯水層の下部には浅海性の貝化石を含む細砂，粘土層が厚く堆積して，全体として南に傾斜している．このため，河床からの水は，ろ過と硬度成分の適度の溶解で酒造用水として最適な成分構成となっているものと考えられる．

　なお，宮水は他の六甲山から湧き出る水や住吉川を原水とする水道水と飲み比べても決して「おいしい」とはいえなく，飲んだ後，人により表現は違うが，爽快な味とはいえないものであった．しかし，宮水は阪神間の産業と人口の集まる西宮の海岸地区にあり，現在まで幾多の存亡の危機に晒された歴史がある．それらは，明治末年から大正初期の西宮港の改修工事による海水の浸透による塩水化，第一次大戦後の経済成長による揚水量の増加による枯渇と塩水化，室戸台風［昭和9年(1934)］の高潮の影響である．これらの危機に対して兵庫県，西宮市の自治体や大学などの学識経験者，酒造会社，市民など官民協同しての絶え間ざる努力や，「宮水保存調査会」［昭和29年(1954)2月］の設立などにより，現在までその酒造用水としての伝統を守り続けている．

c. 布引渓流（兵庫県神戸市）　布引の渓流は六甲山系の南側に源を発し，神戸市の中央部を北から南に流れる小河川で，水源域の海抜600mほどの山頂部から一気に流下しており，渓流には多くの大小の滝や神戸市の水道水源としての貯水池を有している（図-3.7～3.9）．

　これらの滝は一般に「布引の滝（ぬのびきのたき）」として古くから知られており，「平家物語」，「伊勢物語」，「栄華物語」などで多くの詩歌にも詠まれている名瀑である．

　「布引の滝の白糸うちはえて　たれ山風にかけてほすらむ」(後鳥羽院)

　「布引の滝のしらいとなつくれは　絶えすそ人の山ちたつぬる」(藤原定家)

滝は雄滝(高さ49m)，夫婦，鼓ヶ滝，雌滝(高さ14m)が上流から順々に300mほどの間に次々と並んでおり，その景観はいにしえの昔から人々の心をとらえ続けてきた．また，その上流部には明治33年(1900)に水道専用の日本最初の重力式コンクリートダムが建設され，市民に良質な水道水を供給し続けている．なお，布引貯水池のダムはブロック状の秀麗な石積み構造となっており，平成10年

図-3.7 布引貯水池の全景［明治33年(1900)竣工］

図-3.8 布引の滝（雌滝，落差49m）　　図-3.9 宮水発祥の地（兵庫県西宮市）

(1998)10月に文化財保護審議会の答申を得て，同年12月に国の文化財建築物に指定された．

　神戸市の水道の原水は最下流部にある雌滝に設置された取水施設から取り入れられ，浄水場で処理され良質でおいしい水道水が供給されている．なお，布引の滝の水は新幹線の新神戸駅から北へ直線距離で約300mのところにあり，神戸市民の憩いの場となり，観光名所となっている．年間を通じてきれいな布を引くような滝の流れを維持するため，水道局では渇水時にも貯水池から一定量の放流を続け，放水はすべて下流部の雌滝から取水し水道水として市街地に届けている．

　布引水系の水質（神戸市水道局調べ）は，過去10年間の平均で，濁度は0.9度，

生物化学的酸素要求量(biochemical oxygen demand：BOD)は 0.3 mg/L, 全窒素(total nitrogen：TN) 0.45 mg/L, 全リン(total phosphorus：TP) 0.004 mg/L, 塩素イオンは 8.2 mg/L と, 非常に少ない良質な渓流であることを示している. また, 水道専用の布引貯水池の化学的酸素要求量(chemical oxygen demand：COD)は 1.9 mg/L, TN 0.47 mg/L, TP 0.007 mg/L となっており, TP は富栄養化の指標値(0.01 mg/L)より低く, COD は環境基準より大幅に下回っている. 以前, 本貯水池および渓流水を原水として, 麓の新幹線新神戸駅の西側に位置する北野浄水場で処理されていた水道水は, 神戸に寄港する船舶に給水され, 当時の航海で赤道を過ぎても水質の変化がなくおいしく, コウベウォーターとしてもてはやされ, 競って船積みされたといわれている. なお, 水質的には布引の渓流の水質は今も良好で貴重な水源であるが, 水量的に少ないこともあり, 現在は, 同じく神戸市水道の創設期に建設された烏原貯水池や新幹線や道路トンネルからの湧水と混合し奥平野浄水場で処理し, さらに配水池で他水系の水道水と混合され供給されている. 自己水源系のコウベウォーターの名残をとどめる水は, 現在奥平野浄水場構内にある「水の博物館」にて試飲できる. なお, コウベウォーターについては, 作家の司馬遼太郎氏も「街道をゆく 21」の神戸散歩の項で記述している.

d. その他の近畿の名水　以上特質のある近畿の名水についてふれたが, ほかにも以下のような名水がある.

① 泉神社湧水(滋賀県伊吹町)：日本武尊(やまとたけるのみこと)の伝説の残る伊吹山の石灰岩質の地層から湧き出すミネラル豊富な湧水.

② 十王村の水(じゅうおうむら)(滋賀県彦根市)：琵琶湖と鈴鹿山脈に囲まれた彦根市では, 近くを流れる犬上川の伏流水が湧水となり貴重な生活用水となっている.

③ 伏見の御香水(京都市伏見区)：神社の境内(御香宮)から湧き出した香りの良い水の井戸が一時涸れていたが, 昭和 57 年(1982)に復元された. 御香水は伏見の酒の仕込み水と同じ水脈と考えられている.

④ 離宮の水(大阪府島本町)：後鳥羽上皇ゆかりの水無瀬神社にある地下水で, 天王山からの伏流水に由来する井戸水.

⑤ 洞川湧水群(奈良県天川村)：山岳信仰の大峰山の石灰岩が浸食された洞窟からの湧水群で, なかでも有名なのは泉の森, 神泉洞である.

⑥ 野中の清水(和歌山県中辺路町)：熊野詣の古道の山路にある参拝者の喉を潤した清水で,「古今和歌集」に「いにしへの野中の清水ぬるけれど　もとの心を　知る人ぞくむ」と詠まれた,昔から旅人の疲れを癒やした名水.

⑦ 紀三井寺の三井水(和歌山市紀三井寺)：西国2番札所の紀三井寺の境内に「清浄水」,「吉祥水」および「楊柳水」とよばれる3つの井戸が湧き,清浄水は飲料水として利用されている.

⑧ 千種川(兵庫県西南部)：本河川は兵庫県,鳥取県および岡山県の県境の江浪峠に源を発し,南流しながら赤穂市の播磨灘に流下する清流.

以上,名水百選に選定されたもののほかに,滋賀県の「居醒(いさめ)の清水」,「神照寺自噴井戸」,「世継ぎのかなぼう」,「走井の水」,京都市の「蚕の社の元糺池」,「牛若丸息継ぎの水」,「宇治七名水」,「貴船の神水」,「八坂の水」,和歌山県龍神村の「錫杖の水」,兵庫県の「十戸の水」など多くの名水がある.我が国では,山深い水源域やここかしこの湧水はいずれも名水に値するような良質でおいしい水が得られる風土であり,この貴重な水源を次世代に伝えていく義務があることはいうまでもない.

現在,水道では水源の汚染とユーザーの安全でおいしい水を求める高いニーズに応えるべく,オゾンや活性炭による高度な浄水処理技術の導入が相次いでいる.我が国では至る所で良質な原水が得られていたが,都市部への人の集中による水需要の増大のためもあり,清浄な水を供給することは困難となり,多くの薬品の投入や高度処理の導入による電力などの膨大なエネルギーを消費しなければならなくなってきている.今ほど水道水源,生活および憩いの場として名水が求められているときはなく,また,水源の水質保全が急務となってきており,環境に優しい水質保全や水処理の技術が求められるときはないものと考えられる.　［矢野］

3.2 水管理

3.2.1 近畿におけるディフューズポリューションと水質管理

(1) 近畿地方の土地利用と非特定汚染源の特徴

本項の目的は,近畿地域の非特定汚染源(ディフューズソース)または面源(ノンポイントソース)による汚染について,研究の到達点を示し,その成果を水系または流域の水環境の水質管理に反映させること,および今後に残された研究課題を明らかにすることである.そのためにはまず非特定汚染源の構成・土地利用の概要とその特徴を把握しておく必要がある.我が国(37.8万 km^2)の土地利用は,森林65.1%,農地13.3%,道路,宅地・工業用地それぞれ4.5%, 3.2%, そのほか(水面,原野など)13.9%となっている(表-3.2).これらの非特定汚染源のうち,道路・宅地・工業用地あるいは市街地には近畿固有の問題は少ないので,以下では森林と農地に限って論説することにする.

まず国土の65%を占める森林の現状をみると,今や造林・植林地の面積率は41.7%にも達しており,その樹種の98%は針葉樹で,スギ,ヒノキ,マツ(クロマツ,アカマツ),カラマツがそれぞれ45, 24, 11, 10%である.近畿地方についてみると,森林率は奈良県,和歌山県,京都府が75%前後で全国平均より約1割高く,兵庫県もやや高い.大阪府と滋賀県は全国平均を下回っているが,

表-3.2 日本と近畿の土地利用状況

地域	面積 (km^2)	農耕地[*1] (km^2)(%)	田 (%)	畑 (%)	森林[*1] (km^2)(%)	人工林 (%)	天然林 (%)
全 国	377 720	50 380(13.3)	54.5	45.4	245 877(65.1)	41.7	58.3
滋 賀 県[*2]	4 017	582(14.5)	91.8	8.2	2 045(50.9)	39.0	57.2
京 都 府	4 612	352(7.6)	79.3	20.7	3 450(74.8)	35.9	61.0
大 阪 府	1 881	172(9.1)	72.1	27.9	577(30.7)	47.1	47.8
兵 庫 県	8 381	851(10.2)	90.5	9.5	5 710(68.1)	41.1	56.0
奈 良 県	3 690	259(7.0)	72.2	27.8	2 844(77.1)	61.0	36.4
和歌山県	4 722	394(8.3)	34.0	66.0	3 635(77.0)	61.0	38.0
茨 城 県[*2]	6 093	1 897(31.0)	57.0	43.0	1 969(32.3)	61.2	33.2

注) 文献11)から作成.
*1: 農耕地は1995年,森林は1990年
*2: 琵琶湖は674 km^2, 霞ヶ浦は16 km^2

後者は琵琶湖の面積を除くと61.2％である．一方，造林率は林業県である奈良県，和歌山県がともに61.0％で全国平均をはるかに超えているが，京都府は35.9％で天然林が比較的多く残されている．近畿でも植林の99％は針葉樹（スギ，ヒノキ，マツそれぞれ51，43，6％）であるが，ヒノキの占める割合が高いのが特徴である．

次に農地についてみると，我が国の農地約500万haのうち水田は55％で，畑より約1割多い．近畿地方では平地が極端に少ない和歌山県を例外とすると，水田率は高く，とくに滋賀県，兵庫県では90％を超えている．しかし昭和45年(1970)前後から始まった米の生産調整のために，約3割にも及ぶ水田が実際には水田と畑のローテーションで畑地化されている．

(2) 森林の汚濁負荷と水質管理

我が国で，森林からの栄養塩の流出負荷を評価した研究が最初に必要とされたのは，昭和44年(1969)年土木学会に設けられた「琵琶湖の将来水質に関する調査小委員会」による，富栄養化の原因究明と対策のための調査・研究であった．琵琶湖では1960年代に入って浄水場の緩速ろ過池のろ過閉塞が頻発するようになり，昭和44年になると琵琶湖・淀川を水源とする京都・大阪の水道水にカビ臭・異臭味が発生し始めていた．そもそも森林における物質循環・動態は林木の生産に深く関わるので，林学の研究対象であった．そこでは水質化学でいう森林からの物質の流出負荷は，降水から供給される栄養物質の流出ロスとしてバランスシートに計上されていた（表-3.3）．上記委員会の昭和45年(1970)報告書[13]では琵琶湖流域の愛知川上流，野洲川中流，田川下流で1〜2日の内に2〜13回水質，流量を測定したデータから，それぞれの流域に原単位法を適用して，表-3.4のよう

表-3.3 物質の降水による収入と流出による支出

	滋賀・若女			滋賀・梁ケ谷			滋賀・竜王山		
	収入	支出	差	収入	支出	差	収入	支出	差
NH_4-N	1.63	0.22	1.42	1.95	0.34	1.61	2.87	0.97	1.90
NO_3-N	2.77	0.80	1.97	2.87	1.08	1.79	5.07	1.78	3.20
TN	6.92	1.83	5.09	9.09	2.66	6.43	11.90	4.20	7.70
P	0.37	0.13	0.23	0.55	0.55	-0.27	0.31	0.23	0.08

注）文献12)から引用（部分）．
単位：kg/ha・年

表-3.4 森林のからの汚濁負荷原単位[15]

No.	TN	TP	TCOD	出典	調査期間	面積 (km²)	降水量 (mm/年)	調査地
1	1.83	0.13	—	堤ら	1976〜1983	0.029	1 567	滋賀県若女
2	2.66	0.55	—	堤ら	1979〜1980	0.80	2 302	滋賀県朽木
3	4.20	0.23	—	堤ら	1982〜1983	0.067	2 204	滋賀県竜王
4	4.45	0.095	10.7	國松	1979〜1980	0.32	1 527	滋賀県三田川
5	3.58	0.113	13.9	國松	1979〜1980	0.28	2 074	滋賀県和邇川
6	3.03	0.077	—	Riekerk	1979〜1980	1.37	1 400	米フロリダ
7	4.0	0.019	12.3	Likens	1966〜1969		1 300	米ニューハンプシャー
8	6.94	0.183	—	土木学会（1970）				
9	2.57	0.135	—	土木学会（1973）				
10	2.44	0.215	—	霞ケ浦水質現況調査報告書（1973）				
11	3.58	0.117	—	霞ケ浦富栄養化対策調査報告書（1979）				

単位：kg/ha・年

な山地流出負荷量（原単位）を算出した．同委員会に参加していた筆者も昭和54〜55年(1979〜80)にかけて1箇月に1回，1年間，三田川と和邇川の上流の森林域で実測を行った（同表）．

しかし森林はその後も「自然負荷」として扱われ，水質管理上の制御の対象として考えられることはなかった．筆者は1980年代後半に昭和53年(1978)から続けている琵琶湖水質モニタリング調査の結果[14]と，徐々に進みつつあった行政による流域下水道を主とする特定汚染源対策や農業対策，住民運動などを総合して，琵琶湖の水質を少なくとも高度経済成長以前の水質（異臭味が発生しない水質）にまで戻すためには，森林・林地も汚濁負荷制御の対象としなければ不可能であるとの考えに達し，水質化学の立場からの森林からの汚濁負荷に関する精度の高い研究の必要性を説き[15]，自らも研究を始めた[16],[17]．ようやく最近になって，下水道の整備が50％を超えるまで進んだにもかかわらず，各地の湖沼の水質が予期したほどには改善されないことがはっきりして，水域の富栄養化の制御・水質管理に森林を含む非特定汚染源負荷の制御の必要性が広く認識されるようになった．

森林流出水の流量と水質は，基本的には流域または地域ごとに異なっている．地質や地形，気候，植生が相違するからである．また森林の生態系は水文・気象条件の変化（たとえば多雨・渇水・豪雨・豪雪など），植生の成長や遷移，病虫害の発生，などの自然要因の変動が複合して，渓流水の水質，流量は絶えず変化している．さらに伐採・植林などの人為要因も加えられる．

降雨時の流出（洪水流出）とともに大量の汚濁物質が流出することが，森林や農

地などの非特定汚染源の最大の特徴である．しかし洪水流出による負荷を評価した研究は今のところ筆者らの研究[17]以外にはない．筆者らはこれまでに，

① TN，TP などの粒子態を含む成分は主に降雨時に流出する，
② 年流出負荷量は年降水量に比例して増加する傾向がある，
③ 年流出負荷量は 100 mm を超えるような豪雨の頻度が高い年の方が多くなる，

ことなどを明らかにしてきた(図-3.10)．最近，近畿地方では筆者らのグループのほかにも兵庫県公害研究所のグループが精度の高い研究[18]を始めている．

さらに大半を占める戦後の造林地は，21 世紀に入ると次々に伐期を迎えるが，木材価格の低迷によって民有林の多くが管理されずに放置されている．にもかかわらずこれらの造林地については，これまで環境科学的研究は皆無に近い．筆者らはすでにヒノキ造林地の汚濁負荷が大きいこと[19]，二次林の伐採によって硝酸態窒素の濃度が上昇すること[20]を明らかにしつつある．しかしスギ，ヒノキ林の放置および間伐，伐採などが水質に与える影響については，まだ精度の高い研究は行われていない．

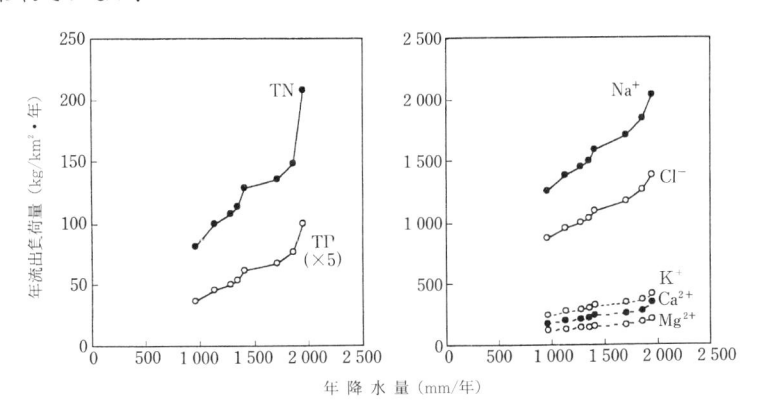

図-3.10 年降水量年流出負荷量（三上山森林実験流域）[17]

(3) 農地の汚濁負荷と水質管理

我が国で農地からの肥料の流出についての水質化学的研究が始まったのも，やはり前記委員会が契機であった．委員会では文献調査から表-3.5 に示した肥料の流出率を原単位として使用し，琵琶湖集水域の発生源別の窒素・リンの汚濁負

荷発生量(表-3.6)を公表した．これに対して農学分野から一斉に，肥料(主に水田)の流出率が大きすぎる，参照されたデータは外国のデータ(畑地)が多く水田に適用するのは不適当である，などの指摘がなされた．同委員会では同時に我が国で実測することを提言しており，滋賀県農業試験場と筆者らのチームによって研究が開始され，霞ヶ浦では建設省霞ヶ浦工事事務所とやや遅れて茨城大学のグループによって研究が始められた．

表-3.5 琵琶湖集水域の山地流出原単位，肥料流出率および流達率

成分	山地流出原単位 (kg/ha・年)	肥料流出率 (%)	流達率 (%)
N	6.94	30	20
P	0.182	5	13

注) 文献13)から筆者作成．

表-3.6 琵琶湖流域における窒素，リン発生負荷量 (1968)

成分	発生負荷量 (kg/日)	発生源別発生割合 (%)				
		家庭下水	肥料	工業廃水	家畜	山林
窒素	20 956	42.0	32.6	5.3	3.8	16.2
リン	2 630	57.7	22.1	4.2	11.6	4.4

注) 文献13)より筆者計算．
単位：kg/日

　農地の栄養塩収支は，ライシメーター法，1区画農地法，広域農地法，農耕地河川法などによって行われてきたが，そのうち広域水田法による研究はこれまでに全国で18例ある．そのうち10例は琵琶湖流域で行われている．ところが表-3.7に示したようにその多くは1970年代のもので，水質の実測頻度と期間が十分ではなく，調査地の土壌条件などにも偏りがみられる[21]．そのうえ非特定汚染源の特徴である降雨時の汚濁負荷流出の調査と，収穫後の非作付け期間を含む通年調査を十分な精度で行った研究は，筆者らが琵琶湖流域で行った研究[22] (表-3.7のNo.9および表-3.8)以外にないのが実状である．農地は一般に，肥培管理・水管理などの栽培技術(栽培作物・施肥・耕起・灌漑など)などの人的条件や土壌・地形・気候などの自然条件が地域によって多様に変化するので，1箇所で測定された汚濁負荷量に関するデータを全農地に一律に適用することはできない．多くの地域で汚濁物質の収支と動態に関する精度の高い研究を積み重ねる必要がある．

表-3.7 水田の汚濁負荷流出調査(広域水田法)

調査地	肥料		流入				流出				面積(ha)	調査期間 年.月～月(実測回数)
			灌漑水		降水		表面流出		地下浸透			
	N	P	N	P	N	P	N	P	N	P		
1. 竜王	117	53.0	22.9	0.25	14.6	0.47	25.6	0.76	8.0	0.35	21	'72.05～11(5)
2. 大中	120	69.3	5.7	0.50	14.6	0.47	36.2	0.86	—	—	36	'72.05～11(5)
3. 三谷A	135	39.5	12.7	0.23	14.8	0.46	39.4	0.65	5.6	0.29	4.4	'74.04～11(10)
4. 三谷B	131	51.2	35.4	0.8	9.2	0.3	66.4	3.85	8.0	0.3	7	'74(10), '75(14)作付期間
5. 薩摩	138	38.0	16.7	0.7	6.0	0.1	30.8	1.2	8.0	0.3	53	'76～'78(22～37)
6. 栗見新田	110	—	29.7	1.28	7.9	0.21	40.2	1.98	—	—	7	'79～'81(15～20)作付期間
7. 福堂	110	—	19.9	1.13	7.9	0.21	25.7	1.48	—	—	160	'79～'81(15～20)作付期間
8. 北花沢	110	32	23.8	1.29	4.8	0.20	42.3	5.12	(8.6)	(0.4)	3.04	'84(24)135日, 作付期間 '85(25)164日, 作付期間
9. 正福寺	106	51.4	86.5	7.34	14.7	0.28	46.8	8.13	84.3	7.90	11.6	'87.05～09(39), 作付期間 '88.05～'89.05(74) 年間
10. 竜干弓削	88.5	60.2	19.6	2.2	4.8	0.2	17.3	7.5	6.7	2.9	3.89	'93～'95(2/週)154日,作付期間

注) 文献 21)に一部追加して作成.
単位:kg/ha

一方,畑では栽培される作物が多様で,化学肥料の施肥量も種類・品種によって格差が大きい.とくに窒素肥料の施肥量

表-3.8 水田の汚濁負荷流出量[22]

成分	灌漑期間 (kg/ha)	非灌漑期間 (kg/ha)	年間流出 負荷量 (kg/ha/年)
TN	22.1	23.6	45.7
TP	7.48	1.24	8.72
TCOD$_{Mn}$	62	35	98

(茶やセロリのように1 000 kg/ha に及ぶ作物もある)は水田(全国平均で約100 kg/ha)より多い.そのうえ畑は水田より窒素肥料が浸透流出しやすい土壌条件にある.筆者はこれまで我が国で公表された調査研究データを解析して次式を得た.この回帰式から,畑では施肥窒素の31%が流出すると推定される[23].

$$Ln_N = 0.311 F_N + 13.4$$

(Ln_Nは窒素肥料の流出量,F_Nは窒素肥料の施肥量)

この結果は,窒素の施肥料が増えれば,確実に流出量が増えることを示している.最近では畑地帯では地下水から飲料水基準の10 mg/L 以下を超える量の硝酸塩が検出されることも珍しくなくなった.環境庁は本年(平成11年)2月に硝酸態窒素(および亜硝酸態窒素合計10 mg/L 以下)をホウ素,フッ素とともに水質環境基準の健康項目に加えた.この基準は地下水にも適用される.

このように畑は水田より汚濁負荷が大きいことからすると,近畿地方で水田率が高いことは,富栄養化防止,地下水の硝酸塩汚染防止の観点からは有利な条件

にあるといえる.しかし前述したように水田の約3割が畑作に転作されており,新たに広大な畑地(転作面積の約7割)が生み出されたことになる.さらに今後,大区画水田の造成と直播などによる大規模経営が進められようとしている.しかるにこれらが水環境へ及ぼす影響はまだ明らかにされていない.さらに農林地のみならず,生活排水,畜産排水,農産品加工場などの点源負荷を含めた総合的な汚濁負荷削減計画・水質管理計画が必要であり,農村景観をも考慮に入れた農村地域の総合的な環境整備・再生・創造計画に組み入れる必要がある[24].　[國松]

3.2.2　琵琶湖・淀川水系における流域管理

我が国で最も複雑で高度な水利用が行われている琵琶湖・淀川水系には,最も進んだ流域管理体制が整っている.流域管理には水量管理と水質管理があるが,水量管理については監視,制御の施設整備,管理体制がほぼ整い,運用面での若干の課題を残しているにすぎない状況にある.また,水質管理についても,下水道をはじめとする施設の整備が進みつつあるが,なお今後の整備や管理,運用体制に課題が残っている状況にある.さらに最近では,社会システムとしての流域管理の必要性がでてきており今後の検討課題となっている.

(1) 水量管理

a. 水利権と水利用　一般に流域に降った雨の3分の1は蒸発散などでなくなり,3分の1は降雨時に一気に流出し,残り3分の1が安定して流出するといわれている.このため降雨分をいかに貯めて安定流出分と併せて有効に使っていくのかが管理の目標となる.表-3.9は流域の水を使用できる権利である水利権の一覧を示す.ここには,大阪府,兵庫県など流域外に供給している水道用水や工業用水のも含まれる.流域には約1 100万人が居住しているが,水道用水は約1 600万人が利用しているといわれている.全体で水道用水が約3割,工業用水が約1割,農業用水が約6割となっている.そしてこの合計水量は淀川の枚方地点における平均流量の1.3倍となっており,発電用水を加えると3.5倍,都市用水だけでも約48％となっている.これは,水利権が利用できる水の最大値であって,同時にこの最大値で水が使われていないということもあるが,上流で使われ

表-3.9 琵琶湖・淀川の水利権

	都市用水		小 計	その他	農業用	合 計
	水道用水	工業用水				
三重県	0.369	—	0.369	0.014	9.111	9.494
滋賀県	6.257	4.324	10.581	0.284	143.573	154.438
京都府	0.462	1.869	2.331	0.076	31.852	34.259
京都市	13.377	0.004	13.381	9.566	1.120	24.067
大阪府	26.946	12.655	39.601	0.021	15.337	54.959
大阪市	30.976	3.545	34.521	—	1.088	35.609
兵庫県	14.567	4.073	18.640	—	—	18.640
神戸市	—	1.323	1.323	—	—	1.323
奈良県	3.623	—	3.623	0.050	0.210	3.883
計	96.577	27.793	124.370	10.011	202.291	336.672

注1) 猪名川,神崎川,安威川を除く. 注2) 農業用水は最大取水量. 注3) 暫定は除く.
出展:「琵琶湖・淀川水質保全機構に関する検討業務報告書」
単位:m³/s

た水が下流で再び使われるといった多重利用が行われていることを示す．雨の少ない期間にはもっと多重利用されていることになる．これらの利用率は，日本の主な河川のなかで最も高く，とりわけ，都市用水の比率が高い点で目立っている．

b．水資源管理　河川の水量管理は洪水管理と水資源管理に分けられる．洪水管理のために，河川への流出を抑制するとともに，河川を改修して流通能力を増加させ，さらに洪水調節用のダムを建設してきた．一方，水資源管理には，ダムや堰を建設して水の貯留や水位調節を図ってきた．図-3.11に示すように，宇治川，桂川，木津川のいずれにもダムが建設されており，最も大きな貯留能力をもっている琵琶湖でも下流の瀬田の洗堰で水位の調節が行われている．

　ダムを空にしておいて洪水流出を抑制したい洪水管理と，いつでも利用できるようダムに水を満たしておきたい水資源管理は相反する要求であり，多くのダムがこれらの両方の機能をもつ多目的ダムであることから，その管理には細心の注意が必要である．事実，多くのダムでは，梅雨や台風による集中豪雨の多い夏季に，ダムや湖の水位を下げて洪水流出に備え，雨の少ない秋冬季にできるだけ貯める操作が行われている．

　これらの直接的な水資源管理に加えて，利用率の高いこの流域では，水利用による取水，排水も河川の流況や流域に影響を与える．生活用水や工業用水などの

92　3章　近畿における水利用

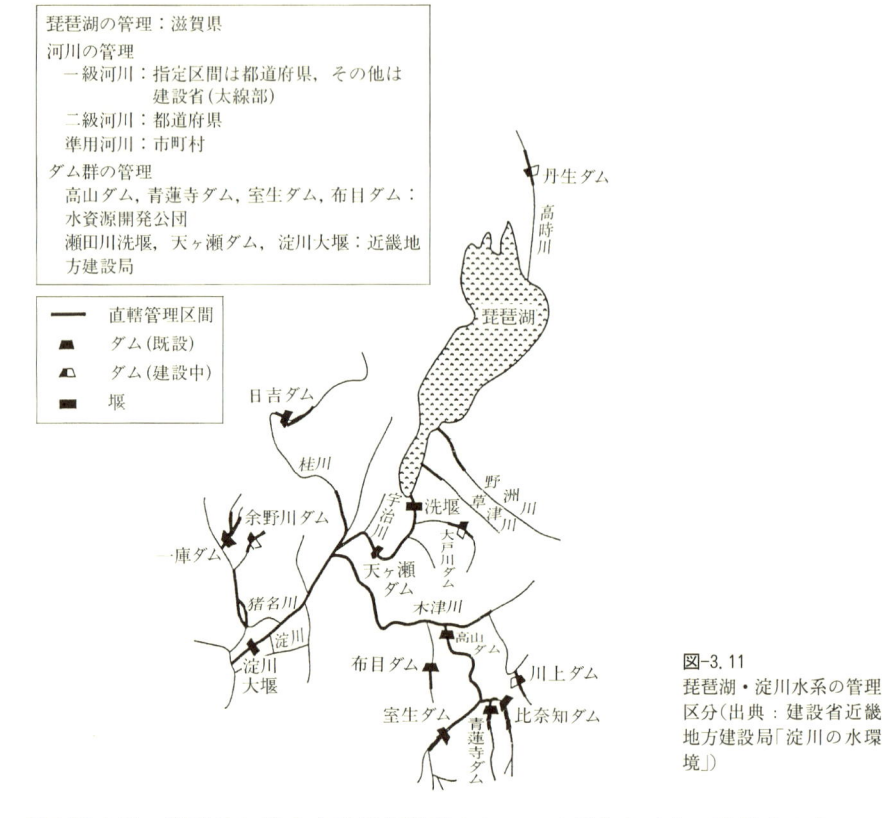

```
琵琶湖の管理：滋賀県
河川の管理
　一級河川：指定区間は都道府県，その他は
　　　　　　建設省(太線部)
　二級河川：都道府県
　準用河川：市町村
ダム群の管理
　高山ダム，青蓮寺ダム，室生ダム，布目ダム：
　水資源開発公団
　瀬田川洗堰，天ヶ瀬ダム，淀川大堰：近畿地
　方建設局
```

　━━━　直轄管理区間
　▲　　ダム(既設)
　△　　ダム(建設中)
　■　　堰

図-3.11
琵琶湖・淀川水系の管理区分(出典：建設省近畿地方建設局「淀川の水環境」)

　都市用水は，暫定的な豊水水利権が設定されている例もあるが，取排水ともに一定しているため河川への影響は比較的安定している．しかし，農業用水や発電用水は季節や時間によってその利用率が大きく変動している．

　また，表-3.9で示したように，淀川水系の水は，水道用水や工業用水として流域を越えて阪神間の都市や神戸市，大阪府の南部，奈良県にまで送水され，流域で利用された排水は別の流域に排出されていることなどから，地形的な流域と利用，排水を含めた管理対象としての「流域」とはかなり異なったものとなっている．

(2) 水質管理

a. 環境基準　　河川管理者が担当している公共用水域の水量管理と異なり，水

質管理では水を利用している取排水者の責任が大きい．また，流域からの汚濁流出ということからすれば都市や農地などの土地利用者も深くかかわっている．

現在，河川や湖沼には，『環境基本法』に基づき，環境基準が定められている．河川の区間や湖沼の地域ごとに目標とする水質基準が定められている．これらの基準は，水の利用目的に対応した行政上の目標であって，取排水者を対象とした水質汚濁対策を定める際の目標値ともなっている．

これらの環境基準が最初定められた頃，経済の高度成長に伴う水質汚濁が急激に進み早急な対策が求められていた．下水道の普及と水質汚濁防止法による排出規制がその対策の両輪であった．その結果，健康にかかわる水質項目については，ほとんどその基準をクリアーするようになり，生活にかんする水質項目についても，基準をクリアーする地点が大幅に増えた．とくに河川では，汚濁のうち浮遊物による濁り，酸素の減少による臭気なども少なくなり，魚影も多くなって河川としての姿を取り戻すまでになってきた．ただ，湖沼においては水質の改善が遅くて基準をクリアーできていない例が多く，なお対策の強化が求められている．

この間，プランクトンの異常発生による異臭味の発生や有害物による汚染が新たに問題となり，湖沼における窒素やリンなどの富栄養化物質，有機塩素化合物などの健康にかかわる物質などが，新たに環境基準の水質項目として追加指定されてきた．これらの追加項目を含めて，最近の水質はほぼ横這いのところが多く，大きな改善がみられなくなってきている．

b. 水質改善ができていない原因　第一は都市の発展と汚濁対策のバランスである．この間，流域の人口が急増し産業の進展も著しかった．また，生活水準も向上し水の利用が増加したことで1人当たりの汚濁負荷量も増加した．とくに，水源域にあたる滋賀県では，人口の増加率が最も高く，流通関係や組立加工，研究開発型の工業も発展して，全体としての発生源負荷量は大幅に増加し，この間の下水道などの整備普及による効果を打ち消してしまったと考えられている．

第二は下水道で処理できる水質項目に限界のあることである．従来型の処理法である活性汚泥法では，浮遊物や分解しやすい有機物には効果があるが，分解しにくい有機物や富栄養化物質である窒素やリンの処理にはあまり効果的でないことである．また，合併浄化槽や単独浄化槽などが下水道計画区域外に設置されていて，処理効率が下水道による処理より悪いことも原因と思われる．このため，

分解しやすい有機物の指標であるBODでみると一定の改善がみられるものの，CODでみると琵琶湖の水質はほとんど改善されていない．また，窒素やリンについても改善されていない．

第三は下水道や合併浄化槽が完備してもそこに入ってこない汚濁物である．これを総称して面源汚濁とよぶ．農地，山地，都市の市街地などからの流出で，琵琶湖では表-3.10のようになると見積もられている．農地からは肥料として使われた窒素やリン，農薬などが農業系として流出し，市街地からは，道路や屋根などに堆積した土地系からの汚濁物が降雨時に流出する．これらの流出は，雨水そのものに汚濁物を含んでいることや無降雨時に降下物として堆積したものも加わって，下水道施設やその類似施設の整備と関係なく河川水域に出てしまうことになる．

表-3.10　琵琶湖流入負荷量の推定

発生源	COD		TN		TP	
	1995年	2010年	1995年	2010年	1995年	2010年
生活系	15.9	6.5	5.64	6.15	0.515	0.243
工業系	11.6	7.5	3.51	2.66	0.379	0.288
農業系	7.5	6.9	3.43	3.01	0.176	0.141
土地系	5.6	6.9	2.14	2.66	0.077	0.094
自然系	11.2	10.7	5.52	5.27	0.159	0.155
合計	51.8	38.5	20.24	19.75	1.306	0.921

単位：t/日

c. 水質改善策　第一は従来から進められている都市，集落からの点源（ポイントソース）汚濁に対する下水道およびその類似施設の整備普及である．下水道の整備には多額の費用がかかるためその普及速度は速くない．類似施設によって水洗トイレが実現し，雑排水が収集されて周辺の環境が改善されると一応生活上の満足が得られて，本格的な下水道利用への意欲が減退してしまう例もある．少なくともすべての点源汚濁物に対してレベルの高い処理ができるまで整備を急ぐべきであろう．

第二は下水道高度処理の導入である．現在の標準的な処理では琵琶湖や淀川の水を抜本的に改善し40年以上前の状態に戻すことは無理である．すでに一部の下水処理場で，環境基準の達成，富栄養化の防止，再利用などを目的として高度処理の導入が図られているが，敷地の確保や費用負担などから全面的な導入の見

通しはない．

　第三は自然浄化システムの利用である．もともと排水は，土壌や水生植物と接して浄化をされつつ下流へと流送されたのであるが，都市化に伴う不浸透面の増加，内湖の埋立て，河川や湖岸の人工化によってその浄化機能が失われつつあるのが現状である．河川での吸着，ろ過などによる直接浄化，ヨシなどの水生植物の復元による浄化などが試みられているが，失われていく規模の方が大きいというのが現状である．いずれにしても，自然浄化システムは低濃度の汚濁を時間をかけて除去するのに有効であり，下水処理などの後の仕上げとして位置づけるものであろう．

　第四は農地などを対象とする面源汚濁対策である．農業用水の循環多重利用と施肥，農薬の有効管理によってこれらの流亡防止に努めなければならないが，経済的で有効な方法が確立されておらず重要な課題となっている．

　第五は都市からの面源汚濁対策である．降雨が重要な支配要因となるため，その汚濁流出の実態はいまだ十分解明されていない．しかし，浸透面を利用し増やすこと，地表面への汚濁物の廃棄をやめること，地表面の清掃を徹底すること，洪水・浸水対策のための滞水池を降雨初期汚濁カットのために使うことなどの対策は有効であると考えられている．

　第六は水道の高度浄水である．水源水質がなかなか改善されないため，最も清浄性を要求される水道事業では，異臭味や発ガン物質の除去を目的に高度浄水を採用し始めた．すでに，滋賀県から大阪府にかけてかなりの都市で供給されており，大部分の都市が近い将来供給することを決めている．この高度浄水にかかる費用は水道料金に上乗せされて利用者が支払う．

(3) 社会システム管理

　流域管理をするには，先に示した水量管理や水質管理に関して直接，間接に監視と制御をするだけでなく流域の社会システムをも管理していく考え方が必要である．

a. ライフスタイルと発生源対策　　水の利用と汚濁物の発生には個々のライフスタイルと社会システムが深くかかわっており，これらの実態を的確に把握し予測するとともに，適切な対策をとっていくことが必要である．

まず，発生源での水需要量と汚濁負荷量を適切な量まで抑制できるかどうかである．淀川流域は水需要の原単位水量が他の地域より大きいが，同じような都市域で30％も少ない地域もある．行政機関の努力や市民の協力によって削減した例もある．次に，発生した汚濁物を制御しやすい方向へ排出していくことである．点源として下水道へ入るはずの汚濁物が，不適切な管理によって市街地などに排出され，結果として面源汚染源となっている例は多い．また，ゴミとして分離すべき物質を水の中に混入，溶解させてしまい，下水の水質を悪化させている場合もある．

b. 上下流問題と関係者の参画　「琵琶湖総合開発」は，水資源開発と地域開発を両輪に，国の強い指導のもと上下流が協力して実施した大規模事業であった．今後の流域管理にあたっては，さらに強力な連携が必要であり，流域の水と関連した利用者層のすべてが参画する体制の確立が望まれる．［山田(淳)］

3.2.3　近畿都市圏の水管理

(1)　水法制度と河川

河川や湖沼の水管理は，社会的な要請を背景に，『河川法』をはじめとする水法制度によって行われ，『河川法』の改正の歴史とともに変化してきた．明治29年(1896)に制定された旧『河川法』は，『砂防法』や『森林法』とともに治水三法として，治水すなわち洪水対策に重点をおいた高水管理が柱となっているが，治水だけでなく利水をも目的としていて，利水にかんする規定も備えていた．第二次大戦後は水害の頻発と，工業の発展や都市人口の激増による工業用水や生活用水の需要も激増して，治水に加えて水資源利用の面から利水の重要性が著しく高まってきた．治水と利水の両面を適正に図り，体系的な制度の整備を行うために，昭和39年(1964)に現行の『河川法』が制定された．この新『河川法』では，河川の多角的な重要度で一級河川を指定し，一級河川管理者をそれまでの都道府県知事から建設大臣にし，水系一貫の総合管理に変えて，水利調整の規定やダムの特例が定められた．二級河川は原則として従来どおり都道府県知事が河川管理者となっている．

一方，水質に関しては，昭和33年(1958)に『公共用水域の水質の保全法』と『工場排水などの規制法』の水質二法が比較的早くに制定された．この『公共用水域の

水質の保全法』に基づいて，昭和34年(1959)から汚濁の進行が著しい主要河川から海域も含めて順次，水質調査が実施されるようになった．この頃は，経済企画庁の水資源局が水質行政を担当していた．1960年代後半から1970年代には工場排水を中心に，下水道などの社会基盤整備の遅れもあって，河川・湖沼・内湾などの有機汚濁や重金属汚染などの公害が深刻化した．これらに対処するために昭和45年(1970)の『公害対策基本法』の改正に伴い，従来の水質二法を廃止し，『水質汚濁防止法』が制定され，水質汚濁に係る環境基準が閣議決定された．これに伴って，昭和46年度(1971)から現行の環境基準点での公共用水域の水質測定モニタリングが始まり，水質の監視体制が整備された．ちなみに，環境庁の発足も同年7月である．

また，海域では，昭和48年(1973)に『瀬戸内海環境保全臨時措置法』も定められたが，昭和53年(1978)に『瀬戸内海環境保全特別措置法』として恒久法化されるとともに，『水質汚濁防止法』が同時に改正されて，総量規制の導入が行われることになった．さらに，昭和59年(1984)に制定された『湖沼水質保全特別措置法』では指定湖沼が設けられ，昭和60年(1985)に琵琶湖も指定されている．

その後，工場内での用水の循環利用や工場など排水の排水規制が功を奏し，下水道整備の進展した大都市近辺の河川から水質の改善傾向が始まった．それまでは「臭いものに蓋」的感覚で，下水道のように暗渠化されていた水路や都市河川の中には道路化されたものもあるが，過密のなかの貴重な公共空間（パブリックスペース）としてのアメニティ，あるいは，潤いのある水辺空間として親水性が住民のニーズとして要求されるなど，河川の環境としての価値が飛躍的に上昇した．

コンクリートの三面張りや垂直の堤防壁で囲われた河川や水路は，治水には向いていても，近寄り難いために改善が望まれ始めた．都市内河川は，残された貴重な空間ゆえに，晴天時の流量や流速がある程度確保されたうえに，水質，生物（魚，鳥など良好な生態系），緑，風，景観などの環境面が強く求められるようになった．とくに，水質の回復は多様な生物の生育・生息環境の回復あるいは再生への要求となり，河川の生態系の保全が重視されることになった．河川の自然環境的な要素に加えて，地域の風土と文化を形成する重要な要素として，あるいは，気候の緩和作用の要素まで，河川の存在が認識され，画一的ではなく個性を活かした川づくりが強く求められるようになった．

このため，河川環境の整備と保全を目的に加えて平成9年(1997)に『河川法』が改正されて，河川整備計画では住民の意見を反映するように，利水面では渇水調整の円滑化を図り，樹林帯制度の創設により河畔林や湖畔林の整備・保全が加わった．また，河川への油流出などの水質事故に対して，その処理を原因者施行，原因者負担にすることや，不法係留対策の改善も行われている．これにより，新しい河川環境整備に取りかかれる法的根拠が整い，流域を自然を活かした循環型社会に構築するような取組みがはじまり，これまでの河川の適正な利用や流水の正常な機能の維持から，大きく一歩踏み出したものとなった．

(2) 琵琶湖・淀川の水系と他の主要河川

近畿圏内で最重要河川の淀川は，内懐に琵琶湖を有し，流域人口約1 200万人，水利用は流域外の兵庫県などを含む2府4県に及んでおり，1 400万人とも1 600万人ともいわれる人がその恩恵に浴している．三川合流後の淀川から取水されて上水や工業用水として，流域外の阪神間の都市群および神戸市や和泉地域まで広範囲に利用された排水が，各地域の下水道や河川へ排出されて，最終的には大阪湾に流出している．大阪市営水道はむろんのこと，大阪府営水道も淀川を水源として頼り，淀川の水が流域外も含めて分散した形で，みな同じ大阪湾に流入している現状を忘れてはならない．

近畿圏の淀川を除く主要河川は，大和川，武庫川，加古川，市川，揖保川，千種川，紀ノ川，熊野川，由良川，円山川などである．いずれも，それぞれの地域における都市群の上水など各種の用水源として重要な位置を占めている．このうちの多くが瀬戸内海に流入しているが，これらの流域の年間降水量は日本の平均値より少ない．かつては魚がとれ，水泳ができた清流も，都市圏の拡大で工場・家庭からの排水で水質悪化したうえ，廃棄物の捨て場のような様相を呈した時期まであった．

古くは大和川の支流で，現在は淀川支流となった寝屋川のように低平地で内水災害と工場排水や生活排水の汚濁を抱えた河川はあまり多くない例である．寝屋川は，下水道の伸展とともに晴天時流量の減少が水質汚濁のさらなる改善の障害となっているため，淀川から導水を受けて水質改善が図られている．上流域はまだかなり清流で，中・下流域で汚濁されている河川が多い中で，安威川や猪名川

のように淀川の分流の神崎川と合流して大阪湾に流入しているような例もある．大阪市内や和歌山市内のように都市内に河川網があり，水質保全や水流復活に腐心している例もある．

　大和川は公共用水域の全国でのワースト上位にランクされるほど水質汚濁の改善が遅れている河川であり，次いで揖保川も汚濁が激しくワースト上位にあったが，最近は支流林田川の工場排水を下水処理場で浄化するなどの効果が上がって改善されてきた．大和川は奈良県や大阪府の上流部での生活排水の影響のウエイトが平成 4 年(1992)では 87.5 ％ と高く，水質改善のために河川水の直接接触酸化の礫間浄化法などの「清流ルネッサンス 21」の取組みが続けられている．

　「清流ルネッサンス 21」は水環境改善緊急行動計画の別称で水質汚濁が著しく，生活環境の悪化や上水道の水源への影響が顕著な河川・湖沼・ダム貯水池などについて，平成 12 年(2000)までに良好な水環境に改善することを目的として，平成 5 年(1993)からはじまった．水質改善に対して，とくに地域住民などの熱意の高い箇所を対象に，地元市町村・河川管理者・下水道管理者・関係機関が一体となって総合的・緊急的・重点的に実施されている．近畿圏では，滋賀県の八幡川，兵庫県の庄下川，揖保川・林田川，大阪府と奈良県の大和川，和歌山市内河川網，奈良県の室生貯水池の 6 箇所となっている．

　尼崎を流下する庄下川は固有水源がなく，武庫川や猪名川から取水された農業用水の余りを流す川であったが，農業用水の減少で流入した海水を水門閉扉で止めてポンプで水位低下をもたらし，流動を促して底層の DO 不足を解消している．近江八幡市を流れて琵琶湖に入る八幡川は，環境面では庄下川と似たような状況で，堰上げによって水位を維持して舟運と観光の対策とし，水質改善は下水道の普及に依存している．

(3) 河川など環境への地域での取組み

　1950 年代後半からの水質汚濁の深刻化に対して，水質保全対策の効果的な実施のために，関係する行政諸機関相互の情報連絡の緊密化，流域内の水環境諸施策の積極的推進により，河川水質問題を迅速かつ適切に処理するために，昭和 33 年(1958)に「淀川水質汚濁防止連絡協議会」が，利根川・荒川・多摩川の首都圏の主要河川とともに設置され，活動を続けている．この「水質汚濁防止連絡協議会」

は，現在では全国の一級河川すべてで設置されるに至っている．琵琶湖流域では，1970年代後半の富栄養化傾向に対して，住民の琵琶湖の流入汚濁負荷への関心が強く，リンを含んだ合成洗剤の無リン化運動が早くから取り組まれた．これが，昭和55年(1980)の滋賀県琵琶湖の富栄養化防止条例へとつながり，昭和58年(1983)前後の無リン化洗剤の全国的な普及へと結実した．また，県民によって環境生活協同組合も組織され，活発な環境活動が行われている．

一方，昭和47～平成8年(1972～96)に実施された琵琶湖総合開発事業が概成した末期に，琵琶湖と淀川を中心とした水環境の改善を図ることを目的に，国や流域自治体だけでなく，流域内の住民や企業も一体となった取組みが進められ，行政の枠組みにとらわれない柔らかな発想の提言を行う組織として，財団法人「琵琶湖・淀川水質保全機構」が平成5年(1993)に設立された．「琵琶湖・淀川を美しく変える……提言」をしたり，面源負荷の低減などの水質改善対策に取り組んでいる．琵琶湖への流入河川の葉山川河口(草津市)に琵琶湖・淀川水質浄化共同実験センター(Biyoセンター)が設立され，各種の浄化に関する研究の場が設けられている．淀川本川の自浄機能や親水機能を増進させ，水道原水としての水質保全のために，京都市およびその南東部・南西部流域から排出される下水処理場放流水を，図-3.12のように本川とは分離して淀川の両岸沿いを別水路として流す「淀川流水保全水路」の

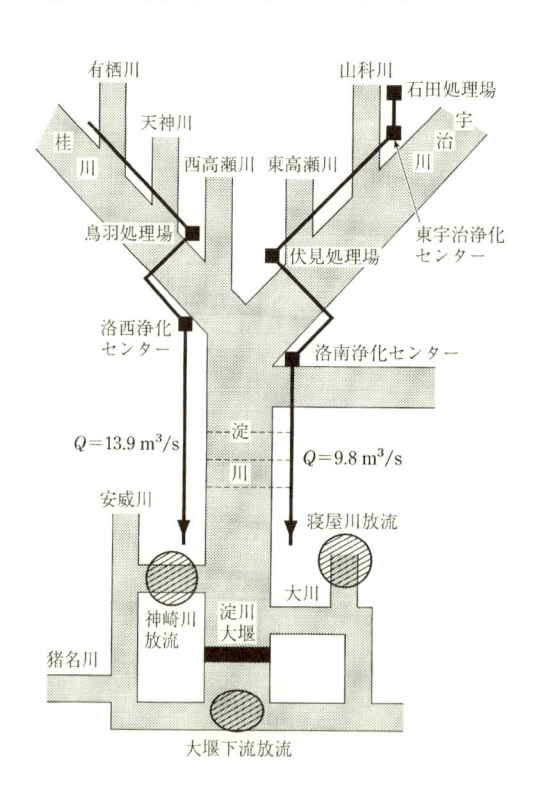

図-3.12 淀川流水保全水路の構想案

構想がある．

　平成7年(1995)の阪神・淡路大震災では，水道の完全復旧まで3箇月を要したほどの大被害を受け，はからずも緊急時の都市用水対策が見直され，近隣都市群での提携が取り組まれる結果となった．

　また，阪神・淡路大震災は阪神都市群や神戸市での阪神疎水や六甲導水構想を浮上させたように，阪神疏水の水源はやはり琵琶湖を抱えた淀川頼みである．ここまで表流水の管理について述べてきたが，水管理には地下水管理も含まれ，緊急時には貴重な水源になる．地下水は六甲山麓の宮水のように古くから大切に利用されてきたが，工業用水などの過剰な汲上げと，都市化に伴い水循環を断ち切る不浸透性の地表面被覆によって地盤沈下を招いたほか，有機溶剤の土壌中への廃棄による地下水汚染を引き起こした．地下水涵養にも配慮した流域の水循環の回復・再生の時期にきている．

(4) 水管理の明日

　建設省では，河川環境の整備と保全のために，下水道も含めて図-3.13のような水循環マスタープランを掲げて，流域社会の再構築を目指している．これは，河川の捉え方が線から帯へ，帯から面へと展開してゆくことを意味し，グランドデザインにもつながるものである．とくに，都市内河川については「河川を活か

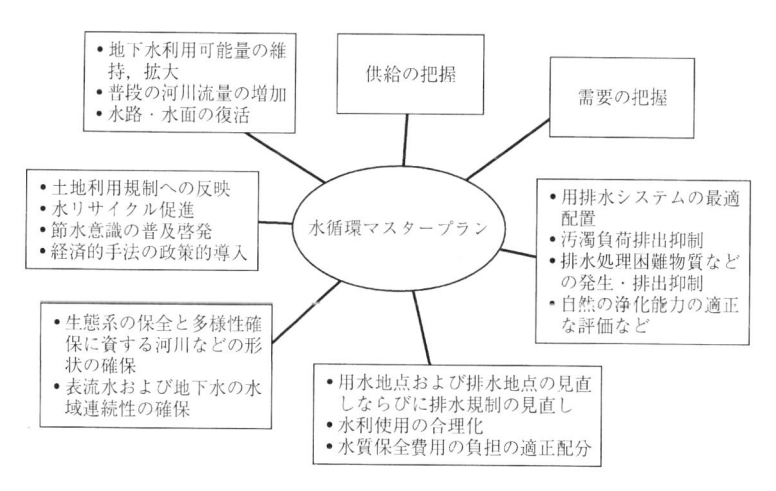

図-3.13　水循環マスタープラン

した都市の再構築」，河川環境の面では「河川を活かした環境教育の推進」を目指した取組みをはじめている．各自治体でも同様の取組みがはじまっている．今後の都市圏の水管理においては，下水道の普及に伴う生活雑排水分などの水量減少や晴天時・降雨時の流量差の拡大が水辺環境や水域生態系に与える影響を考慮した対策が早急に必要と思われる．とくに，下水道概成後の水質濃度レベルや低水流量レベルをどの程度に維持できるのかについて，早めの検討と対策が必要である．[海老瀬]

3.2.4 近畿の多自然型川づくりの事例

河川や湖沼における自然環境の保全のために全国でさまざまな取組みがなされている．ここでは近畿地方で行われている多自然型川づくりのなかで，全国的にみても先進的な事例を紹介する．多自然型川づくりの目標は，復元が中心になるものと，現在の良好な環境の保全が中心になるものに分けられる．ここで紹介する事例のうち，京都府の宇川は復元が主要課題であるが，その他の事例は保全が中心である．多自然型川づくりが始まった当初は，護岸の多孔質化，緑化など局所的な対策が中心であったが，次第に河道全体の自然環境の保全へと中心が移っている．

(1) 建屋川におけるオオサンショウウオの保全と河川改修—特定生物種を対象とした河川改修

建屋川は円山川の二次支川で，兵庫県養父町を流下する兵庫県管理の一級河川である．流域面積は 71.6 km^2，幹川流路延長 14.8 km で流域の 9 割以上が山地で，集落が河川沿いに分布する．

平成 2 年(1990) 9 月台風 19 号により氾濫し，大きな被害を被った．再度の災害防止のため，延長 11.6 km にわたる災害復旧助成事業が行われることになった．平成 3 年(1991) 9 月，下流部の工事に着手したところ，10 月，工事区域内でオオサンショウウオの棲息が確認された．県はすぐに姫路水族館などに協力を求め，オオサンショウウオの保護調査を開始した．

オオサンショウウオは大きいものでは 100 cm を超える世界最大の両生類で，

その生態が貴重であることから特別天然記念物に指定されている．一生を水中ですごし，産卵期は8月下旬から9月[29),30)]で，普段の棲息場所より上流に移動し産卵する[30)]．その移動距離は数kmに及ぶといわれている[30)]．産卵場所は理想的には河岸に掘られた横穴で，入り口は植物に覆われ，奥行きが1～2mあり，酸素を十分に含んだ水が供給されることが必要である[31)]．そこに数個体集まり産卵が行われる[31)]．生まれてから3～4年は幼生で鰓呼吸し，トビケラ，ヤゴなどの水生昆虫を捕食する[30)]．親になると昼間は岩の下や川岸の窪みに隠れ，夜間行動し魚やカニなどの餌を取る．爪や吸盤をもたないので，垂直に近い構造物は登れない[32)]．

建屋川の災害復旧にあたって，改修区間に棲息するオオサンショウウオを河川から取り出し，改修が完了するまでの間，保護・飼育することになった．保護調査には『文化財保護法』に基づいた許可申請が必要であり，それに基づいた調査が下流から順に，平成3年(1991)10～11月，平成4年(1992)6～7月，平成5年(1993)3月に行われ，185個体のオオサンショウウオが保護され，旧養殖池で保護，飼育され，改修後河川に戻された．

改修にあたってはオオサンショウウオの棲息に必要な次の条件を満たすように，計画が立案された．①魚やカニなどの餌が豊富にあること，②棲み処となる窪みが河岸にあること，③奥行きのある産卵巣が河岸にあること，④河道内を上下流方向に移動できること，などである．

たとえば湾曲部の大坪地先では，従前の地形を活かし上下流より少し広くしてあり，護岸は木工沈床が用いられ，併せて転石を河岸沿いに寄せてある．このような河岸域は稚魚や水生昆虫の洪水時の逃げ場として重要である．また上下流に比べて広い河道は，流量規模によってその場所は変化するが，土砂が堆積し河岸植物が生育する基盤となったり，底質に多様性が生まれる(たとえば砂の所，泥の所，礫の所などが生じる．すなわち底質材料が分級する場を与える)．このような環境は，水生昆虫や底生魚の多様性や現存量を保つのに重要である．また船谷地先では湾曲部の外岸側の一部をへこませ，魚巣ブロックが設置してある．そしてオオサンショウウオの移動が可能なように一段の高さが低い多段式の落差工が設置された(図-3.14)．落差工の上流側の山付き部は護岸工事をせず，河岸浸食防止のために大きな岩を寄せてある．この山付き部の魚影はきわめて濃い．

図-3.14 建屋川における多段式落差工による魚道

建屋川の河川改修は特定の生物に着目した工事である．オオサンショウウオの棲息条件を守るため，さまざまな工夫が行われている．オオサンショウウオは河川生態系の中で食物連鎖の上位に位置する種であるため，その棲息を保証するためには，付着藻類水生昆虫から魚，カニまでを含めた多くの生物に配慮する必要があった．多自然型川づくりが始まった初期の改修であり，風景的に少し硬いが，河川全体に配慮が及んだ事例である．

(2) 淀川の平成ワンド

明治以降，沖積地の氾濫原の開発が進み，水が滞留するような湿地的水域が減少している．また河道においても低水護岸の設置，高水敷の造成などにより水が滞留するような水域が減少している．このような氾濫原的な環境は，出水時の生物の避難場，ドジョウやタナゴなど多くの魚の産卵場，稚魚の生育場として重要であるが，氾濫原の減少に伴い，これらに依存した生物が減少してきている．

淀川においてこのような環境を保持しているのがいわゆるワンドである（口絵⑤，図-3.15）．ワンドとは湾になった所という意味で，一般に本流と一部がつながった河岸沿いの池のことを指す．この語源についてはオランダ語由来であるとする説もあるが，定説とまでは至ってないようである．一般に本流と一部がつながった池のことをワンドと呼んでいるが，川の流量は常に変わるので雨の降っていないときには，本流から完全に切り離されたワンドもある（淀川では河川敷の本流と切り離された池をタマリと呼んでいる）．英米ではワンドのことをバック

ウォーターと呼び，日本と同様重要なハビタットとして位置づけられている．

淀川の場合，近年の魚類調査で確認された56種のうちワンドでは51種類が，本流ではわずか3種類しか確認されていない．貝類ではワンドですべての種類(30種)が確認されている．天然記念物に指定されているイタセンパラもワンドを利用する魚である．イタセンパラのようなタナゴ類は二枚貝に卵を生むので，二枚貝が棲息できるワンドの存在は彼らにとって，とても重要である．

淀川のワンドは明治期につくられた人工構造物であるケレップ水制に自然の作用によって土砂が堆積し形

図-3.15 平成ワンド群(提供：近畿地方建設局淀川工事事務所)

成されてきたものである．淀川の近代河川工法は，政府が招いたオランダ人工師デ・レーケの指導によって明治30～43年(1897～1910)の間，国の直轄事業として行われた．昭和14年(1939)頃の写真をみると，水制に砂がついてワンド状になっているもののまだ植物は十分に繁茂していない．昔の航空写真をみると，約500個のワンドがみられるが，その後の改修によって昭和48年(1973)には約100個になった．このような状況の中で昭和46～49年(1971～74)頃，住民と学識経験者が一体となった淀川の生態系保護運動が特に盛んに行われ，昭和49年(1974)にはイタセンパラが特別天然記念物に指定された．

昭和53年(1978)，城北ワンド群の保存が決まり，昭和56年(1981)には建設省淀川工事事務所においてワンド保全計画が策定された．ワンド保全の基本方針は次の4点である．

① 堤体保護のため，堤脚から最低50mの間は，高水敷を造成し，これから低水路法線の間に相当の余裕のある場所(おおむね高水敷中100m以上)に

ついて保全を考える．
② 治水上重要区域は原則としてワンドなど保全計画の対象から除外する．
③ 原則として，現在ワンド，タマリがある場所を保全の対象とする．保全すべきワンドの位置を変更する場合はできるだけ近くの位置に計画するものとする．
④ 河川公園計画上，自然地区，野草地区においてワンド，タマリの保全を考えるものとする．

豊里地区の人工ワンドもこの計画に基づいてつくられたもので，河川改修により一部がなくなるワンドを，その機能を回復するために設けられたものである．設計のポイントは，現存するワンドの構造と生物について調査し，その結果を分析し，規模や構造を決めている点である．

平成ワンドは，長さ約50mの2つの池よりなっている．ひとつの池は本川と上流のタマリとつながっている四角形のワンド，もうひとつはそのワンドと連結された本川とはつながっていない三角形のワンドである．建設省淀川工事事務所の調査によれば，平成2年(1990)の台風以降，貝類が確認されるようになり，近年とくにイシガイが多数捕獲されている．そのせいもあってタナゴ類も増加傾向にある．また魚類調査では20種類が確認されており，徐々にワンドとしての機能を発揮している．

ワンドの保全にとって水循環がうまく図れるか，池内の水質が保持できるかということ，河岸の構造や底質材料に多様性を保てるかということがポイントである．平成ワンドは生物調査の結果からも一応の成功をみていると思われる．課題は下流に大堰があり水位が一定になっている点にある．水位の変動があればさらに水循環が促進されると考えられる．

人工構造物である水制の周りに，100年という時代を経て，何度かの洪水を経験し，砂が溜まりワンドはできた．そしてその空間は生き物にとって重要な空間となっている．人工構造物と自然の営みによってできたワンドは，人工構造物もつくり方によっては自然と共生できることを示した好例と考えられる．

(3) 犬上川の河畔林の保全

犬上川は滋賀県の湖東，角井峠を源にし，琵琶湖に注ぐ流域面積 104.3 km²，

幹川流路延長 27.1 km の 1 級河川である．犬上川は下流部の河道が狭く，河口付近での流下能力は約 600 m³/s と計画流量の 1600 m³/s に比べると約 3 分の 1 しかなく，平成 2 年(1990)の台風 19 号をはじめ何度も氾濫しており，河川改修を進めることが強く望まれていた．一方，犬上川河口部には特定植物群落であるタブ林があり，当初計画では全面伐採案となっており自然環境の保全と治水をどう調和させるかが課題となった．そこで平成 6 年(1994)には一部の区間の堤防を引き堤し高水敷上にタブ林の一部(21 %)を存置させる計画が立てられたが，さらに保全の気運は高まり，平成 8 年(1996)タブ林を河道内の中島として残存させる計画が樹立された(図-3.16)．

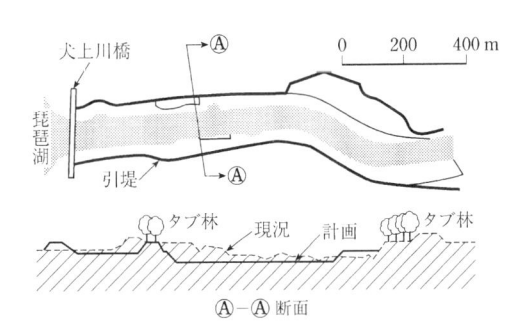

図-3.16 平成 6 年(1994)犬上川改修計画（全体計画の再検討）[33]

さらに詳細にその計画をみると，図-3.16 に示すように，当初案では河道の法線形はほぼ直線で，河道を複断面にする案である．この案では河道にほとんど余裕がなく，タブ林を全面伐採しなければならない．この原案をもとに，少しでもタブ林を残そうと工夫した案が，平成 6 年(1994)案である．この案では左岸側の河道を一部引き堤し，右岸側と左岸側の一部にタブ林 21 % を残す案である．この案を検討する際には平面二次元水理計算が行われ樹木を流水が流れない区域として取り扱っている．一方，平成 8 年(1996)案はさらに左岸側を引き堤しタブ林を中の島状に残し，54 % 存置する案である．この案を樹立するにあたっては，平面二次元水理計算および水理模型実験が行われ中島形状などの詳細な検討が行われた．この案が可能であったのは，左岸引き堤部に滋賀県立大学が開校し敷地が提供されたからであるが，近年の水理学の発展により樹木の水理的な扱いが確立されたことも大きな要因である．

犬上川以外でも滋賀県では河畔林の保全に取り組んでいる．平成 10 年(1998)

(4) 宇川における多自然型川づくり

宇川は天然アユが遡上する清流河川として，京都大学の生物学教室が昭和30年(1955)からアユの生態を中心とした研究を行ったことで有名である．また国際生物学会環境保全河川にも指定されている．宇川における多自然型川づくりの基本は悪化した河川環境の復元にある．

宇川は丹後半島のほぼ中央部を北流し，日本海に注ぐ，流域面積 62 km^2，流路延長 17.9 km の京都府が管理する2級河川である．宇川は谷底平野を形成し，民家や農家があるが治水安全度は低く，平成2年(1990)9月の出水では護岸の決壊や道路の冠水などの被害が出ている．京都府は，治水安全度10分の1確率を目指し努力を進めている．このような治水整備とあわせて従来良好であった自然環境の保全を図っていく．

宇川における自然環境保全の課題は魚類を中心として，以下のように整理されている．

① 河口砂州の問題．
② アユの産卵場縮小の問題．
③ 早瀬部分の平瀬化・トロ化の問題．
④ 淵の縮小の問題．
⑤ 落差工による魚類の移動阻害の問題．
⑥ 護岸などによる河岸環境の悪化の問題．
⑦ 自然河岸，河畔林の保全．

これらの課題に対して，流域での取組み，河川管理者としての取組みにわけ，順次整備している．

(5) 琵琶湖におけるヨシ原の保全

滋賀県は平成4年(1992)，『琵琶湖のヨシ群落の保全に関する条例』を施行した．この条例ではヨシ群落を「ヨシ，マコモ等の抽水植物群落およびヨシ等とヤナギ類またはハンノキが一体となって構成する植物群落」と定義しており，これらの

3.2 水管理

植物群落の保全が図られている．条例のなかでは，ヨシ群落の機能として「郷土の原風景」，「生物の生息場所」，「湖岸浸食の防止」，「水質保全」などをあげている．

滋賀県ではさまざまなヨシ原の保全対策を行っているが，ここでは道路建設に際して行われたヨシ原の保全の例について紹介する．「琵琶湖総合開発関連事業」の彦根長浜都市計画街路事業世継相撲線が，道路予定地が湖畔沿いを通り，ヨシおよびヤナギ群落が潰れる計画となった．そこで，ヨシ，ヤナギ群落に対する移植を中心とした環境保全対策が行われた(図-3.17)．

事業実施前，この区域の湖岸沿いに，ヤナギは1060本であった．そのうち175本は手をつけずそのまま残し，585本は移植し1060本のうち760本が残ることとなった．平成9年(1997)10月の調査では移植した樹木のうち406本が定着している．面積的には道路で潰れる1.3haのヤナギを同じ面積で造成するという考え方である．一方ヨシについては，ヤナギ造林地の湖側に，13m幅のヨシ原を確保することを原則として造成が行われた．その結果，事業前には0.3haであったヨシ原は道路建設に伴い0.8haになり，そのうち，昨年の調査では0.7haが残存している．ヤナギは他の地域からの移植はないが，ヨシは他の地域から移植されたものがある．移植には，琵琶湖環境保全センターがヨシ原復元用に育てているポット苗を用いた．

ヨシ，ヤナギ帯の構造は道路の湖岸沿いにヤナギ植栽部25m，ヨシ植栽部13mの山土による地盤を設け，その前面に波浪防止用の木柵と捨て石工による消波工が設けられている．地盤高はおおむね琵琶湖の平均水位程度である．なおヨシ，ヤナギ帯は消波工によってぐるっと取り囲まれたような構造になっている．「ヨシ原は魚などの産卵場としての機能も大きい」という移植検討委員会の意見を参考に，20〜40m間隔に導水路(魚道)を設けている．消波杭は水面から1m程

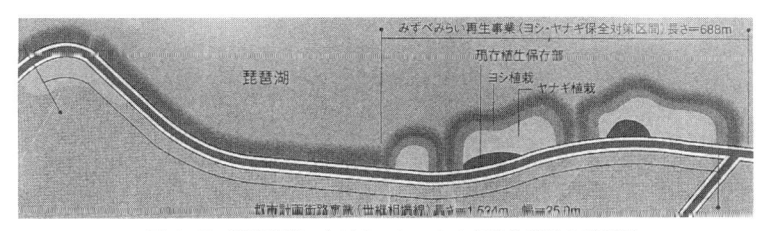

図-3.17 琵琶湖岸におけるヨシ・ヤナギ保全事業の平面図

度頭を出すように設計されており，杭に合板がボルト締めされている．ヨシが定着した後にはこの板は腐食してもよいという考えによるものである．

これらの移植は3年にわたって行われたもので，道路建設の手順上，初年度にあたる平成5年度(1993)はまだ本移植地が完成していないためヤナギ122本，ヨシ204株は5月から7月にかけて仮移植され，その年の10月から翌年1月にかけて本移植された．また直接本移植されたヨシ・ヤナギは冬場移植が行われた．

平成6年(1994)秋の調査結果からみると，定着率は仮移植を行ったヤナギが53％，直接移植を行ったヤナギは約80％，直接移植を行ったヤナギのうち平成5年度が61％と低くなっている．この結果から仮移植と平成5年度が渇水年であったことが定着率に影響していると考えられる．一方，ヨシの定着は良好で約9割が定着している．ポット苗と地下茎の移植の差はみられない．移植地は3つのブロックに分かれているが，ヨシが定着していないのは，いずれも南西端の部分で波浪の影響を強く受ける箇所であり，波浪対策の強化が望まれる区域である．

条例にもあるように，湖岸線の植物帯は水質の保全ばかりではなく郷土の景観，動物の棲息地など湖の環境保全上重要な役割を果たしている．湖の環境問題というと水質に目がいきがちであるがやはりトータルとしての環境保全を考える必要がある．湖岸沿いの植物帯が湖畔道路で潰れないようにするこうした試みはほかの湖でも大いに参考になると思われる．　[島谷]

文　献

1) 建設省近畿地方建設局企画部(1998)：データでみる近畿の社会資本.
2) 総務庁行政監察局編(1990)：水資源の開発・利用の現状と問題点.
3) 国土庁長官官房水資源部編(1998)：平成10年版日本の水資源－地球環境問題と水資源－.
4) 建設省近畿地方建設局(1996) 近畿地方の"水土"グランドデザインとギャラクシープラン.
5) 環境庁水質保全局水質規制課(1985)：名水百選，ぎょうせい.
6) 南正時(1993)：日本縦断　おいしい水の旅，グラフ社.
7) 日本地下水学会(1994)：名水を科学する，技報堂.
8) 灘五郷酒造組合(1983)：灘の酒博物館，講談社.
9) 岩井重久・済川要(1964)：宮水の保存について，用水と廃水，p.86，(株)産業用水調査会.
10) 司馬遼太郎(1988)：街道をゆく 21 神戸散歩，朝日新聞社.
11) 農林水産省統計情報部(1996)：ポケット農林水産統計 1996年版，p.429，農林統計協会.
12) 堤利夫(1987)：森林の物質循環，p.124，共立出版.
13) 琵琶湖の将来水質に関する調査小委員会(1975)：琵琶湖の将来水質に関する調査報告書 1975年度，p.193，土木学会.

14) 國松孝男(1997)：琵琶湖水質の化学的特徴，環境技術，26, pp.480-484.
15) 國松孝男・吉良竜夫(1986)：山林からの栄養塩の流出と対策，水処理技術，27, pp.721-730.
16) 國松孝男・武田育郎(1988)：農林地からの汚濁負荷とその計測方法，水質汚濁研究，11, pp.743-747.
17) 國松孝男・須戸幹(1997)：林地からの汚濁負荷とその評価，水環境学会誌，20, pp.810-815.
18) 梅本諭・駒井幸雄(1999)：隣接する山林域小河川における栄養塩類の濃度変動と収支の比較，水環境学会年会講演要旨集，p.96.
19) Kunimatsu, T., M.sudo, E.Hamabata, and T.Kawachi (2000): Characteristics and estimation of nutrient loading from two mountainous watersheds forested by Japanese cypress Water Science & Technology, Vol.40 (in press).
20) 多比良康彦・須戸幹・島田佳津比古・國松孝男(1999)：二次林の伐採・植林が汚濁負荷に与える影響，水環境学会年会講演要旨集，p.231.
21) 國松孝男(1985)：農耕地からのN，P負荷(その2)，環境技術，14, pp.195-202.
22) 武田育郎・國松孝男・小林慎太郎・丸山利輔(1991)：水田群からの汚濁負荷流出に関する研究(II) 水系における水田群の汚濁物質の収支と流出負荷，農業土木学会論文集，No.153, pp.63-72.
23) 國松孝男(1995)：水資源と水環境，農業と環境(久馬一剛，祖田修編)，pp.130-131.
24) 國松孝男(1999)：農村地域の汚濁負荷の特徴と削減，環境技術，28, pp.255-263.
25) 金沢良雄・三本木健治(1979)：水法論(水文学講座15)，p.265, 共立出版.
26) 森岡泰裕(1998)：これからの下水道整備−水循環との係わりを中心に，水環境学会誌，21, pp.468-471.
27) 足立考之(1998)：水環境と地域づくり，都市とその周辺における水循環の回復と望ましい水環境のあり方に関する研究(土木学会関西支部水循環研究会)，pp.33-49.
28) 琵琶湖・淀川水環境会議事務局(1996)：琵琶湖・淀川を美しく変えるための試案，p.277.
29) 中村健児・上野俊一(1978)：原色日本両生爬虫類図鑑，p.16, 保育社.
30) オオサンショウウオ調査グループ(1997)：オオサンショウウオの謎に挑む，フィッシュマガジン別刷.
31) 栃本武良(1994)：兵庫県市川水系におけるオオサンショウウオの生態 繁殖生態について(1)産卵場所，動物園水族館雑誌，35(2), pp.33-41.
32) 谷口桝実(1993)：建屋川災害復旧助成事業とオオサンショウウオ，建設技術研究・報告論文.
33) 山崎邦夫・宇多高明・石尾year光・浜口憲一郎・松田和人(1998)：生態系と調和した河川改修への取り組み，第4回河道の水理と河川環境に関するシンポジウム論文集，pp.159-164.
34) 田中麻都佳(1998)：湖国にみる河畔林保全のかたち，Front, 5, pp.32-33.

4章　開発と水環境

　近畿地方の近畿とは，歴代の皇居が置かれた畿内に由来する．近畿地方には，1500年前の昔から，飛鳥，奈良，平安時代を通じて政治および文化の中心として発展を遂げてきた歴史がある．とくに近代に入ってからの近畿地方は，"水の都"大阪を中心に京阪神工業地帯を形成し，重工業，軽工業さらには商業などあらゆる産業において西日本の中心的存在として先駆的に歩んできた．

　戦後，焼け野原となった阪神地区はいち早く復興を遂げ，"煙突から立ちこめる黒い煙"が産業や経済力のシンボルとさえいわれた．日本人の質素，倹約，努力，勤勉の資質ゆえに高度経済成長が達成された．このような驚異的な繁栄を基盤として我が国は先進国の仲間入りを果たし，経済大国のレッテルさえ貼られるに至った．

　しかし，この高度経済成長の過程において，人口の都市集中化や物質文明中心の社会機構が生まれ，これらの恩恵の陰で，知らず知らずのうちに水質汚濁，大気汚染などの自然の破壊が始まっていたのである．すなわち，工場排水の垂流しによる有機汚濁，富栄養化が起こり，微量有害化学物質が環境へ放出され続けた結果，水俣病，イタイイタイ病などの公害問題が生じた．そのため『公害対策基本法』[昭和42年(1967)]が制定され，この条項の中には，典型7公害としての水質汚濁，大気汚染，土壌汚染，騒音，振動，悪臭，地盤沈下に対する規制が明記された．そして，これに伴い自然環境保全の法的な整備がなされた．最近ではその成果が現れ，自然環境が回復の兆しをみせている．しかし，地球上の爆発的な人口増加および工業発展によって，地球規模の環境汚染が新たな国際問題として

浮上している．最近の環境保全に関する課題は，ひとつの地方やひとつの国家の問題にとどまらず，その延長線上に地球規模の自然環境保全が求められており，増大する人類は，生態系の一員としての認識のもとに，調和のとれた共存共栄および産業・経済の持続可能な発展をより一層求められる時代になっている．

　本章においては，"開発と水環境"のテーマで近畿地方の水環境を考える場合に，避けては通れない水甕としての琵琶湖，この水が流入する淀川水系をはじめとして，近畿圏の代表的な河川および大阪湾，播磨灘，紀伊水道などの閉鎖系海域の水環境について，開発の歴史，開発と水資源，河川の有機汚濁と湖沼や海域の富栄養化に起因するプランクトンの異常発生の現状，農薬，工業用薬剤，生活に密着した界面活性剤や変異原物質など微量有害化学物質汚染の現状，我が国においてはじめて経験した広域地下水汚染の現状と対策，ならびに近畿地方特有の下水処理事情についてふれる．そして，これら20世紀後半に経験した湖沼，河川，海域および地下水などの水環境における有機物質汚濁，富栄養化や有害化学物質汚染の歴史，現状ならびに対策に関してまとめた．

　過去の検証から現在をみつめ，新しい時代に向け，同じ過ちを繰り返さないことはもとより，新しい世紀における環境保全の構築のために，本章の記述がひとつの道標となれば幸いである．　［中室・奥野］

4.1　有機汚濁・富栄養化

4.1.1　琵　琶　湖

(1)　近年における琵琶湖の水質問題

　およそ500万年ともいわれる長い歴史をもつ琵琶湖は1 000種類を超す水生生物の宝庫でもある．琵琶湖の水は京阪神を含む約1 400万人の生活用水，工業用水，農業用水などの水源に利用されるばかりでなく，水産業の場として，水泳場をはじめとするリゾートの場としても利用されている．また，平成5年(1993)6月に『ラムサール条約(特に水鳥の生息地として国際的に重要な湿地に関する条約)』の登録湿地としての指定を受けるなど，多様な生物の棲息場所としての意義

も再認識されている.

1960年代以降,琵琶湖では工場排水や生活排水の増加に伴って南湖を中心に水質汚濁が進行した.汚濁はやがて琵琶湖全体へと広がり,1970年代には富栄養化が顕著になった.とくに昭和52年(1977)に琵琶湖ではじめて *Uroglena americana* による淡水赤潮が発生し,昭和58年(1983)には南湖西岸にアオコが発生した.その後,淡水赤潮は昭和61年,平成9,10年(1986,97,98)を除いて発生し,アオコは昭和59年(1984)を除き発生している.また,平成元年(1989)には琵琶湖全域で藍藻類 *Synechococcus* 属に分類されるピコプランクトンの大量増殖がみられた.

このような植物性プランクトン相の変遷から琵琶湖の変化を追うと,最近20年間をおおまかに3つの期間に分けることができる.まず,1970年代後半〜1980年代半ばにかけて,植物性プランクトンの優占種(多くの種の中で最も多数出現しているもの)は周期的な変動を毎年繰り返すという安定期であった.続く1980年代後半〜1990年頃にかけては,冬季から春季にかけては周期的な変動を繰り返したが,夏季以降はさまざまな種が速いサイクルで優占種となっていった.1970年代後半から一貫して淡水赤潮のもとである *Uroglena americana* が春季に増加する傾向は現在に至るまで続いているが,1990年代初めからは,春季以外は毎年異なった種が速いサイクルで優占種を交代するという不安定な状態である.

湖沼の代表的な有機汚濁指標である化学的酸素要求量(chemical oxygen demand:COD)濃度の推移をみると,琵琶湖では1980年代前半に一時的に減少傾向を示したものの,その後は漸増傾向を示している.図-4.1(a),(b),(c)は,毎月のCOD,全窒素(total nitrogen:TN),全リン(total phosphorus:TP)の経月変動を示し,図-4.1(d),(e),(f)は12箇月の変動ごとに移動平均した経年変動を示している.琵琶湖大橋を境に琵琶湖を北と南に分けることがあるが,北湖のCODは環境基準値の2〜3倍,南湖は3〜4倍でいずれも毎年環境基準(生活環境項目)を大幅に超過している.

(2) 琵琶湖内のCODの起源

CODの年間最小値を外来性(河川水や降水により流入する汚濁負荷)と仮定すると,湖内のCODの約6割が外来性となる.図-4.1(g)は,北湖の南比良沖中

116　4章　開発と水環境

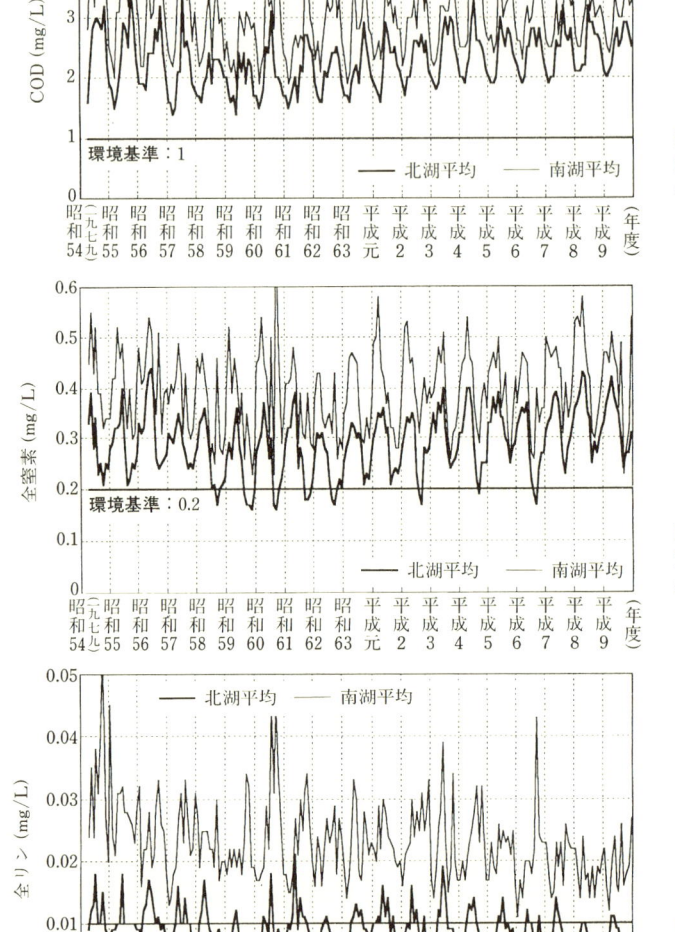

図-4.1 (a)
琵琶湖における COD の経時変動

図-4.1 (b)
琵琶湖における全窒素濃度の経時変動

図-4.1 (c)
琵琶湖における全リン濃度の経時変動

図-4.1 (d)
琵琶湖における COD の変動（12箇月間移動平均）

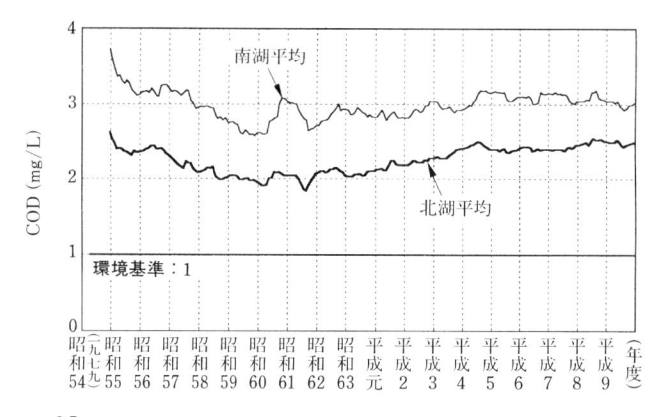

図-4.1 (e)
琵琶湖における全窒素の変動（12箇月間移動平均）

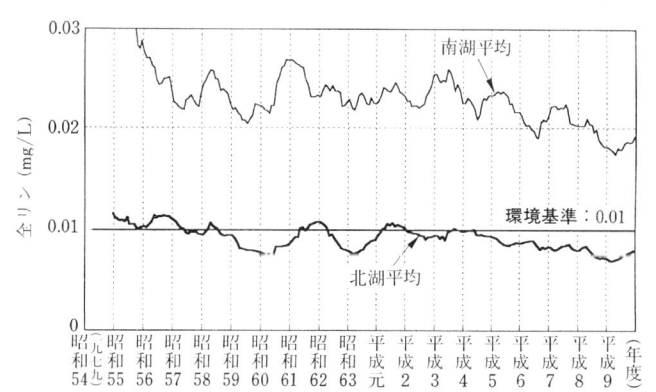

図-4.1 (f)
琵琶湖における全リンの変動（12箇月移動平均）

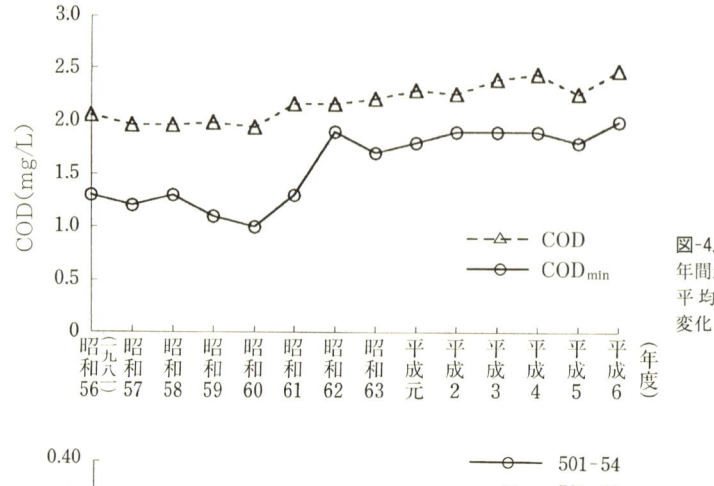

図-4.1 (g) 年間最小 COD 値と年平均 COD 値の経年変化

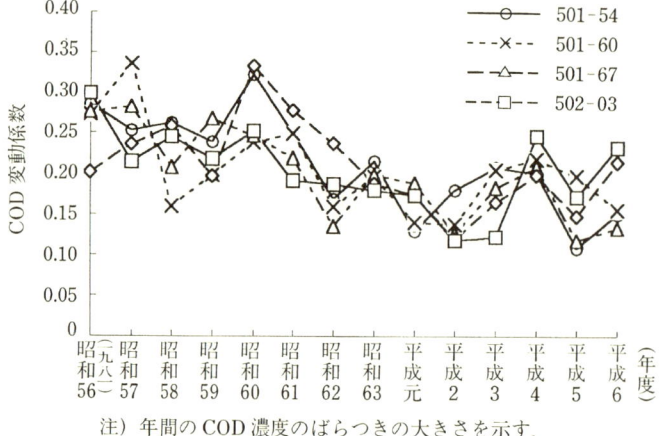

図-4.1 (h) 琵琶湖内の 5 地点における COD の変動係数

注）年間の COD 濃度のばらつきの大きさを示す．

央における年間最小 COD 値と年平均 COD 値の経年変化を表している．年間最小 COD 値の経年変化をみると，1980 年代後半から年々上昇していて，年間最小 COD 値と年平均 COD 値の差が縮まっていることがうかがえる．図-4.1(h) は琵琶湖内の 5 地点における COD 変動係数（年間の COD 濃度に関するばらつきの大きさを示す）を表しているが，すべての地点で COD の変動が年々小さくなっている．これらの経年変化からも，琵琶湖は年間を通じて水質が徐々に悪化する傾向にあり，湖沼内の COD に対する外来性 COD の占める割合が大きくなってきているのではないかと考えられる．

このような外来性の COD 濃度のレベルを環境基準値（琵琶湖は北湖南湖とも

に COD＝1 mg/L)と比較してみると，外来性だけで環境基準値を上回ることになる．単純な試算ではあるが，環境基準からみた許容負荷量の約 2 倍の COD が外部から流入していることになるが，COD 全体から外来性の部分を差し引いた内部生産 COD(湖内の生物活動により生産された汚濁負荷)に限ると，近年横這いか若干改善傾向がみられるだけに，外部からの汚濁負荷の増大は大いに気になるところである．内部生産の重要な指標である TN，TP 濃度の推移をみると，TN については 1980 年代後半に一時的に減少傾向を示したものの，その後は漸増傾向を示している．一方，TP については，1980 年代より一定して漸減傾向を示し，北湖においては毎年環境基準を満たしている．

外来性の COD 負荷の増加傾向が，とくに 1980 年代半ばから再び顕著になっているが，実は主要流入河川の水質にはそれほど顕著な悪化傾向はみられない．もっとも，COD という水質指標で測定された琵琶湖の有機物はもともと含まれている全有機物の半分程度ともいわれているので，有機汚濁の正確な把握はこれからの重要な課題になるであろう．1980 年代半ば以降に観測されている COD の漸増傾向はとくに春季と冬季における濃度上昇が目立っている．すなわち，琵琶湖の有機汚濁は流域から直接流入する有機物量で説明できるほど単純ではなく，湖内の生物相の変遷や有機物の種類(水に溶けやすいものや溶けにくいもの，水中で分解されやすいものや分解されにくいもの)により複雑な状況に陥っていると考えることができる．

琵琶湖流域の人口は最近 15 年間で約 20 ％ 程度の増加を示しているが，土地利用については大幅な変化はみられていない．県全体の歳入の伸びを上回る工業出荷額と商品販売額の伸びにみられるような目覚ましい工業化を果たしているが，高度成長期と異なり工業化が直接河川水質の悪化にはつながっていない．琵琶湖に流入する COD 負荷の約半分が生活系，約 2 割が産業系，残り約 3 割が面源(ノンポイントソース)[道路，屋根，農耕地など降雨時に流出する非特定汚染源(ディフューズソース)]とされている．流域の都市化・工業化による発生負荷量の増大も考慮する必要があるが，河川以外の流入経路による非特定汚染源の管理が今後ますます重要になるであろう．また，栄養塩の流入経路と内部生産 COD との関連，さらには難分解性有機物の蓄積という複雑な現象を明らかにすることが求められている．　[天野・野村・藤原]

4.1.2 大阪湾・播磨灘

(1) 大阪湾・播磨灘の富栄養化と水質汚染

　大阪湾・播磨灘は瀬戸内海でも富栄養化の進行している海域であり，播磨灘では Chattonella antiqua, Gymnodinium mikimotoi，大阪湾では Heterosigma akashiwo が赤潮を形成し，幾多の漁業被害を引き起こしてきた．とくに，大阪湾東部海域および播磨灘北部では常時植物プランクトンの現存量が大きく，富栄養化による水質保全上の多くの問題が存在する．昭和53年(1978)から平成7年(1995)に実施された調査結果[1]から両海域の富栄養化の実態を考察する．大阪湾・播磨灘の夏季における表層塩分の水平分布を図-4.2に示した．塩分は陸水の影響の大きい海域で低く，その影響が小さく外洋水の影響が大きい海域で高くなる．大阪湾の水深が20 mより小さい湾東部では停滞性が強く外洋水との海水交換が悪く，淀川・大和川などの陸水の影響を強く受けることから塩分は低くなっている．一方，紀伊水道を通じて外洋との海水交換がよく行われる西部海域で塩分は高くなっている[2]．これを反映して東部海域では汚濁物質が蓄積しやすいこと，夏季には塩分濃度勾配の寄与の大きい密度成層が発達することが特徴とされる．播磨灘では，陸水の主たる供給源は加古川，揖保川，市川であり，この影響を強く受ける北部中央で塩分は低く，灘中央部から南部にかけて高くなっている．小豆島南部の海域では備讃瀬戸からの影響を受け低くなっている．灘面積に対する陸水流入量が小さいこと，全域において閉鎖性が強く海水交換が悪いことから地点間の濃度差は小さくなっている．夏季には北部海域では塩分濃度勾配，中央部では温度勾配，それぞれの寄与の大きい密度成層が形成される[3]．大阪湾・播磨灘で夏季には陸水流入量が多く密度成層の発達するのに比して，冬季では陸水流入量が少なく鉛直混合が行われることから，冬季に比して夏季に表層の塩分が低くなる．

　大阪湾・播磨灘の夏季における表層でのCODおよびクロロフィル a 濃度の水平分布を図-4.2に併わせて示した．大阪湾では東部海域でCODは大きく湾口に向かって小さくなっており，塩分分布からみた陸水の分布状況に一致しているが，湾奥部の西宮市沖でとくに高くなっている．TP濃度は 0.023～0.27 mg/L の範囲であり，分布状況は塩分の水平分布にほぼ対応し，陸水とともに供給され

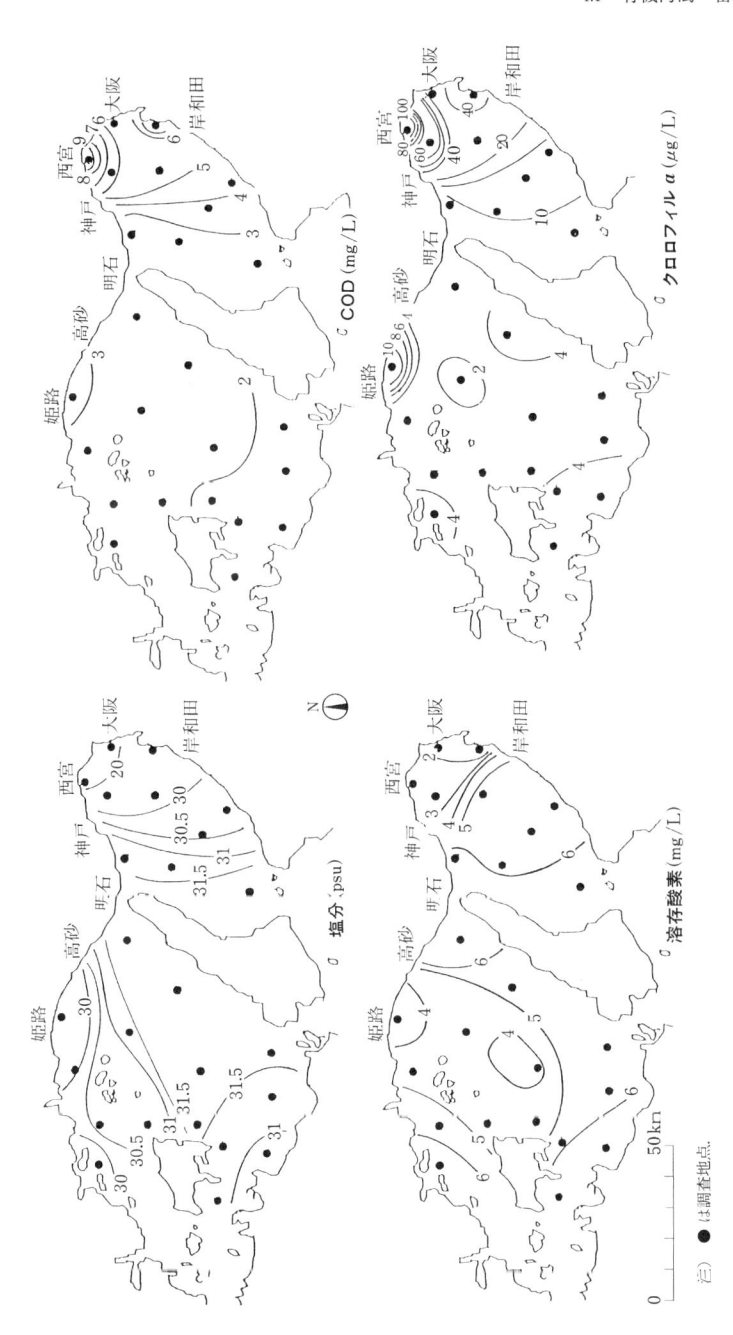

図-4.2 大阪湾・播磨灘の夏季における表層水の塩分，COD，クロロフィルaおよび底層溶存酸素濃度の分布［昭和53年(1978)，平成7年(1995)の平均］

たリンの濃度は陸水と外洋水との混合状況によって変化している．クロロフィルa濃度は塩分の分布におおむね一致しているが，西宮市地先で顕著に大きく，堺市の地先でも高くなっている．クロロフィルaとCODの濃度分布状況はよく一致しており，植物プランクトンによる光合成産物のCOD成分への寄与の大きいことを示している．播磨灘ではCODは姫路地先を中心とする北部で高く南部で小さくなっている．TPは北部中央の低塩分海域で 0.04 mg/L，備讃瀬戸の影響を受けた南部で 0.03 mg/L と播磨灘の中では濃度が高い海域で塩分分布に対応するパターンが認められたが，それ以外の大部分の海域では 0.015〜0.025 mg/L の範囲であり，塩分の分布との相関は認められなかった．クロロフィルaの水平分布はおおむね塩分分布と対応し北部中央および小豆島南部海域で高く灘中央部で低くなっている．大阪湾では COD，TN，TP の湾面積当たりの負荷量がそれぞれ 0.155，0.14，0.010 t/km^2・日であるのに比して，播磨灘では 0.021，0.020，0.0011 t/km^2・日と小さく[4]，汚濁源が北部沿岸域に集中していることなどが両海域での汚濁物質の分布を特徴づけている．一方，冬季では各物質の分布の傾向は夏季と同様であるが，CODは夏季に比して大阪湾の各地点で 0.6〜3.3 mg/L，播磨灘では 0.3〜1.3 mg/L 小さくなっている．またクロロフィルaは大阪湾の各地点で 5〜44 μg/L，平均で 21 μg/L 低く，播磨灘でも最大で 6 μg/L，平均で 1.5 μg/L 低くなっている．これは冬季には植物プランクトンの増殖が不活発であることに起因する内部生産量の低下および鉛直混合による陸水の希釈の効果に起因すると考えられる．

　海域の富栄養化に関連する重大な環境問題として底層の貧酸素化を取り上げることができよう．底層貧酸素化は停滞性の強い海域で，底層における有機物，ことに光合成産物の無機化の過程で引き起こされることより，海域の富栄養化の進行と深くかかわっている[4〜6]．両海域の夏季における底層の溶存酸素濃度の分布を図-4.2に示す．大阪湾奥部で 2 mg/L 以下になり，局所的には 1 mg/L 以下になることも観測されている[5,6]．湾東部の広い範囲で底生生物群集の種類数，多様性，密度に顕著な影響がでるとされている 3 mg/L 以下となり[7]，富栄養化の進行した停滞性の強い海域の問題を示している．播磨灘では海水の停滞する灘中央部で溶存酸素濃度が低くなっており，とくに中央部で 4 mg/L の貧酸素化が認められる．この海域では一時的には 3 mg/L 以下となることもある[3]．富栄養

化が進行している姫路市地先でも貧酸素化が進行するが，当該海域では海水の停滞性は強くないことから，溶存酸素濃度の低下は急速に起こる反面その回復は速やかであるのが特徴である[3]．

両海域ではそれぞれの海域特性およびリンなど富栄養化関連物質の流入負荷状況を反映した植物プランクトンの増殖が透明度の低下，COD の増加，底層貧酸素水塊の発生などの諸問題と深くかかわっている．［古城］

(2) 底質中の有機炭素，窒素，リンの濃度の特徴

水質と底質は，沈降・堆積・巻上げ・溶出などのプロセスを通して相互に密接な関係があり，底質中の汚濁物質濃度の分布や変化から水環境の状態を評価することができる．図-4.3 に大阪湾［平成4年(1992) 8月］と播磨灘［平成2年(1990) 8月］の，底質（表層5cm）中の有機炭素量の水平分布を示す[4]．TN と TP も，ほぼ同じ分布パターンを示している．大阪湾の場合，湾奥部は 30 mg/g 以上，湾東部で 20～30 mg/g，中央部から淡路島沿岸にかけては 10～20 mg/g，明石海峡と友が島水道周辺では 10 mg/g 以下となっている．播磨灘では，20～30 mg/g の海域は，北部の沿岸域と中央部から南部にかけてみられ，明石海峡，鳴門海峡，および小豆島の南北の海域では 10 mg/g 以下である．

両海域とも，高濃度は汚濁物質の排出源に近い沿岸部と，陸から離れた沖合い

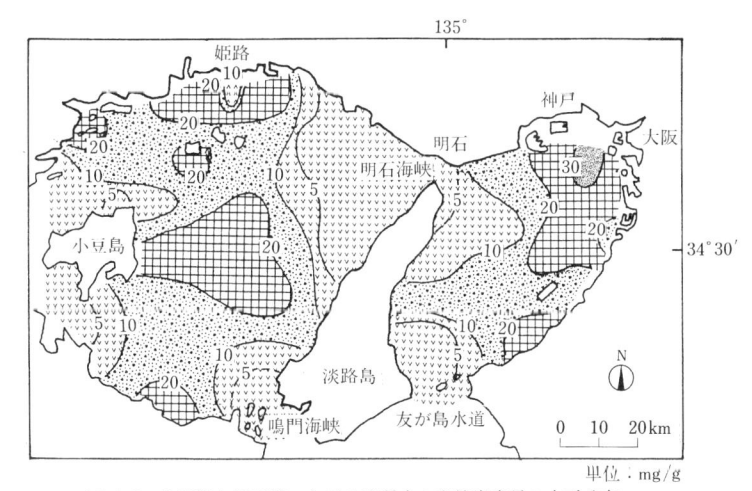

図-4.3 大阪湾と播磨灘における底質中の有機炭素量の水平分布

に認められ，泥質物が堆積している所と一致している[8]．流入した汚濁物質や海域内部で生産された有機物は，大阪湾では時計回りの環流，播磨灘では北部と中央部のそれぞれ時計回りの環流[9]によって沖合いの海域まで運搬され，沈降・堆積していると考えられる．一方，流れが速く粗粒な底質が分布する海峡部やその周辺の濃度は低い．

1990年代前半と1980年代前半[大阪湾；昭和59年(1984)8月，播磨灘；昭和55年(1980)8月]における，同一地点の有機炭素，TN，TPの算術平均値[( )は1980年代前半の値]は，大阪湾では18.0(17.8) mg/g，2.17(2.21) mg/g，0.47(0.43) mg/g[10]，播磨灘では，13.1(12.6) mg/g，1.65(1.65) mg/g，0.40(0.39) mg/gである[11]．いずれもほとんど濃度変化はみられないが，平成6年(1994)度における大阪湾(播磨灘)へのCOD，窒素，およびリンの負荷量は，昭和49年(1974)度に比べてそれぞれ35％(25％)，14.3％(－5％)，および39％(48％)削減されている[12]．このことは，後述の堆積速度を考慮しても，汚濁負荷量の削減の結果が底質濃度に反映しておらず，底質環境の改善に向けて，一層の汚濁負荷量の削減が必要であることを示唆している．

(3) 重金属濃度の変化

柱状試料中の銅の濃度に関する鉛直変化と堆積年代との関係を図-4.4に示す．^{210}Pb法より求められた底質の堆積速度は，大阪湾では0.11～0.28 g/cm・年，播磨灘では0.11～0.33 g/cm・年である[13],[14]．銅の濃度は，万延元年～明治33年(1860～1900)頃から上昇し，大阪湾の湾奥(地点42)では昭和35年(1960)頃を，播磨灘南部(地点64)では昭和45年(1970)頃をピークに減少している[13],[14]．また，1990年代前半に採泥された底質(表層2 cm)中のカドミウム，鉛，銅，亜鉛，およびマンガンのそれぞれの算術平均値[( )は1980年代前半の濃度]は，大阪湾では0.47(0.59)，42.0(44.0)，37.3(40.3)，247(275)，951(1060) mg/kg，播磨灘では0.34(0.37)，32.7(34.7)，32.4(32.4)，160(165)，873(971) mg/kgであり，高濃度域の範囲も小さくなる傾向が認められた[8]．このように，有機炭素，窒素およびリンとは異なり，底質中の重金属濃度は減少傾向が認められ，排水規制の効果がうかがわれている．［駒井］

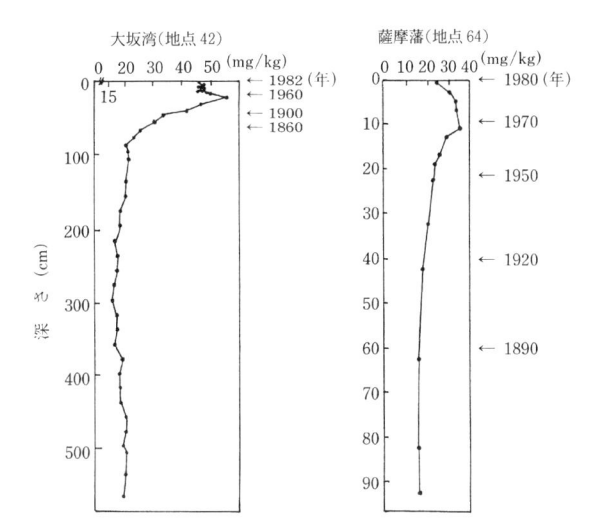

図-4.4 大阪湾と播磨灘における底質中の銅の鉛直分布と堆積年代

4.1.3 大阪市内河川の水質汚濁対策の歴史と現状

(1) 大阪市内河川水質汚濁の歴史

大阪市内河川(図-4.5)も，1960年代になって公害問題が最高潮に達して水質汚濁対策がとられるなか，現在のように一定の水質回復をみるようになり，質の変わった水質汚染状態に至っている．これまで回復するには，住民，行政および企業の並々ならぬ努力があったといえる．

明治28年(1895)，桜宮に大阪市の水道取水場が敷設された頃は清浄であった河川水質も，上流に大都会の京都市を抱え，市内あるいは周辺に住宅も増えて，河川水質は悪化し，大正3年(1914)に桜宮の取水場は廃止された．その後さらに水質は悪化したが，昭和15年(1940)頃から戦局が厳しくなって工場生産が下降し，水質は一時回復した．これらの経過を，代表的な地点の生物化学的酸素要求量(biochemical oxygen demand : BOD)として図-4.6に示す．

終戦とともに，経済復興の波にのってBODは再び悪化の道をたどりはじめ，市内河川で最も汚濁の強い寝屋川下流の京橋では，昭和45年(1970)には年平均BODが約65 mg/Lに達した．また，平野川，平野川分水路でBODが200 mg/Lを超えることも少なくなかった．清浄な大川の河川水と合流して，堂島川では比

126 4章 開発と水環境

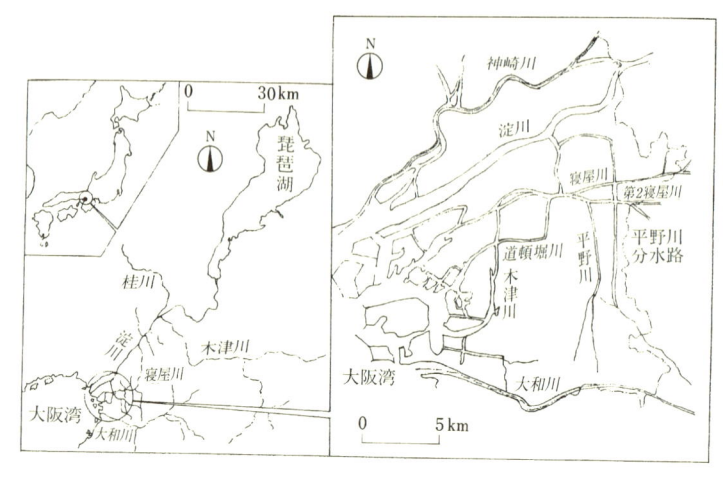

図-4.5 淀川水系および大阪市内河川図

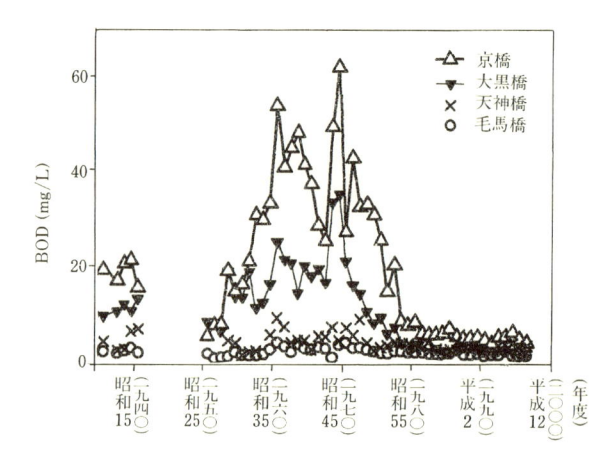

図-4.6 市内河川の主要地点の BOD 経年変化[15] ［土永恒彌作成(1998)］

較的清浄になるが，土佐堀川，道頓堀川は繁華街を流れるので，BOD 水質は約 30 mg/L という汚濁度となっていた．一方，神崎川は沿岸に製紙，染色，化学工場が多く存在してその排水を受け入れ，さらに上流の安威川，猪名川の汚濁水を受け入れて，黒く濁り，腐敗と悪臭のひどい河川となっていた．この頃には，年末年始に工場の稼働が停止され，工場排水の河川への流入がほとんど止まる状況になると，河川水質がかなり回復するという現象がみられた(**図-4.7**[15])．また，市内河川は感潮河川であり，当時は上流から正向に流下するときと，下流から海

水を含んで汚濁程度の低い河川水が塑上してくるときでは，水質は全く異なったものであった．

各種の対策が強化される1970年代に入って，寝屋川，神崎川，その他市内河川では浄化傾向がはっきりみられた．なかでも，神崎川では，工場排水対策や下水道対策，さらに工場跡地買上げや集団化事業が実施されて，著しく浄化効果が現れ，昭和49年(1974)には環境基準(BOD 10 mg/L)を達成するに至った．しかし，淀川では横這い状態で，大和川では依然悪化の傾向がやまなかった．

その後，淀川水域，市内河川においても，いずれも環境基準が達成され現

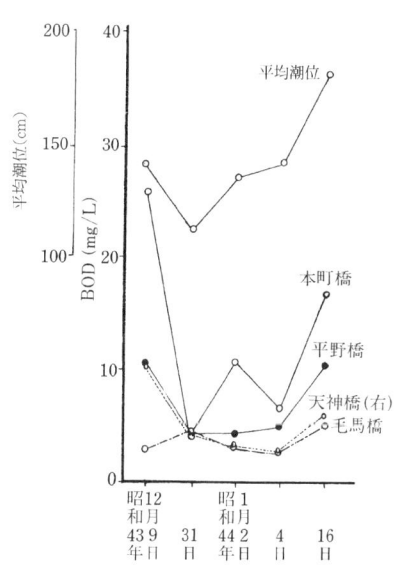

図-4.7 強汚濁時代の年末年始の市内河川水質変化［昭和43～44年(1968～69)］[15]

在に至っており，水質はかなり良好な状態にあるといえる．また，寝屋川水域でも，平成2年(1990)にはじめて環境基準を達成するに至った．一方，大和川は，いまだ水質が改善されない河川となっている．

(2) 水質汚濁対策の歴史

水質汚濁対策は，歴史的にみれば『公害対策基本法』，『水質汚濁防止法』の成立，クリーンウォータープランの制定が大きな転機であったといえる．内容的には①下水道整備，②工場排水対策，③その他底質汚泥の浚渫など，④調査と研究，の4本柱からなっていた．

戦後の河川水質汚濁対策は，『水質保全法』［昭和33年(1958)］，『工場排水法』［昭和32年(1957)］，『大阪府公害防止条例』［昭和26年(1951)］の3本柱で始まった．昭和43年(1968)の『公害対策基本法』［昭和45年(1970)改正］の成立，昭和46年(1971)の環境庁の設置を機に，環境基準が定められ，その基準達成のために『水質汚濁防止法』，『下水道法』，『海洋汚染防止法』などの水質汚濁関連法案も

整備拡充された．そして，『大阪府公害防止条例』の大改正が昭和46年に行われ，同年に「大阪地域公害防止計画」，昭和48年(1973)には「大阪府環境管理計画」，平成3年(1991)に「大阪府環境総合計画(STEP 21)」が定められた．

大阪市では，大阪市公害対策審議会の助言に基づき，「大阪市水域環境保全基本計画(クリーンウォータープラン)」[昭和48～56，58年(1973～1981，83)改定](図-4.8[16])，「大阪市環境管理計画(EPOC 21)」[平成3年(1991)]，「大阪市環境基本計画」[平成8年(1996)]が定められて，大阪市公害対策本部[昭和45年(1970)]と河川浄化対策本部[昭和49年(1974)]が設けられて，水辺環境整備も含めて各種の施策が講じられてきた．同プランの水質改善計画によれば，昭和51年(1976)に，BOD目標で寝屋川(京橋)32 mg/L，平野川分水路(天王田橋)45 mg/L，神崎川(辰巳橋)15.4 mg/Lなどで，現在の水準からすれば雲泥の差があるものであった．京橋地点での具体的対策と水質回復計画との関係は図-4.9[17]のようである．

大阪市の下水道は，明治27年(1894)に始まった．現在の下水道は，大正14年(1925)頃からさらに進展し，昭和15年(1940)には，津守，海老江下水処理場が完工した．昭和30年(1955)「第1次5箇年計画」から順次整備が進捗し，昭和30年に面積比17.1％の普及率であったものが，平成9年(1997)度末現在では12処理場で99.9％(人口比)，99.1％(面積比)となっている．

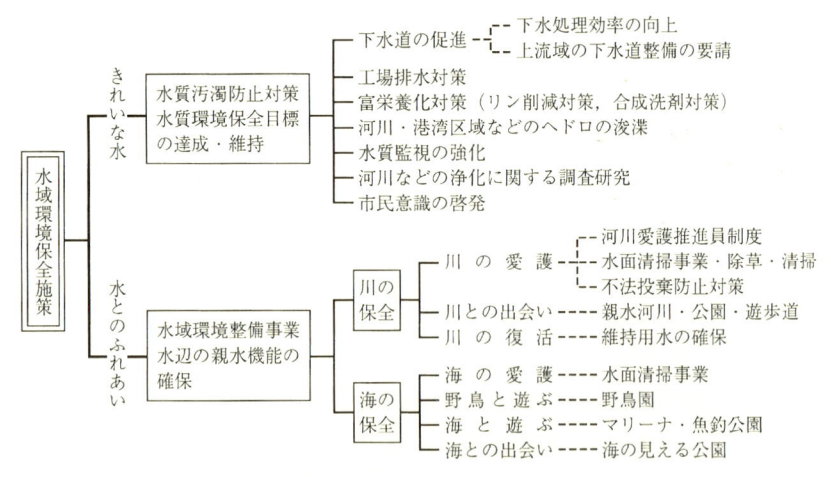

図-4.8 水域環境保全施策(クリーンウォータープラン '83)[16]

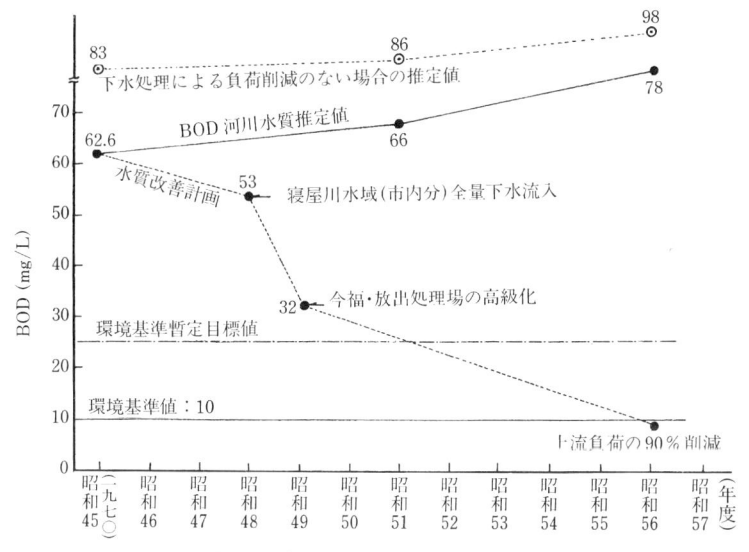

図-4.9 寝屋川京橋水質環境達成計画[17]

　大阪市では，公共水域への排出規制，下水道にかかわる工場排水規制，工場立入り指導などを実施するとともに，「公害防止設備資金融資制度」[昭和42年(1967)]を発足させ，さらに工場跡地盛土げ事業[昭和44年(1969)]や工場集団化事業を実施して工場排水対策をとった．

　昭和35年(1960)以来，河川，河口域では，航路維持あるいは環境保全のために底質汚泥の浚渫が行われてきた．そのほか，廃棄物処理法の精神に合わせて(財)大阪産業廃棄物処理公社[昭和46年(1971)]，続いて大阪湾広域臨時環境整備センター[(いわゆるフェニックス，昭和57年(1982)]が設立されて，大阪府下，大阪市の産業廃棄物，一般廃棄物の処理処分が行われている．

　大阪市内河川調査結果は，すでに明治44年(1911)，当大阪市立環境科学研究所初代所長らによって発表され，終戦直後から庄司，阪本，宇野，渡辺らによって調査が再開されている．その後，「環境庁水質調査指針」[昭和46年(1971)]および知事の定めた公共用水域の水質測定計画によるルーチン調査のほかに，汚濁河川のエアレーション浄化など数多くの調査研究が行われてきた．たとえば，昭和39年(1964)には，最も汚濁した河川沿いの住民約550世帯を対象に「河川汚濁が住民に及ぼす影響調査」という珍しいアンケート調査が行われ，河川悪臭など

による頭痛, 食欲不振, 腐食促進などの結果が出ている. [福永]

4.1.4 奈良盆地河川・大和川

(1) 大和川の水質と環境

　大和川は図-4.10に示すように, その最上流部を奈良盆地周辺の山地から発し, 奈良盆地を西流しながら, 生駒山地と金剛山地の切れ間の「亀の瀬」と呼ばれる渓谷部を通って大阪平野に入り, 石川などの諸河川と合流して大阪湾に注いでいる. 大和川の流域面積は1 070 km^2, 幹線流路延長68 kmで, 流域の人口は約200万人[18]である. 年間平均降水量は約1 400 mmと全国年間平均降水量約1 800 mmに比べて少なく[19], 河川流出量は多くない. 大和川流域は飛鳥・白鳳・天平の時

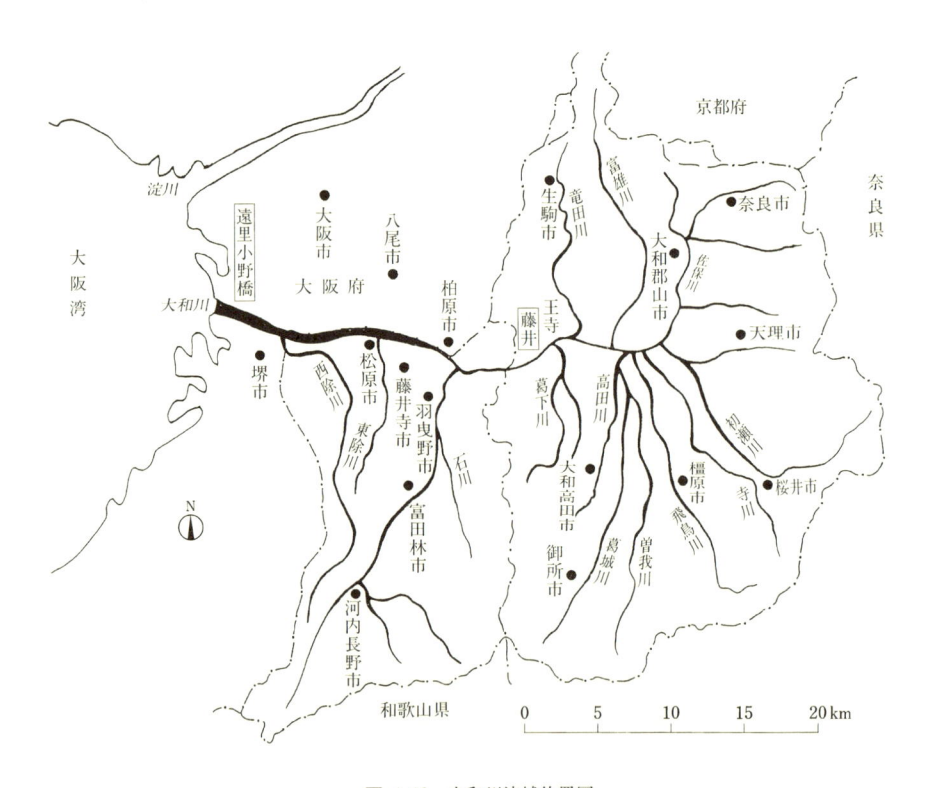

図-4.10　大和川流域位置図

代より人々が住み，古来より開発の始まった地域である．1960年代より高度経済成長の進展に伴って都市化が急激に進み，水質汚濁が社会問題となった．1965年には『水質保全法』による水域指定を，昭和45年(1970)9月には環境基準の水域類型指定を受けた．

大和川の水質環境の変化をみるために，図-4.11に奈良県最下流の藤井地点[20]，および大阪府最下流の遠里小野橋地点[20]の昭和46年(1971)からのBODの経年変化と藤井地点の河川流量[21]と奈良市の降雨量[19]を示した．2地点のBODは環境基準値を大きく上回っており，毎年国が発表する全国一級河川の汚濁河川ワースト5の上位にランクされている．昭和62年(1987)度までのBODは遠里小野橋地点が藤井地点を上回っていたが，昭和63年度以降は平成6年(1994)の渇水年を除き，逆転または同程度となっている．河川流量のBODへの影響は大きく，豊水年にはBODが小さく，渇水年にはBODが大きくなる傾向がある．大和川流域の人口も経済活動の指標である製造品出荷額も上昇傾向にある．一方，大和川の水質改善対策の基本となる下水道整備も年々進み，平成3年(1991)度には50％を超えた．しかし，藤井地点の水質の変化をみると，長期的にはわずかながら改善の兆候にあるものの，依然としてBOD 10 mg/L前後と厳しい状況にある．［斎藤］

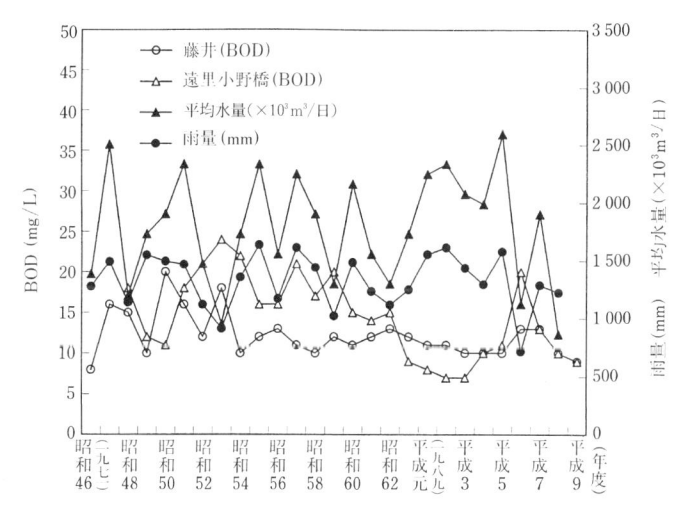

図-4.11 大和川の水質(BOD年平均値)および平均水量の経年変化

(2) 石川の水質と環境

　水質汚染の原因をより詳細に解明するために，水質と土地利用との関係や汚染物質の起源を解明する研究が，大和川の支流の石川流域で土木学会水理委員会と建設省近畿地方建設局大和川事務所との共同プロジェクトで行われた[23),24)]．この研究の課題は「物質トレーサによる水循環調査の新たな手法の開発」で，環境同位体を用いた新しい試みが行われた．同位体は，同じ元素（原子番号は同じ）であるが重さ（原子量）が異なる原子を意味し，同位体比は各元素ごとの原子の存在割合を表したものである．同位体元素は同一元素であるので，化学的な挙動は同一であるが，重さが異なるため，反応速度などの物理的な挙動に差がみられる．そのために，地球上に存在する各同位体元素の存在比は，場所や物質によって異なる．水素，酸素，窒素には重さの異なる ^1H と $^2H (D)$，^{16}O と ^{18}O，^{14}N と ^{15}N の同位体が存在し，その割合（δD，$\delta^{18}O$，$\delta^{15}N$）は，次式のように示される．

$$\delta D,\ \delta^{18}O,\ \delta^{15}N = [(R_{sample}/R_{standard})-1] \times 1\,000 \qquad (1)$$

ここで，R は D と ^1H，^{18}O と ^{16}O，^{15}N と ^{14}N の比であり，R_{sample} は対象試水，$R_{standard}$ は標準物質の同位体比である．

　河川水や地下水の溶存成分にはさまざまな起源の物質が混入している．とくに，土地利用形態が多様に変化する場合には，流域の河川水や地下水に含まれる汚染物質は，異なる起源に由来することが考えられる．ここでは，河川水や地下水に含まれている酸素，水素，窒素の同位体比について調べた結果を中心に報告する．

　図-4.12に示すように，石川下流部の平野部で宅地化が進み，上流部の山地では針葉樹を主体とした森林地域が広範囲に保存されている．平野部でも山地周辺部では水田や畑地が広く分布している．図中の数字は，窒素同位体比を示している．窒素同位体比は大気中の窒素ガスが0‰で，森林土壌や降水で負の値を示す．また，無機肥料で約0‰，有機肥料で3～15‰，生活排水で8～18‰と，土地利用条件によって変化する．図-4.12では，森林地帯では同位体比は3‰以下と低く，水田，畑地，住宅地で同位体比が3～10‰以上で，とくに，住宅地では10‰以上になっている．この結果は，石川流域の窒素同位体比は土地利用によって変化しており，窒素の起源が場所によって変化することを反映しているものと考えられる．

　図-4.13にヘキサダイヤグラムを示す[23)]．全体として地下水の溶存イオン量は

図-4.12 石川調査地点図

注）図中の数字は窒素同位体比 (‰).

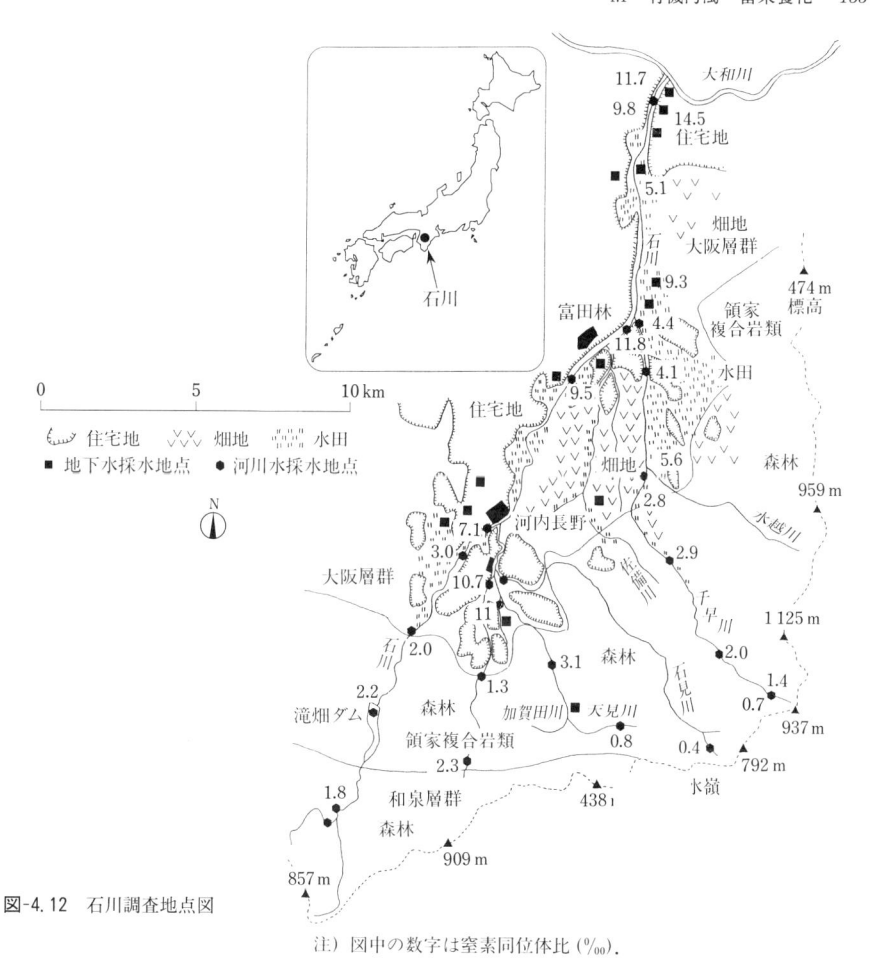

河川水に比べて高く，とくに，重炭酸イオン，ナトリウムイオン，カルシウムイオン濃度が高いことがわかる．河川水は上流部で溶存イオン量が少なく，下流部ほど多くなり，周囲の地下水に組成が近くなるものもある．とくに，大和川合流付近の地下水は河川水の組成とよく似ている．

図-4.14に地下水の起源を考えるために，酸素と水素の同位体比の関係を示す[24]．地下水と河川水の同位体比は，ほぼ降水直線上 ($\delta D = 8 \delta\ ^{18}O + 10$) にあり，降水起源と考えられる．降水中の酸素同位体比は降水温度によって変化する．一般に降水時の温度が0.5℃上昇すると，酸素同位体比も1‰増加する．また，

図-4.13
石川流域における環境水中の溶存イオンのヘキサダイヤグラム

注) ヘキサダイヤグラム中央に丸印があるものは地下水, ないものは河川水.

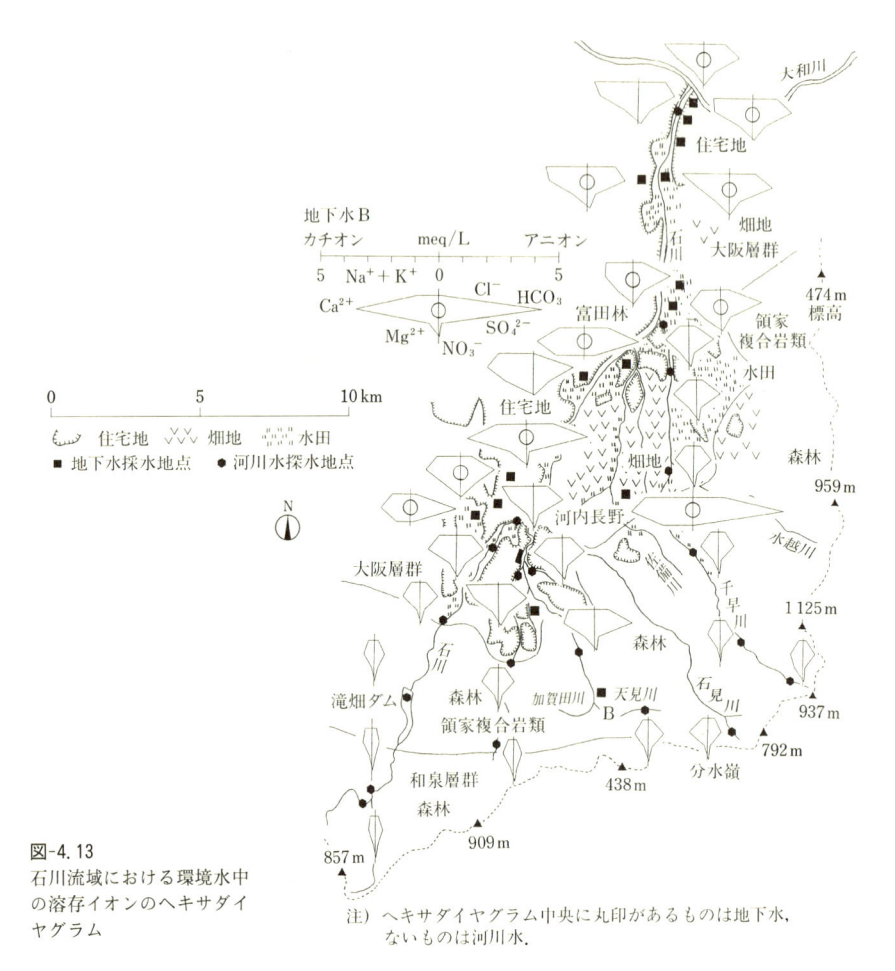

降水中の酸素同位体比は降水地点の標高が高くなるほど小さくなるので, 河川水の酸素同位体比と採水地点の標高にも相関があることが知られている. そこで, 河川水や地下水の酸素同位体比と採水地点の標高の関係を図-4.15に示す[24]. いずれの場合も採水地点の標高が高い場合ほど, 酸素の同位体比は小さくなっており, 標高効果がみられる. しかしながら, 冬の採水時[平成9年(1997)2月と平成10年(1998)1月]と夏の採水時(平成9年7月)の同位体比を比較すると, 夏と冬の気温の差があるのにもかかわらず, 夏場の同位体比が高く, 冬場の同位体比が低くなる明瞭な傾向はみられない. したがって, 河川水では, 降水の酸素同位

図-4.14
δDとδ^{18}O(‰)の関係

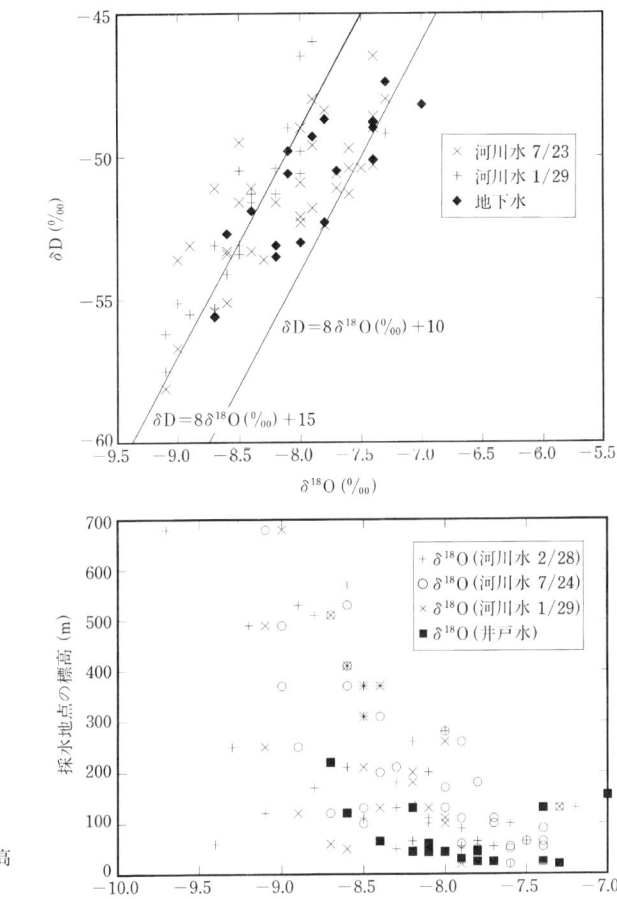

$$\delta D = 8\delta^{18}O(‰) + 10$$
$$\delta D = 8\delta^{18}O(‰) + 15$$

図-4.15
δ^{18}O(‰)と採水地点の標高との関係

体比の季節変化が消滅するように平均化した水が流れていると考えられる．地下水の標高を採水地点の地表面の標高で示すと，石川下流の酸素の同位体比が −8‰よりも大きい場合には，地下水の酸素同位体比はほぼその地域(標高)の河川水の同位体比に近く，それよりも上流にある地下水の酸素同位体比は，その地点の標高よりも高い位置にある河川水の同位体比と一致している．河川水の起源が河川水であるとすれば，下流ではその付近の河川水が，上流では 100～200 m ほど高い位置にある河川水が主な起源と考えられる．

　石川流域の水質と土地利用・地質条件との関係を図-4.16に示す[23]．森林地域

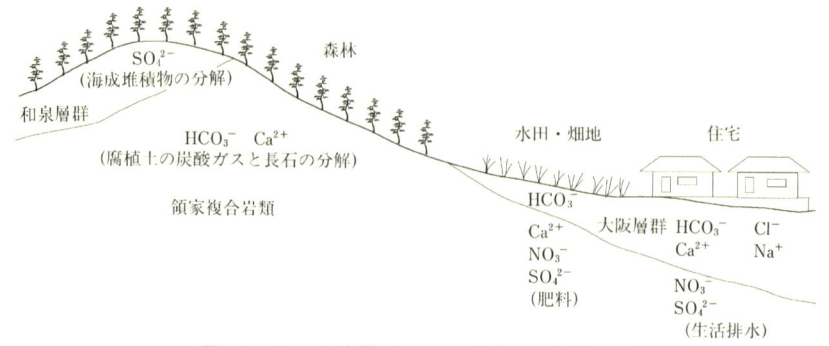

図-4.16 石川の水質と土地利用・地質条件との関係

の和泉層群の河川水は，領家複合岩類に比べて溶存イオン濃度は低いが，硫酸イオン濃度が高く，一方，同じ森林地域の領家複合岩類の河川水は，重炭酸イオン，カルシウムイオン濃度が高いことが特徴的であった．上流部に比べて中流部の水田・畑地では重炭酸イオン，カルシウムイオン，硝酸イオン，硫酸イオン濃度が増加し，中流から下流部の住宅地では，さらに塩素イオン，ナトリウムイオンの増加もみられた．畑地・水田では肥料中に窒素や硫黄が含まれており，また，肥料が酸性を呈する場合に中和剤として石灰などが土壌に施用されるため，農地からの排水は，重炭酸イオン，カルシウムイオン，硝酸イオン，硫酸イオンに富んでいることが知られている．また，生活排水には，さまざまな有機物や無機物が含まれている．したがって，中流部の水田・畑地では肥料による影響で，中流から下流部の住宅地では生活排水の影響で，これらのイオンが河川水で増えたものと考えられる．［井伊］

4.1.5 生態系に現れた近畿の河川の変遷

（1） 近畿地方の河川の特徴

近畿の川は，そのどれもひとつひとつの水系が似ているものはない．六甲山系から流れ出す小さな川でも，名前が違うようにおのおのが独特の個性をもつ．同じ大阪湾に注ぐ生駒山系に源を発する川もそれぞれが特徴をもっている．日本海に注ぐ北に流れる川でも，円山川から九頭竜川まで川の顔が違う．

基質が違えば，その川の水の中に生活する水生生物が関わる生態系も違った営

みをもつ．内陸部の河川で琵琶湖に注ぐ川は104河川あるが，その，ひとつひとつが微妙に異なっている．このことが琵琶湖の生物種の多様性を生み，近畿地方の川の生物相の多様性につながり，さらに人の生活文化にまで影響を及ぼしているはずである．

ほんのちょっと歩いて行けばそこに異なった自然がある．その実感が毎日の生活文化に与えている影響の大きさは計り知れない．地下鉄が陸上にでていくときの窓から入るかすかな外の空気の違い．バスに乗って丸太町をすぎるあたりからの雪の積もり具合の変化．半島をまわっただけで風の音まで違うのが琵琶湖であり，それが近畿の風土の特性である．

その小さな違いが人の生活様式の多様性に具現されているのではないか．こんな情報化された時代になっても，近畿はスバルだといえる風土が存在している．風土の軸に川があり，軸となっている川が多様な文化を支えているように思う．

これまでたくさんの川をみてきてその生物相を分析してきた結果から，地理的には，川が大きい流域をもち流程が長いこと，川の位置が赤道の近いところにあることなどが大きな理由で，生物の種も生態系も多様性が大きくなる．すなわち流域が大きく熱帯に位置しているアマゾン川が世界で一番種の多様性が大きい．ナイル川やミシシッピー川は幹線の長さではアマゾン川と互角だが，アマゾン川のように多様な環境ではない．またミシシッピー川とナイル川を比べると，河口の水温が高いミシシッピーの方にやや種の組成の優位性がみられる．

日本の川で比較すると，先の大前提のほか，河口が南にあり，高い山を源流にもつことも多様性が大きくなる要因になる．日本海側に河口のある山陰，北陸，東北の川は太平洋側に注ぐ中国，近畿，関東の川に比べて，種組成の優位性が劣る．近畿ではいちばん生物相が多様なのは淀川水系で，紀ノ川，揖保川，加古川が続くが，これは淀川には琵琶湖があるという特殊性で，前述の平均化した一般論にはあてはまらない．

近畿の川の流域における人口密度の差は大きい．人がたくさん住むようになった都市の水域は，人の数が少ない山間地の水域と何が違い，そのことが生物の上にどのような影響を及ぼしているか．水の量とか汚濁の程度は，都市だからと限定して論じられるほど共通の現象ではない．日本だけでなく世界中で，川畔に人が住み，水があれば産業を起こし，川そのものを産業の拠点としているからである

る．人の数の少ない山間地が，水の量が豊かであり，生物学的水質が清冽であるとはいいがたくなってきているのが現状である．

　何が都市の川と人口の少ない地域の川との差になるのかを考えたとき，人による川の利用の様式にあるのではないかということを，生物相を調べてひとつの結論として得た．多くの人が川畔に住むということは，水域と陸域をはっきりさせる結果になった．人がたくさん住むということは，陸域と水域を区分することであり，水際をつくることだった．自然であるということは，陸域と水域がはっきり分かれていない，行ったり来たりのあいまいな部分，いわゆる日本語の水辺があることだ．水辺には植物が生え，そのことが水と陸をより一層区分けしない，いい加減な場所をつくっている．湿地であり，入湾であり，流れとは異なった水が遊ぶところがそこにある．都市の川はこの水辺がなくなり，水際ができた．水辺という場所は，陸から水へ，水から陸への移行帯であり，日本では多くの淡水魚や底生動物が休み，産卵し，仔魚や幼生の育つところである．そのような水辺を，都市では埋め立ててしまい，水際にしてしまった．

　淀川は琵琶湖に依存し，川の水量だけは日本のどの河川よりも安定していたが，流域人口の密度がいちばん大きい川だけに，水質の悪化はひどいものだった．それにもかかわらず生物相が豊かなのは，生物の生息する場としての川の有り様が，歴史的にどこよりも保全されてきたということだろう．広大な水辺を残した淀川の有り様に，訪れる外国の生態学者たちは歓声をあげるが，淀川の水辺の保全が，日本の河川の保全目標になってきたことはあまり知られていない．

　淀川では，こんなに環境が脚光を浴びないずっと前から，治水や利水のための護岸工事でも，水際にしてしまうのではなく水辺を造成し，生態系の復元力に注目してきた．ちょっとした洪水で冠水する高水敷も，淀川の生物の保全にどれほど寄与したかわからない．生物が生息する環境を保全してきたことで，結果的には淀川の水質の悪化を防げたようにも思える．

　淀川は近畿のどの河川よりも水質悪化が表面化した時期が早い．昭和30年（1955）には水道の取水が懸念されるようなこともあった．『水質汚濁防止法』を生み，下水道の整備が進んだが，淀川の河床がのぞけるようになったのは昭和50年（1975）から昭和55年（1980）にかけてで，改善の兆しは日本のどこの川よりも早かった．上流の琵琶湖の汚濁はどんどん悪化していたのに，下流の淀川が改善

されていったのは，京都，大阪の水質に対する関心の度合いの高さと，水質汚濁対策への取組みが的を得ていたということだろう．

(2) 河川と生き物

淀川へ侵入してきた外来種に，カワヒバリガイというイガイやムールカイに似た二枚貝がある．悪化した水質が改善されていくとき，在来種の回復の隙間をぬって外来種が入り込む．ブラックバスやブルーギルも，環境の改変があって在来種が減少したり，逃亡したりしたところに入り込んでくる．外来種が勢力をのばすか，在来種の回復力が大きいかどうかは，その新しくできた環境にどちらの種が適していたかであり，勢力をのばすのに勝つかどうかは，河床環境が多様かどうかで決まる．多様であれば在来種，多様でなければ外来種が勢力を広げる．

在来種が回復するということは，外来種にとって棲みにくい環境になっていくということが多いから，環境が多様化することで外来種の増加を避けることができる．日本の川に棲息する淡水魚は180種ぐらいである．河口の海水の混じるところに棲息するまで含めるともう少し増えるが，180種というのが研究者の一致した見解である．そのなかで北海道だけに棲息する魚や沖縄にだけ棲息するという魚の分布域が限られるものなど，地域をとくに限定したものや，琵琶湖などのように大きく深い湖しか棲息できないという固有種を除くと，だいたい80種ぐらいが残る．

いい換えれば，この80種は日本のどこの川に棲息しても不思議ではない種の数であり，かつて人が自然に大きな改変を試みなかった頃には棲息していたはずの生物である．淡水魚は海を伝わったり，また，陸上を行き来できないから，人が運んで分布域を広げない限り，何かの原因でその川から消滅したら，二度とそこにはいないからである．この80種の中には，明治以降侵入してきた外来種も含めてあり，そのことに限れば，日本の川にこれぐらいは棲んでいてもおかしくないだろうという推定した数字である．

この数字をもとに，日本中の川の魚がどのような状態であるのかを，淡水生物研究所では，生物の生活様式の解析として「生物の生活の指標性(MHFMJ)」という手法を開発して分析してた(図-4.17, 4.18[25])．

魚をとりまく環境は，その地域における人の文化の結果であるといえるから，

140 4章 開発と水環境

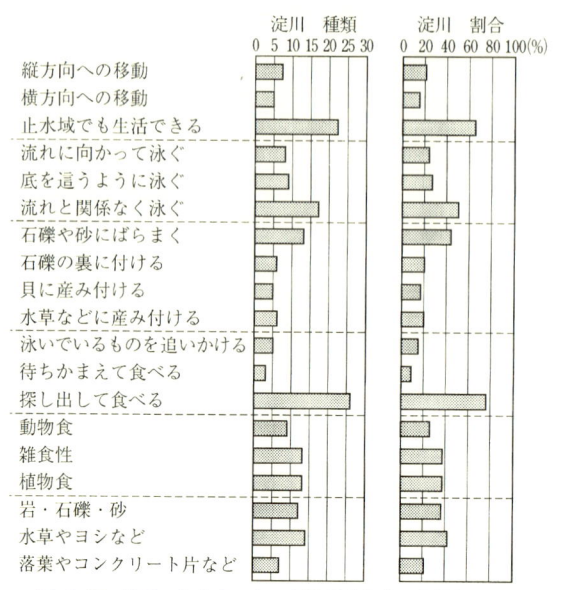

図-4.17 淀川に生息する魚の行動様式(M)，食性(F)，生息場所(H)の種数とその割合

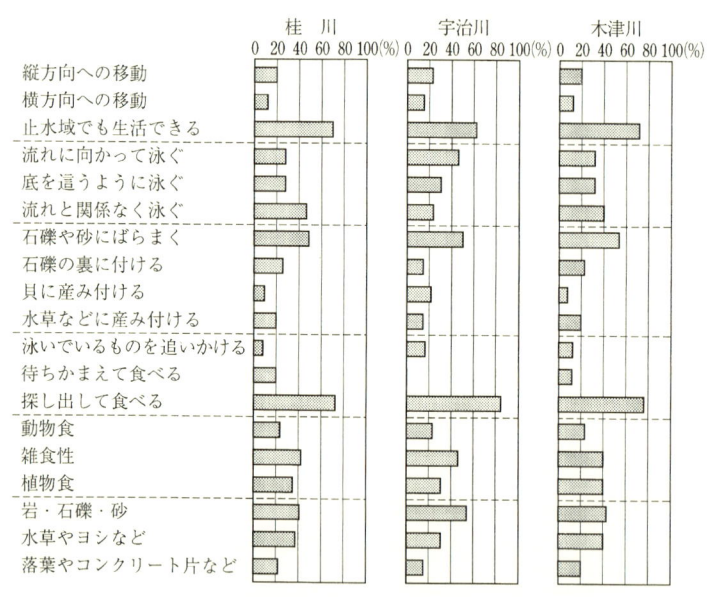

図-4.18 淀川に合流する三川(桂川・宇治川・木津川)に生息する魚の行動様式(M)，食性(F)，生息場所(H)の種数の割合

どんな生活をするタイプの魚が棲息しているかによって，その地域の人が川とどのように付き合ってきたかわかる．地域性のあるものも含めた日本における180種の淡水魚の生活型を区分してみると，河口から上流の山へ向かって移動する回遊魚，川の本川から支川や池沼を行き来している種，あまり動かないで一年中同じような場所にいる種の3つの行動様式がある（表-4.1）．

表-4.1 日本の河川別魚類の生活様式の種類数の割合

	行　　動　　様　　式									生　息　場　所			
	移動について			流れとの関係			産卵場所や産卵行動				産卵期 *		
	大きく移動しない	縦方向への移動	横方向への移動	底を這うように泳ぐ	流れと関係なく泳ぐ	流れに向かって泳ぐ	石礫や砂にばらまく	石礫の裏に付ける	水草などに産み付ける	他の生物が関わる	産卵期 春	産卵期 夏	産卵期 秋	産卵期 冬
日本全域	47	20	33	38	29	33	42	19	24	15	62	27	9	2
近畿	47	23	30	41	23	37	43	19	27	12	63	28	7	3
新宮川	60	32	8	54	15	31	44	32	24	0	64	27	6	3
大和川	58	17	25	33	33	33	43	14	38	5	70	26	4	0
淀川水系														
淀川	54	11	34	29	35	35	37	20	23	20	64	34	2	0
猪名川	50	5	45	27	27	45	48	17	17	17	70	30	0	0
木津川	55	14	31	36	25	39	46	18	25	11	68	30	3	0
揖保川	56	11	33	41	24	35	43	19	32	5	71	25	4	0
円山川	52	24	24	40	21	40	42	21	28	9	65	25	7	4
由良川	46	20	34	44	25	31	35	27	24	14	66	30	2	2
北川	49	24	27	43	14	43	39	26	21	13	64	21	13	2
九頭竜川	43	26	31	47	16	37	42	18	23	10	66	22	10	2

注）数値は%

川を河口から山間地へ移動する回遊魚が縦型の移動とすると，本川から支川，池沼への移動は横型の移動といえる．あまり動かないのは定着型といえる．縦型，横型，定着型がほぼ4：2：3の割合で棲息する．水辺がなくなり水際になった川では，横型がいちばん先にいなくなり，次に定着型も少なくなる．なぜなら，この両型は生活史のどこかで水辺が必要だからである．縦型は残るが都市の川では堰やそのほかの構造物が彼らの行動を阻害するから，たとえ水質が清冽であっても，棲息できる魚の種が限られる．そして，増えるのが外来種のブラックバスやブルーギルで，たとえ人が移入しなくても両種は水系鳥類について広がっていく．

(3) 生態系の復元に向けて

　日本の川における生態系の復元には，まず，都市の水域の生態系を持続可能な復元力のある生態系にすることであり，そのためには都市域での水辺の復元しかない．水辺の復元は，水際のはっきりした川の中に水辺をつくることである．要は，水位の変動する場所があり，新しい砂が流れてくる場所が確保されることである．これまでのように砂の流れない，水位を一定に保つことではいけないようだ．持続可能な開発をするためには，生物の多様性が保全されることであり，水系全体を考慮した発想に転換しなければならない．

　環境と開発は表裏一体のものである．水域の生物環境の問題は，オゾン層の破壊や温暖化などの具体的な問題ではなく，すべての活動の中心に環境があるという認識が育っていかなければ解決しないだろう．産業も農業も経済もすべての基本に環境問題がある．自然をあるがまま守ることだけを声高らかに謳うよりも，時間をかけて文化を醸成していく視点が淀川を育ててきたと思う．

　生態学は，何でもかんでも面白くすることにある多様性の学問である．なわばり，社会，配偶システム，適応度，生活史，進化，あらゆることをである．生物相互は調和でなく厳しい競争の世界に生きているという認識，こんなことが面白いのではなく，こんなことを面白いと思ってやっている人の息づかいが伝わってくる，そのことに感動するのであり，人間の生き方の多様性を展開するもとになっている認識の学問かもしれない．カゲロウの棲み分けや社会構造が面白いわけではなく，カゲロウのような誰も注目しない小さな虫から人間社会にフィードバックするという手法を活用した，今西錦司先生の生き方そのものが面白く，それが伝わってくるような説得力に感動する．

　自然界は熾烈な競争を重ねている生物たちのエネルギーの束の間の平衡にある，という認識が新たな発見につながり，それに関わる人たちの知恵と面白さをよぶ．近畿の文化の多様性が，生態学というフィールド学を近畿に温存してきたようだ．自然をみる目の確かな視点を，人の目線でなく生物の目線でとらえ表現することで，生物がふつうに生活できる場を残し，保全してきたのだろう．　［森下］

4.2 化学物質汚染

4.2.1 農薬汚染

(1) 淀川水系

農薬は，農作物などの生産，公衆衛生，景観の維持にとって不可欠な薬剤である．しかし一方で，環境への流出量の多さや生理活性(毒性)の高さのために，水棲生物の斃死事故，河川・湖沼の汚染を引き起こしてきた経緯があり，また発ガンなど慢性的な健康影響への懸念も指摘されるに至っている．このような農薬汚染に対する社会的関心の高さを背景として，人や生態系に悪影響を与えないような農薬の開発やより安全な使用法の模索が繰り返されるとともに，主に環境モニタリングによる継続的な汚染実態の把握が行われてきた．ここでは，関西地方の代表的な水源である淀川水系をフィールドとした環境モニタリングの成果に基づいて，ヘキサクロロシクロヘキサン(hexachlorocyclohexane : HCH または benzene hexachloride : BHC)汚染の経年的推移，および農薬汚染の現状として，近年河川水中から検出される農薬の種類と濃度変動の規則性について概説する．

a. HCH 汚染の経年的推移 残留性と生物蓄積性の高さを特徴とする有機塩素系農薬のひとつ HCH は昭和 46 年(1971)に農薬登録を失効し，使用禁止の措置がとられた．淀川水系では昭和 49 年(1974)から継続的な実態調査が行われている[26),27)]．流域内に農薬として散布され，主に α, β, γ, δ といった異性体を含む工業用純度の製剤であり，環境中からもこれらの異性体として検出される．

淀川水系の HCH 汚染の特徴として異性体間の濃度組成がある．通常，環境水中からは，原体中の組成と各異性体の物性を反映して，$\alpha > \gamma > \beta > \delta$ の順が一般的である．しかし，淀川水系の本流では $\beta > \alpha > \gamma > \delta$ の順で検出され，β-HCH 優占の組成は大阪湾まで達している．

総 HCH(各異性体濃度の和，ΣHCH_s)および個々の異性体について，河川水中濃度の経年的推移を図-4.19 に示した．観測地点は淀川下流の毛馬橋地点である．ΣHCH_a は，夏に高く冬に低い季節変動を繰り返しながら確実に低下して

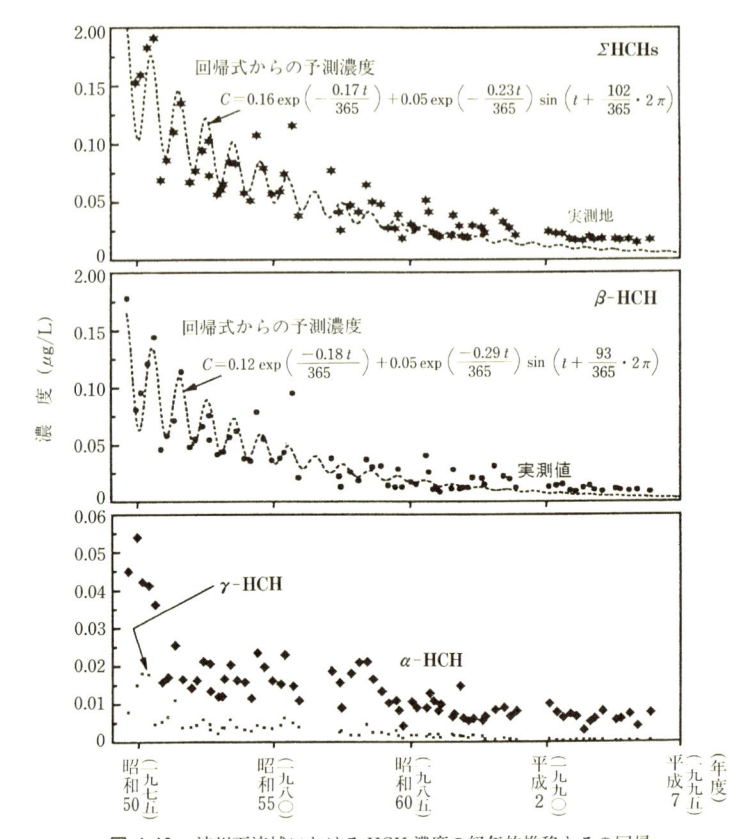

図-4.19 淀川下流域におけるHCH濃度の経年的推移とその回帰

きた．しかし，低下の速度は異性体間で差があり，αとγはβ-HCHに比較して遅く，季節変動の規則性も不明瞭である．一般的には，農薬の新たな投入がなくなれば，環境中の濃度は指数関数的に低下する．もし，散布土壌中にある程度の残存があれば，耕作活動や降雨によって濃度は上昇する．したがって，HCH濃度の推移は次式で説明できるはずである．

$$C = ae^{-k_1 \cdot t} + be^{-k_2 \cdot t} \cdot \sin(t+\varepsilon)$$

ここで，C：濃度(μg/L)，a：初期濃度(μg/L)，b：初期年間変動幅，k_1およびk_2：速度，ε：位相差(うるう年の調整係数)，t：時間[昭和49年(1974)8月1日からの経過日数で示す]であり，第1項は経年的推移，第2項は季節変動を表現する．

図中に示したように，ΣHCH_s とその主な構成成分である β-HCH についてはよい一致がみられた．これは河川水中の β-HCH 濃度が水田土壌と底泥からの溶出で決まることを示す．一方，α と γ-HCH についても同様の回帰を試みたが，この式では説明できなかった．ΣHCH_s で得られた k 値を用いて，すなわち供給源が水田と底泥にあると仮定して現在の α-HCH の濃度を算出すると 0.0027 μg/L となり，この値は現状の濃度の 2 分の 1 程度である．したがって，大まかに見積って残余の半量は，ほかの供給源からの負荷とみられ，おそらく全地球的な長距離輸送による大気からの負荷が影響しているものと考えられる．

b. **農薬汚染の現状**　現在，淀川流域に年間 10 t を超える量で流通している農薬は 50 種程度とみられ，殺虫剤，殺菌剤，除草剤などとして使用されている[28]．近年，農薬を効率的に高感度で検出できるガスクロマトグラフ／質量分析計（GC／MS）の普及によって，多様な農薬の汚染実態がかなり詳細に把握できるようになった．1990 年代に入って淀川水系の河川水中から検出された主要な農薬の種類を表-4.2 に示している．これらの農薬の大部分は水稲栽培時に施用されている．検出頻度と濃度レベルが比較的高い農薬は 30 種程度であり，なかには分解産物や酸化物として存在する農薬もある．化学構造的には，チオアルキル基の硫黄原子に酸素がそれぞれ 1，2 個付加したスルフォキシドとスルフォン態が多く，モリネートのようにヘキサメチレン環の炭素に酸素が付加してケト態が生じることもある．

① **濃度変動の規則性**　一般の工業的用途の化学物質と異なって，農薬の使用は年間の限られた時期に集中することから，河川・湖沼における農薬濃度

表-4.2　淀川水系から検出される主要農薬の種類

用　途	農　薬　名
殺虫剤	クロルピリフォス，ジサルフォトン，フェニトロチオン，フェノブカルブ，フェンチオン，イソプロカルブ
殺菌剤	クロロネブ，ダイアジノン，ジクロルボス，フルトラニル，フサライド，イプロベンフォス，イソプロチオラン，メプロニル，ピロキロン
除草剤	アトラジン，ブロモブチド，ブタクロール，ジメピペレート，ジメタメトリン，エスプロカルブ，メフェナセット，モリネート，オキサジアゾン，プレチラクロル，シマジン，シメトリン，テルブカルブ，チオベンカルブ
分解物	ブロモブチドデブロモ，カルボフラン，ジサルフォトンスルフォン，フェンチオンスルフォン，フェンチオンスルフォキシド，イソプロチオランスルフォキシド，ケトモリネート

は使用実態に応じて明瞭に変化する[29),30)]．

図-4.20は平成8年(1996)5～9月にかけて週1回の頻度で観測した結果であり，黒丸は淀川水系上流域(三重県上野市)，白丸は下流域(大阪市)の地点である[30)]．観測をはじめた時期は5月上旬であるが，すでにカルボスルファンやベンフラカルブの分解産物と考えられるカルボフランおよびプレチラクロル，チオベンカルブ，メフェナセットの初期除草剤が検出され，5月初旬から中旬にかけて濃度のピークが現れている．その後，中期除草剤のモリネートとシメトリン，イネミズゾウムシ幼虫駆除用の殺虫剤フェノブカルブが検出されはじめ，6月初旬から中旬の濃度ピークを経て，下旬には検出できないレベルまで低下している．6月中旬にはイプロベンフォス，ピロキロン，イソプロチオランといったイモチ病予防の殺菌剤が出現し，7月中旬から8月中旬にかけて高濃度で推移する．併せて，7月初旬には紋枯病予防の殺菌剤フルトラニル，ウンカやヨコバイ類などの害虫駆除を目的としたダイアジノンなど殺虫剤が検出される．これらの農薬濃度は9月中旬には検出限界レベルに低下する．

このように，水田表土の耕起，育苗時の除草と土壌処理にはじまり，移植期の水田雑草防除，ヒエ類などの中期除草から病害虫防除へと農薬は規則的に出現しており，水稲栽培の作業工程とよく一致している．個々の農薬の河川水中での持続期間は，短いもので1～2週間，長くなると3～4箇月に及び，稲作の初期に散布される除草剤で短く，後期の殺菌剤や除草剤で長い傾向が認められる．また，ピロキロンのように葉イモチと穂イモチの両方に適用されたり，繰り返し散布される殺虫剤も比較的長期にわたって検出される．

ところで，淀川水系の流域には水田だけでなく，山林，野菜や茶畑といった畑地，ゴルフ場，住宅地が分布し，京都や大津市の都市も存在するが，河川水中から検出される農薬は水田を起源とするものがほとんどであり，水田散布農薬の量的な多さと流出率の高さを物語っている．しかし，図-4.20のダイアジノンのように上流と下流域の濃度差が小さかったり逆転する場合があり，ジクロルボス，フェニトロチオンなどの殺虫剤にも同じ傾向がみられる場合がある．これは，農産物栽培以外の目的，たとえば衛生害虫防除やシロアリ駆除などへの使用に起因しており，都市・住宅域が流出源となって

4.2 化学物質汚染　147

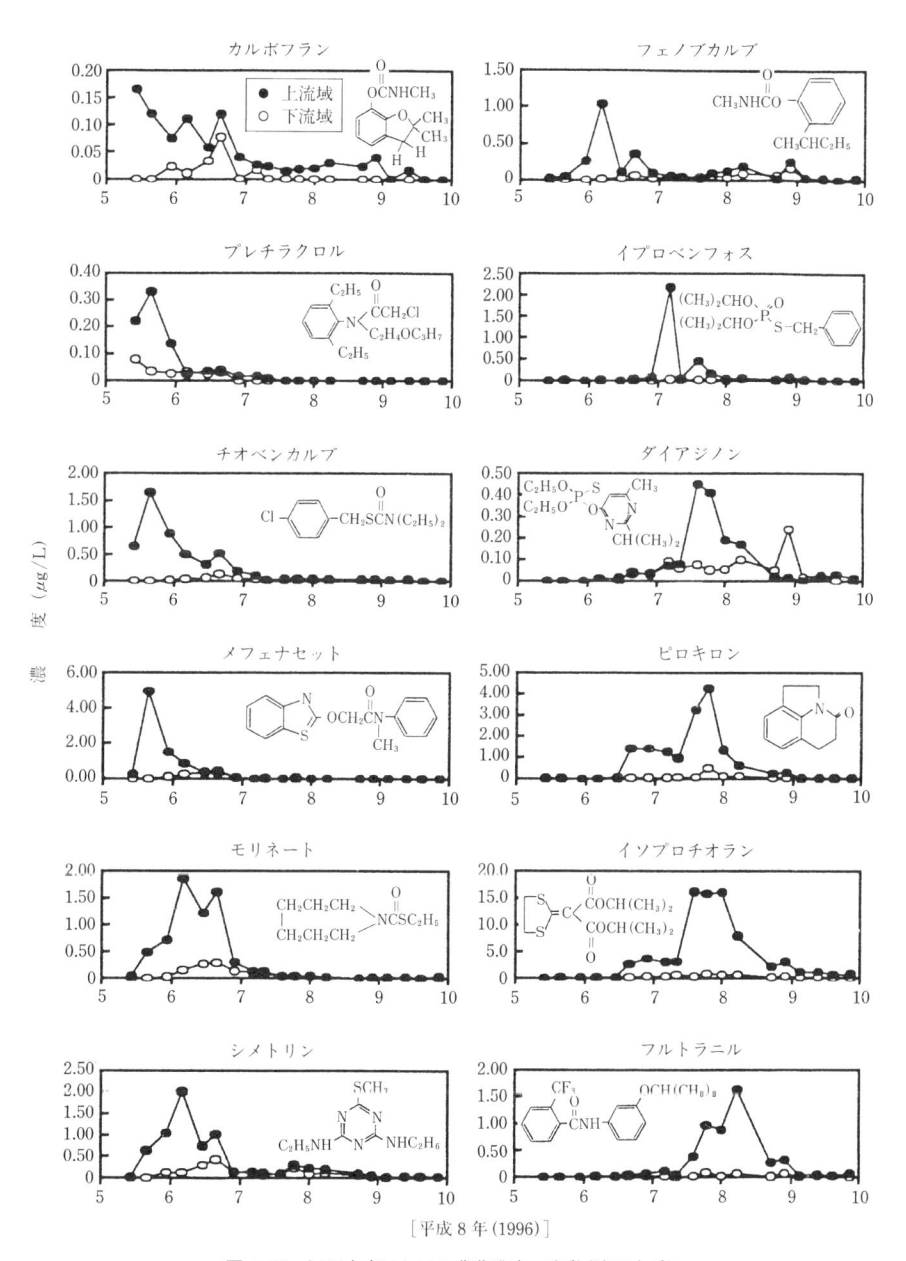

[平成 8 年 (1996)]

図-4.20　河川水中における農薬濃度の変動（淀川水系）

いる．流出源が都市や住宅域にある場合，濃度変動は不規則で微量ながら年間を通じて検出され続けるなど，水田起源の農薬とは明らかに異なった変動を示す．

② 農薬の使用規制に伴う変化　殺虫剤には過去 20 年以上使用され続け，河川水中から毎年検出されるものが多いが，殺菌剤と除草剤の検出状況はかなり変化している．ゴルフ場，公園，住宅地などの非農耕地用除草剤として使われ，河川水中から高い頻度で検出され続けていたシマジンは，その濃度が急減し，今ではほとんど検出されない状況となっている．同様に，代表的な除草剤として使用され，水系への流出も目立っていたクロルニトロフェンも淀川水系ではほぼ完全に消えている．このような濃度と検出頻度の低下は使用規制の効果といえる．平成 6 年(1994)にクロルニトロフェンは農薬登録を失効し，シマジンは水質汚濁性農薬に指定されて，実質的な使用禁止措置がとられた．また，チオベンカルブ，イソプロチオラン，イプロベンフォスのように平成 4 年(1992)の『水道法』水質基準と平成 5 年(1993)の水質環境基準の改正で基準値・指針値が設定された農薬には，濃度が漸減しているものが多い．逆に，殺菌剤のプロベナゾール，ピロキロン，除草剤のブロモブチド，エスプロカルブ，メフェナセット，プレチラクロルなどは検出頻度と濃度の漸増傾向が認められる．　[福島・奥村]

(2)　近畿のゴルフ場

ゴルフ場から環境への農薬流出を低減し，環境へのリスクを抑えるため，農薬流出の要因を把握することは重要である．ゴルフ場からの農薬流出による河川への負荷について，標準的な規模，管理状態にある近畿地方のゴルフ場を対象とした農薬流出モニタリング，および農薬流出モデル適用の結果について概説する．

a.　**農薬流出モニタリング**　ゴルフ場における農薬の物質収支を明らかにするためには，大気への蒸発，土壌吸着，表面流出などについて大気，土壌中の挙動なども含めた総合的な解析が必要となる．ゴルフ場農薬の流出実態を調査し，降雨量，散布量などの要因とともに，流出濃度の変動を解析した結果，散布直後の降雨強度，調整池体積，地形などが流出率を規定する要因となることが報告されている[31]．近畿地方の標準的な規模，管理状態にあるゴルフ場において排水路が

整備された試験グリーンでの農薬散布後の降雨時流出状況をモニタリングした．同じゴルフ場で，平成3年5月より平成6年10月までの3年半の期間，調整池からの長期的な農薬流出状況をモニタリングした例を紹介する．

平成4年の場合を例として，降雨量および調整池水中のシマジン濃度と農薬散布量の変化を図-4.21に示す．農薬散布直後の降雨により，グリーンなどから調整池に流出した．農薬散布量と流出係数（雨1mm当たりの流出割合）から計算された流出量は，調整池の水中濃度の変化量とほぼ一致した．調査ゴルフ場で散布された主要な農薬について長期モニタリング時における農薬流出率はフルトラニル，シマジン，イソプロチオランの流出率が大きい．蒸気圧が高く大気へ移行しやすいダイアジノン，MEP（フェニトロチオン），トルクロホスメチルなどは水系への流出率が低い．

流出負荷量は調整池の容積が集水域に対して適正に確保されて，滞留時間が大きい場合は散布された農薬が排出されるまでに混合され排水中の濃度変動は大きくない．環境への流出負荷量の予測と影響評価をするにあたってのサンプリング間隔は，週1回程度のモニタリングでも長期的な排出予測が可能であると考えられた．人への影響評価から生態系への影響評価へと視点を移すとき，減農薬とゴルフ場農薬モニタリングのあり方，長期的平均的環境リスクと調整池の最大瞬間

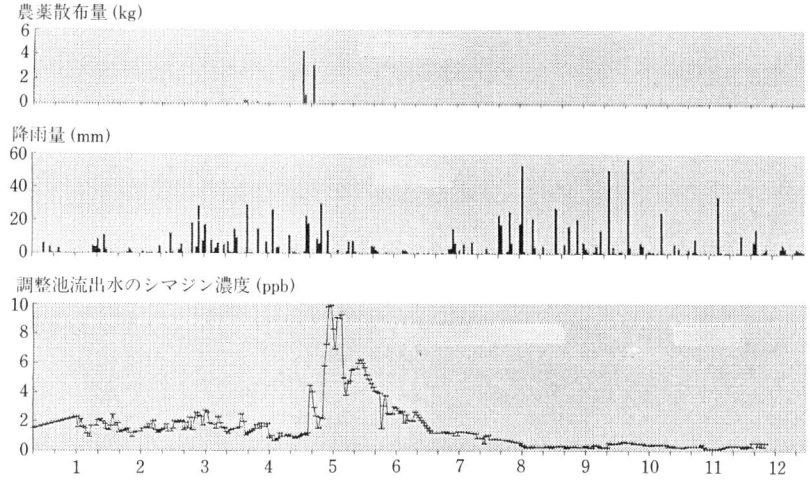

図-4.21 調整池のシマジン濃度の日間変動と農薬散布および降雨量［平成4年（1992）1～12月］

濃度(生態系へのインパクト)との関連を総括する必要があると考えられる．

　降雨量，散布量，調整池農薬濃度のデータから，降雨時における農薬流出の影響を試算した．シマジンの場合，10 mm 以上の降雨による流出が年間の流出量のほぼ80％を占めた．試験グリーンからの流出係数は現場での短期実験の結果により求められた[32]．その結果を用いて，実際のゴルフ場調整池における農薬濃度の長期変動を降雨量と散布量および流出係数から，とくに降雨強度の大きい豪雨と流出負荷量，また農薬の流出しやすさと土壌吸着性と水/オクタノール分配係数の大きさとの関連が見出された．

　一般に，調整池水中濃度は農薬の散布量，散布時期に大きく影響されるため，除草剤，殺菌剤，殺虫剤の散布時期に応じた季節変動の傾向がみられる．春と秋に散布する農薬の場合，春は時間変動が大きいが水中濃度も比較的高い．6～8月にかけて減少し，秋に農薬散布後，濃度の再上昇がみられる．夏の渇水期には蒸発量が降雨量を上回り調整池の水位が低下する．長期にわたり排水がなくなることもあって，夏の殺虫剤散布による河川への負荷は，ほとんど観測されない．調整池中のシマジンは春と秋の散布時期に濃度が上昇し，春から夏にかけて濃度が低下していた．水温上昇とともに，濃度レベルが低下し，秋の薬剤散布とともに，水中濃度が上昇する傾向は他の農薬でもみられる．春から夏にかけての濃度低下は水温，気温の上昇によって農薬の揮散速度，土壌中および水中微生物分解速度が大きくなるためと思われる．

　河川水中，スルホキシド体，スルホン体など，酸化生成物が検出され，MPP (fenthion)濃度は低下してもスルホキシド体，スルホン体が増加する例もある．

　日間変動を検討する場合，農薬散布後の降雨までの現象を把握することが重要である．排出水中の農薬濃度は土壌中の農薬濃度の変動に大きく依存すると予測される．試験グリーンにおける農薬流出実験の結果(土壌，排出水)から，降雨時流出(豪雨による流出負荷量)の予測をする必要がある．

　土壌中の農薬濃度は，農薬の水溶性や土壌吸着係数と土質に影響されると考えられる．土壌中の濃度変動には農薬の散布量，散布時期がとくに大きく影響する．農薬散布後の降雨による表面流出と土壌浸透流出，大気への移行，土壌中の微生物分解速度の大きさを見積もる必要がある．雨水，湧水，調整池水中の農薬濃度については農薬の散布に対応して大気中で検出されるダイアジノン，MEP，ト

ルクロホスメチルなどの蒸気圧の高い農薬が雨水からも検出されたが低濃度であった．蒸気圧が高く，水溶解度が低い化合物は，大きなヘンリー定数をもち，地表から水との共蒸発により大気へ移行しやすい．土壌層を通過した湧出水，調整池水中，雨水，大気中の農薬濃度を比較すると，農薬の拡散移行プロセスの違いが予測された．大気/水質/土壌における農薬の分布傾向が農薬の流出プロセスの違いと物理化学的特性を反映していた（イソプロチオラン/フルトラニル濃度比）．

　表面流出による排水量と地下土壌浸透による排水量について，試験グリーンでの降雨実験結果から排水量を試算した．散水量と排水量（土壌通過量，表面流出量）の割合は降雨強度，土壌の保水能力，土質，傾斜，グリーンの違い（ベントグリーンと高麗芝）＝土壌の違いなどに依存する．ラフがシルトから粘土に近い粒子の細かい山土が主体であるのに対して，グリーンは，水はけのよい海砂混じりの粗粒の砂を用いている．水はけが悪く，ラフなどの傾斜が大きい場合は地下浸透より表面流出が起こりやすい．

b. **農薬流出モデル**　これまで述べてきたように，ゴルフ場流出水の農薬濃度や農薬流出量のピークは，散布直後や降雨時などの特定の時期に現れることが多い．水環境への影響を正確に評価するためには，フィールド調査をこのような時期に集中して行う必要がある．しかし分析の手間や労力，費用に制限されて，実際の定期調査は数日から1週間に1回程度，降雨時調査はある特定の降雨のみになってしまうことがほとんどである．シミュレーションモデルによる農薬濃度や農薬流出量の推定は，実測できなかった期間を捕完するための有効な手段となる．さらにモデルのパラメータを変動させることにより，さまざまな条件下での流出の推定を行うことができる．

　① 実測とモデル　これまで農地からの農薬[33],[34]，窒素やリンなどの栄養塩類[35]の流出について，多くのモデルが構築されている．畑地からの物質の流出モデルをゴルフ場に応用することも可能であるが，その場合は，芝地には芝生の根，茎，葉や枯死した芝生が密に混じり合ったマット状のサッチ層があるため，農薬の残留パターンが芝地に特有であることを考慮しなければならない．さらに，暗渠排水，調整池などのゴルフ場特有の水管理や，目土いれ，芝刈りなどの芝に特有な管理も畑地とゴルフ場で農薬の流出が異なる要因となる．

モデルを考えるうえで，農薬の流出形態は全体の構造を決定する重要な要因である．農薬が土壌粒子や土壌有機物などに吸着して流出する場合，モデルはSS成分の流出を中心とした構造になる．しかし多くの場合，農薬は吸着態ではなくほとんどが水に分散した溶存態で流出するので[36]，水の流出と農薬の動態を組み合わせたモデルを構築することが必要である．

② ゴルフ場農薬流出モデル　流出モデルは，年，月を時間単位とする長期モデルと，主として1降雨の数十分から数時間を時間単位とする短期モデルに分けることができる．これまでゴルフ場からの流出モデルとして提案されている主なものには地域水系モデル[37]，農薬流出タンクモデル[38),39)]などがある．地域水系モデルでは，関東地方のゴルフ場で年平均および最高月平均濃度を推定した例がある．農薬流出タンクモデルは，水の動きを，水文学の分野でよく用いられているタンクモデルで表現し，これに土壌残留農薬の動態を組み込んで流出量を推定する．ここでは，農薬流出タンクモデルについて，その構造と，滋賀県のゴルフ場で除草剤シマジンの日流出量を1年間推定した例を紹介する．

タンクモデルは，側面および底面に流出孔をもつタンクをいくつか配列したモデルである．直列タンクモデルでは，雨は最上段のタンクに注入される．河川への流出水量は側面から流出する水量の総和で表され，底面の孔は浸透による水の動きを表している．このモデルでは3段タンクモデルを用い，最上段の流出水を表面流出，2段目を浸透流出，3段目を基底流出に想定している．各タンクの流出孔の大きさ，高さはさまざまな方法で求めることができる[40]．

農薬の動態解析に用いられたパラメータは，芝地土壌におけるシマジンの消失速度(R_s)土壌残留シマジンの表面流出による流出率(f_d)，浸透流出による流出率(f_p)，および流出水がいったん流入する調整池でのシマジンの消失速度(r_w)である．これらのパラメータは，芝地ライシメータなどで実測した結果から求めている．なお，ゴルフ場近辺からの井戸水の実態調査ではシマジンが検出されなかったことから，3段目タンクからは流出しないこととした．

図-4.22に示した農薬流出タンクモデルによる推定値と，1週間に1回行っ

た実測データを用いて区間代表法で計算したシマジンの年流出率を比較すると，モデルの推定値が大きくなった(表-4.3[40])．これは，定期調査では流出量が大きくなる大雨時をすべてカバーできなかったためである．さらにモデルの計算値の変動から，散布時期に流出量が増加すること，散布直後の降雨は流出量を増大させること，たとえ散布から数箇月が経過しても大雨があれば流出量が大きくなることが読みとれる．モデルのパラメータを変動させて計算した表-4.4[41]の結果を合わせると，流出量を削減するためには，散布量の抑制，散布直後の降雨に対する配慮，調整池の滞留時間の増加などが有効な手段であるとが示されている．[中野・須戸]

表-4.3 ゴルフ場からのシマジンの流出率[40]

年	散布量 (kg/km²・年)	流出率(%) 実測値*1	計算値*2
1989	42.5	2.8	4.5
1990	20.3	3.7	12.8

*1 回/週の実測データから計算．
*2 モデルによる日流出量の積算値から計算．

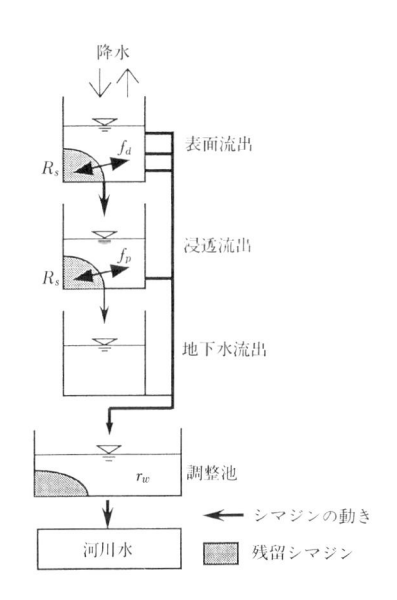

図-4.22 ゴルフ場農薬流出モデルの構造

表-4.4 パラメータの変動がシマジンの年流出率に及ぼす影響[40]

パラメータ	パラメータ値	年流出量 (kg/km²・年)
変動なし*	—	1.90
散布量	1/2倍	1.11
調整池がゴルフ場に占める面積比率	2.4〜10%	1.10
調整池におけるシマジン消失速度	2倍	1.65

* 1989年の散布量，気象条件で計算．

4.2.2 工業薬剤による近畿の河川の汚染

20世紀後半の50年間は，多くの化学物質についての開発の時代でもあった．

それにより先進国は豊かな物質文明を謳歌し，また発展途上国は先進国に追いつこうとして重化学工業の振興に力を注いでいる．しかしこの豊かな物質文明に翳りがみえ出すまでにあまり時間を要しなかった．1950年代から世界の各地で猛禽類や海生の哺乳類などの野生生物において個体数の減少に関する報告が相次ぎ始めた．これらの現象に人工の有機化合物，とくにジクロロジフェニルトリクロロエタン(DDT)類やポリ塩化ビフェニル(PCB)が関わっていることも明らかにされた．農薬は使用の目的や場所から考えて大気，水，土壌および各種生物に移行し，状況によっては人間も含めたいろいろな生物の生存を脅かすことがある．一方，工業薬剤はその名が示すとおり，ある製品をつくり出すための原料，材料となるものであって，農薬のように生物への毒性を本来的にもち，かつ開放系で使用されることを特徴とする物質群ではない．しかし，周知のごとく，多種多様な工業薬剤がいろいろな経路をたどって，大気，水，土壌に負荷され，そのうちのあるものが直接的に，あるいは食物連鎖を通じてヒトも含めた地球上の生物の体内に取り込まれた．その結果，何らかの有害作用が現れた例は少なくない．工業薬剤と一口にいっても，世界中で使用されている種類は膨大である．

本項では，過去に大量使用され，環境を広範囲に汚染し，カネミ油症をはじめいくつかの悲惨な事件を引き起こしたPCBをまず取り上げる．次に，近年難燃性可塑剤として使用量も多く，かつ多面的な用途をもつ有機リン酸トリエステルについて述べる．これら2つの化合物群に関する既往の知見は比較的多いゆえ，得られた成果を他の化合物の環境動態を考える際に参考となりうる部分がある．

(1) PCB汚染

明治14年(1881)にドイツで合成されたPCBは，物理化学的安定性や電気絶縁性に優れているため昭和5年(1930)頃から熱媒体，潤滑油，可塑剤，塗料・インクの溶剤など多方面で使用された．我が国では昭和29〜46年(1954〜71)の間に5万7000tが生産されたが，生物への蓄積性や毒性ゆえに昭和47年(1972)に生産禁止措置がとられ四半世紀が経過した．しかし，使用が全面的に禁止されたわけではないため，現在もなおいろいろな製品や廃棄物からの環境への負荷が続いている．昭和49〜平成7年(1974〜95)の淀川水系におけるPCB濃度の経年変化は図-4.23のようである[41]．水系としては琵琶湖・淀川水系の本流，その支川，

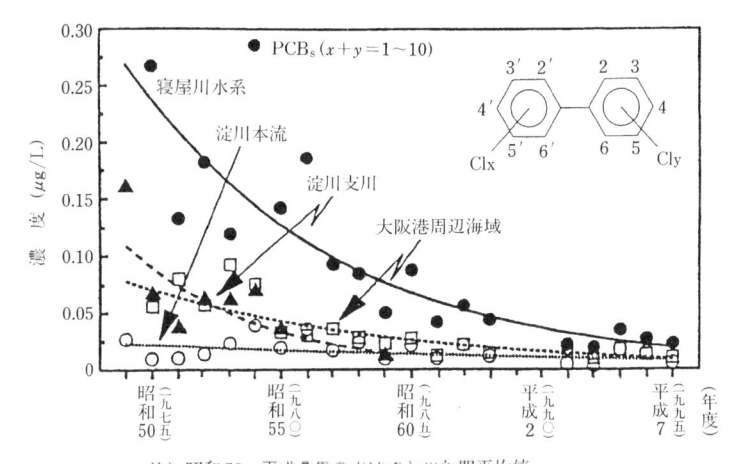

図-4.23 淀川水系におけるPCB濃度の経年的推移[41][昭和49年～平成7年(1974～95)の水域ごとの年間平均値]

注) 昭和50～平成7年の水域ごとの年間平均値

大阪市内河川の寝屋川・平野川水系，大阪港の周辺海域の計4水域を対象とし，測定値は年間の平均値で示されている．調査水域の全域においてPCB濃度は低減傾向にあり，とくに大阪市内河川では昭和50～51年(1975～76)の平均値0.18 μg/Lが平成7年(1995)には0.02 μg/Lまで指数関数的に減少した．また淀川の支川や港湾域でも初期の濃度レベルの1/10程度に低下した．生産中止および使用規制措置が効を奏し河川水中の濃度が低下したことは事実であろうし，また自然界の微生物による自浄作用もある程度寄与していると考えられる．しかし，水中の濃度低下が直ちに水界総体での濃度低下につながるわけではない．陸上から水界に負荷された化学物質の大部分は最終的に海域に輸送され，とくにPCBのように水溶解度が低い物質は非生物的な，およびプランクトンなどの生物的な懸濁物質に吸着して海底の土壌に蓄積される．大阪湾の中央部における表層底泥中のPCB濃度は昭和49年(1974)の調査[42]で2～240 ng/g 乾泥，平均105 ng/g 乾泥，また平成2年(1990)では[43] 2.5～240 ng/g 乾泥，平均45 ng/g 乾泥というように平均値でみると1/2程度の減少にとどまっている．

琵琶湖・淀川水系－大阪市内河川－大阪湾といった一連の水系における水中のPCB濃度は上に述べてきたように数 ppt，せいぜい数十 ppt のレベルである．現在の公共水域における環境基準は 0.5 μg/L に設定されているため通常の環境

調査では検出せず(ND)として記載されることが多い．PCBの物理化学的特性を考えると水中の濃度がpptレベルであるからといって見過ごしてはならず，今後も息の長い定点調査は必須であり，またそれらは将来にわたって貴重なデータとなる．

(2) 有機リン酸トリエステル類による汚染

有機リン酸トリエステル類(Organophosphoric acid triesters：OPE)は無機リン酸H_3PO_4の水素原子にアルキル基やアリール基が置換した構造を有し，約30種の類縁化合物がある．これらの化合物群は難燃性可塑剤として繊維製品，電気・電子器具に，また工場では抽出溶剤や重合触媒，潤滑油添加剤など多目的に使用され，我が国の生産量は約2万t/年といわれている．OPEのなかにはマラチオン，ジメトエート，ジクロロボスなどの有機リン系殺虫剤と同程度の急性的魚毒性や脊椎骨異常をもたらしたり[44]，変異原性を有するもの[45]，神経毒性を示すもの[46]などがあり要注意物質群である．さらに近年，新築建物において使用されているビニール壁紙から揮発するある種のOPE類が新築病の原因のひとつではないかと危惧されている[47]．河川，湖沼，海域におけるOPEの濃度についてはかなりの報告があるが，そのひとつとして平成2年(1990)の琵琶湖・淀川水系，大阪市内河川，大和川，大阪湾における9種のOPE類(表-4.5)の濃度レベルを図-4.24に示した[41]．濃度レベルが相対的に低い琵琶湖・淀川水系ではTBXPが最も高く，TCEPがそれに次いだ．大阪市内河川ではTBXP＞TEP＞TCPP＞TCEPの順であった．大和川ではTCPPが平均値で13μg/Lに達し，全OPE濃度の70％を占めるという特徴的なパターンを示した．一方，大阪湾ではTCEPが最も高かった．兵庫県武庫川においても同様の調査がなされており(図-4.25)，上流(三田市)，中流(宝塚市)，下流(西宮市)の計3地点における各OPEの平均値(5〜200 ng/L)でみると，淀川水系の約10分の1でありTBXPが最も高く，次いでTCEP，TDCPP，TBP，TPPなどがほぼ同レベルを示し，同時に測定した4種の有機リン系農薬よりもむしろ高かった[48]．河川水や海水中のOPEの供給源を探るために底泥，道路堆積物，公園土壌，家庭の室内ダストが調べられており，室内ダストと道路堆積物中が高濃度のOPEを含むことから，これらが最終的に水系への負荷に関わっていると考えられている[49]．水系に負荷

表-4.5 実験に使用した有機リン化合物

略　称	正　式　名	用　途
アルキル系トリエステル類		
TBP	リン酸トリ-n-ブチル	可塑剤，触媒安定剤
TBXP	リン酸トリス(ブトキシエチル)	可塑剤，消泡剤，ワックス添加剤
TEHP	リン酸トリスエチルヘキシル	電線被覆，塩ビ合成ゴム用可塑剤
ハロアルキル系トリエステル類		
TDCPP	リン酸トリス(1,3-ジクロロ-2-プロピル)	難燃剤，潤滑油添加剤
TCEP	リン酸トリス(2-クロロエチル)	難燃剤，安定剤，潤滑油添加剤
TCPP	リン酸トリス(クロロプロピル)	難燃剤，潤滑油添加剤
アリール系トリエステル類		
TPP	リン酸トリフェニル	難燃性可塑剤，ゴム添加剤
TCP	リン酸トリクレジル	可塑剤，ラッカー添加剤
リン系農薬		
イプロフェンフォス	S-ベンジルジイソプロピルフォスフォロチオレート	殺菌剤
ダイアジノン	ジエチル-2-イソプロピル-4-メチル-6-ピリミジニルフォスフォロチオネート	殺虫剤
フェニトロチオン	ジメチル-4-ニトロ-m-トリルフォスフォロチオネート	殺虫剤

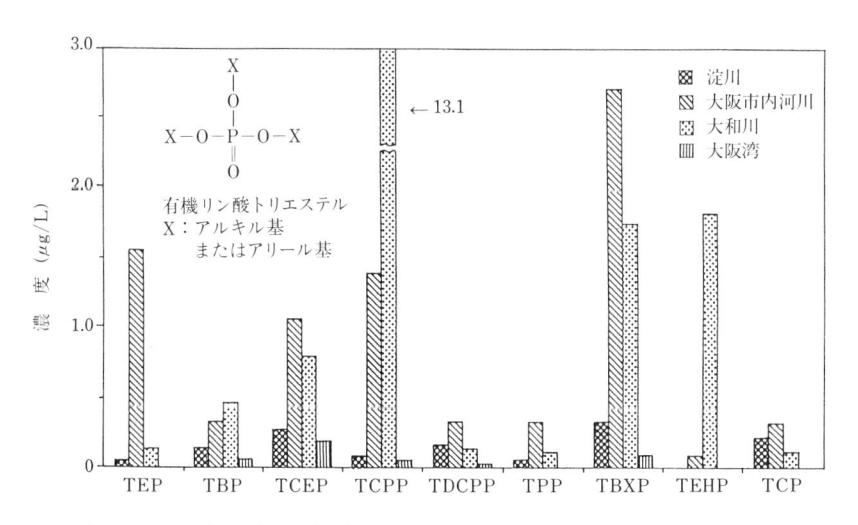

図-4.24　琵琶湖・淀川水系，大阪市内河川，大和川および大阪湾における有機リン酸トリエステル類の濃度［平成2年(1990)］

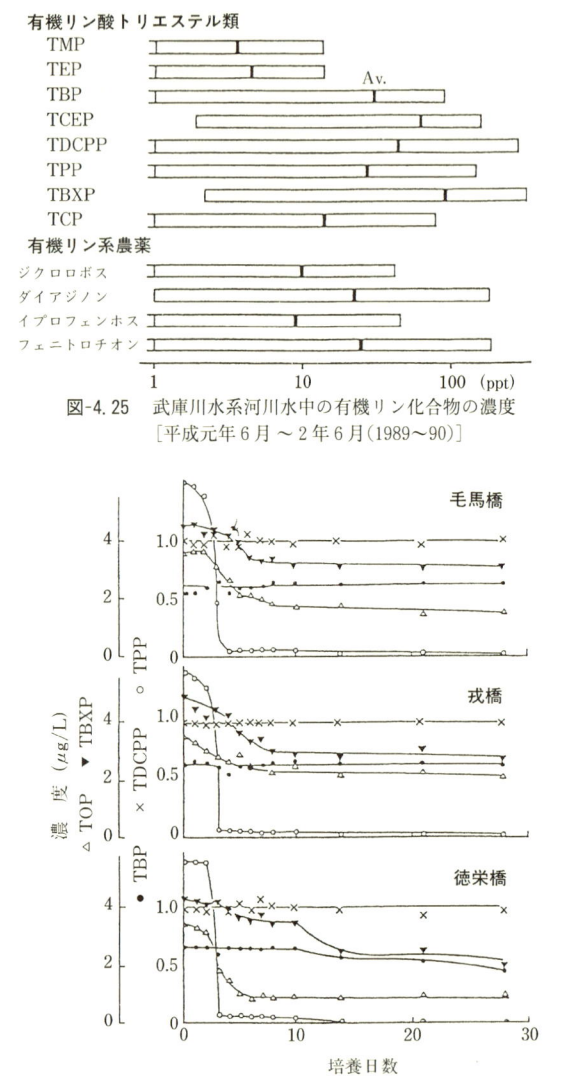

図-4.25 武庫川水系河川水中の有機リン化合物の濃度
[平成元年6月～2年6月(1989～90)]

図-4.26 大阪市内の河川水中細菌による有機リン酸トリエステル類の分解[昭和61年1月(1986)]

されたOPE類が水中でたどる運命についてもかなりの知見が得られている. 図-4.26は大阪市内の3地点で河川水を採取し, 水中細菌による5種類のOPEの生分解性を示したものである[50]. アリール系エステルのTPPの分解が最も迅速であり, 逆に含塩素リン酸エステルのTDCPPはいずれの地点においても全く分解されなかった. また, 図中の徳栄橋(寝屋川水系)で採取した河川水中からTBP分解菌を[48], 兵庫県の武庫川上流(三田市)の河川水中からTCPを強力に分解する細菌をそれぞれ単離し, それらの菌の性質も調べられている[50]. 水中の細菌がOPEの浄化にどれほど寄与しているかを正確に評価することは難しいが, ある程度の役割を果たしていると期待したい.

(3) その他の工業薬剤による汚染

環境庁では毎年一般環境中に残留する化学物質の早期発見およびその濃度レベルの把握を目的として全国一斉点検調査を実施している. 平成8年(1996)の場合,

全国で56地点の水質と底質，53地点の魚類を対象とし水質37物質，底質35物質および魚類7物質の調査が実施されている[51]．さらに，9種の第一種特定化学物質を含めた20種の化学物質や，指定化学物質の数種についても全国的調査が行われている．近畿圏では琵琶湖，大阪市内河川，淀川，大和川，紀ノ川のそれぞれの河口，大阪港，神戸港，姫路沖，宮津港などが定点に組み込まれている．測定項目はフェノール類とフタル酸エステル類が全体の70％を占めているが，全体として検出頻度は低いため水系ごとの詳細な考察はできない．　[川合]

4.2.3　界面活性剤による近畿の河川の汚染

(1)　環境汚染物質としての界面活性剤

　界面活性剤は，家庭用をはじめ，工業，農業，鉱業などの各分野で広範囲に使用されている私たちに馴染み深い一群の非揮発性合成有機化学物質である．
　石けんを含む界面活性剤全体の国内生産量は128万t／年（平成9年）であり，これは，石油化学工業の代表的な基礎物質であるエチレンやベンゼンの数100万tという生産量に比べれば少ないが，農薬の総生産量の3倍を超えている．このように，界面活性剤は日常生活のなかで日々多量に生産・使用され排出されているために，水環境を中心とする広範囲な環境中に存在し，環境汚染物質と位置づけられている．

(2)　物性・種類・生産量

　界面活性剤(surfactant)は，同一分子内に適当な大きさでバランスした親水(hydrophilic)基と疎水(hydrophobicまたは親油：lipophilic)基とを有する両親媒性物質の総称であり，気－液など異なる相の界面に同一方向に並んで吸着し，表面（界面）張力を著しく低下させる性質（界面活性という）をもっている．この性質により洗浄，乳化，分散，可溶化，湿潤，起泡，消泡，防食（錆），防曇，帯電防止，殺菌などの作用を有することから，界面活性剤は，家庭用洗剤の主成分以外に，クリーニング，繊維，紙・パルプ，機械金属，皮革，化粧品，プラスチック，塗料，セラミック，食品，燃料，写真，発酵，医薬品の諸工業や，土木，農業，鉱業など，多方面の産業分野で利用されている．

界面活性剤は，水溶液中での親水基のイオン状態により，陰イオン系，陽イオン系，両性イオン系および非イオン系の4種に大別される．親水基および疎水基の組合せによる多くの種類と，分子構造の類似した多くの同族体・異性体を含む．

界面活性剤の代表的な種類としては，陰イオン系の 直鎖アルキルベンゼンスルホン酸塩(linear alkyl-benzene sulfonates；LAS)，石けん(脂肪酸塩)，アルキル硫酸エステル塩(alkyl sulfates；AS)，ポリオキシエチレンアルキルエーテル硫酸塩[(poly-oxyethylene)alkylether sulfates；AES]，α-オレフィンスルホン酸塩(α-olefine sulfonates；AOS)など，非イオン系のアルコールポリエトキシレートまたはポリオキシエチレンアルキルエーテル[alcohol(poly)ethoxylates；AE]，アルキルフェノールポリエトキシレートまたはポリオキシエチレンアルキルフェニルエーテル[alkylphenol(poly)ethoxylates；APE]などがある．APE は日本では主に工業用途に限定されている．石けんを除く残りの活性剤は化学合成による手法で製造されることから合成界面活性剤と呼ばれ，それを主成分とする洗剤は合成洗剤と通称されている．

界面活性剤の生産量は1970年代の石油危機のときを除けば一貫して増加し，平成4年(1992)には139万tに達した．非イオン系の著しい増加はあるがLASなど陰イオン系の減少により，近年は全体として減少傾向を示す．単一種の生産量では，平成9年(1997)にAEがLASを上回った．同年における生産割合は，陰イオン系55％(合成系：42％，石けん：13％)，非イオン系37％，陽イオン系5％および両性イオン系3％である．

(3) 生分解性および毒性

界面活性剤の生分解性は種類により異なり，また，温度の影響を受けやすい．生分解性には，界面活性作用がなくなる一次分解性や二酸化炭素まで無機化される究極分解性がある．

河川環境中での分解過程をシミュレートする river die-away 試験から求められた一次分解性では，石けん，ASが最も良く，AOS，AES，AEが続き，LAS，APEは最も悪い．分解性を半減期で示すと，20℃以上(夏季の河川水温に相当)では，易分解性の種類では1日程度でありLASでも数日であるが，10℃以下(冬季に相当)ではLASの半減期は数十日になる．APEの分解性はさらに悪い．

生分解性は，分解代謝過程で酸素が必要であることから，活性汚泥，河川底質など嫌気的条件下ではきわめて悪くなる．

　界面活性剤の毒性は，ラット経口投与による急性毒性評価では，殺菌性の強い一部の陽イオン系が"中程度"であることを除けば，"軽度"[アルキルベンゼンスルホン酸塩(ABS)など]から"実際上無毒または無害"(石けん)と位置づけられ，その毒性は弱い．しかし，水生生物への生態毒性は，汚濁した河川における濃度レベルに近い濃度で発現する．たとえば，淡水産魚類の急性毒性(LC_{50})は，石けんを除くほとんどの合成活性剤でおおむね 1 mg/L のオーダーにある．魚毒性には，疎水性のアルキル鎖長が長い場合や親水性のエチレンオキシド鎖長が短い場合など，活性剤分子全体の疎水性が高まるほど毒性が強まる傾向がみられる．毒性の発現機構として，活性剤の疎水部位が鰓細胞膜のリン脂質二重層へ疎水的に貫入し，膜機能の撹乱を経て細胞壊死を起こすプロセスが推定されている[52]．

　これ以外の毒性として，最近大きな関心を集めている内分泌撹乱作用がある．内分泌撹乱作用は，生体に取り込まれた化学物質が，生殖，発生，免疫・神経作用などに関与する天然ホルモンの働きを乱し，個体や子孫に対して悪影響を及ぼす作用である．APE の一種ノニルフェノールポリエトキシレートの分解中間産物であるノニルフェノール(NP)は，天然女性ホルモンである 17β-エストラジオールの $1/10^5$ のエストロゲン活性を有し，元の活性剤自体も $1/10^7$ 程度の活性をもつことが明らかになっている[53]．

(4) 近畿地方の河川の界面活性剤汚染

a. 陰イオン系合成界面活性剤の分布　　水環境に存在する界面活性剤のなかで最も詳しく調査されている種類は，累積生産量が最も多く残留性が高い LAS であり，液体クロマトグラフィーなどの機器分析で測定された国内河川水中の濃度は 0.01～1 000 μg/L(1 mg/L)のオーダーにあることが明らかになっている[54]．しかし，LAS の場合でも近畿地方の河川における調査事例は多くない．一方，LAS を含む陰イオン系合成活性剤全体の環境水中濃度の指標であるメチレンブルー活性物質(MBAS)は，簡易，迅速に行える吸光光度法で測定されていることから，河川水質モニタリングの一環として，近畿各府県で広範囲に 20 年以上の長期間にわたって定期観測されている．そこで，ここでは，原データが公表さ

れている近畿2府3県(滋賀県, 京都府, 奈良県, 大阪府および兵庫県)440河川地点のMBASモニタリングデータを統計解析した結果[55,56]などをもとに, 近畿地方の河川における陰イオン系合成活性剤濃度の分布特性を示す.

図-4.27の上図は, 昭和60～平成元年(1985～89)における近畿各地点のMBAS平均濃度の出現頻度分布を示したものである. 平均濃度は対数正規分布を示し, 0.1～1 mg/Lの地点が最も多い. このような対数正規分布は近畿地方以外の地域でもみられ, この分布から, MBASの出現濃度を, 1 mg/L以上の高濃度域, 0.1～1 mg/Lの中濃度域, 0.1 mg/L未満の低濃度域に分けることができる.

2府3県全域における濃度分布を概観するために, 各地点の解析全期間［昭和47～63年(1972～88)］平均濃度を図-4.28に示す. 分布は各地域の公共下水道の整備状況(厳密には下水道未処理人口)と強く関係し, 1980年代までの近畿2府3県における下水道普及率(平成元年で22～63%)を反映している. 図-4.28からは, 京都市南西部, 奈良市, 東大阪市, 大阪府南部各市, 尼崎市, 伊丹市, 姫路市などの中小都市河川で1 mg/L以上の高濃度のMBASが検出されていたことがわかる. 都市域の河川における陰イオン系合成活性剤の, 最大濃度レベルを反映するMBAS冬季平均濃度が0.5 mg/L以下に減少するためには, 8割を超える下水道の普及が必要と推定されている[55].

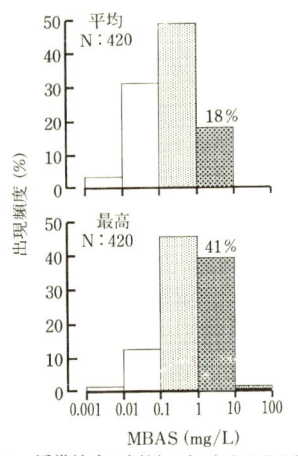

図-4.27 近畿地方の河川におけるMBASの平均濃度(上)と最高濃度(下)との出現頻度分布［昭和60年～平成元年(1985～89)］

一方, MBASの出現最高濃度の頻度分布(図-4.27の下図)からは, 平均濃度の場合と同様に中濃度域の地点は最も多いが, 高濃度域の地点の割合が高くなることがわかる. 最高濃度の出現は冬季に集中し, その濃度は平均濃度に対して平均4倍高かった. 統計的推定から, 1 mg/L以上が3箇月以上出現する地点は約20%存在し, 0.1 mg/L以上の場合には約60%存在することが推測さ

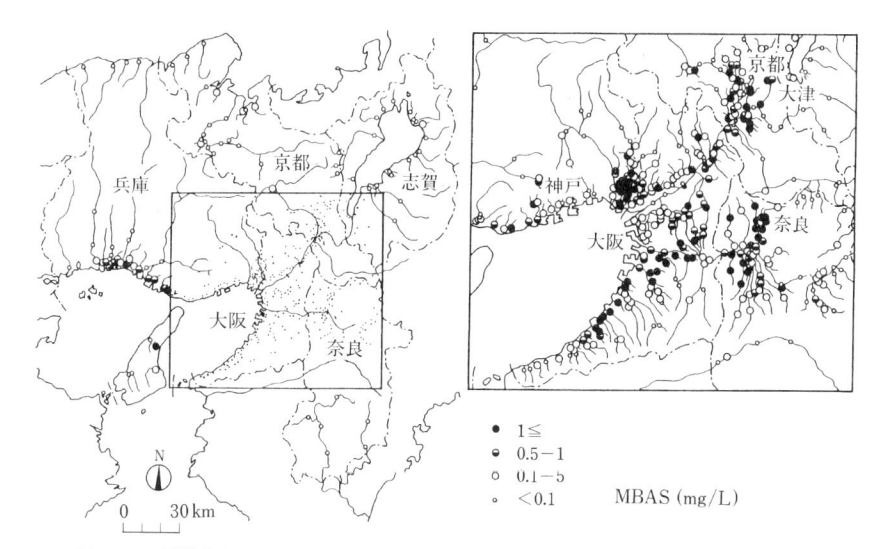

図-4.28 近畿地方の河川における MBAS 平均濃度の分布 [昭和 47 ～ 63 年 (1972 ～ 88)]

れた[56]．このような高濃度の出現状況は，界面活性剤の環境リスクを考えるうえで重要な情報である．

各河川の MBAS 濃度は，1990 年代に入り各地域の公共下水道の整備が進むに従い減少しつつある．図-4.29 には，平成 7 年 (1995) 度における同じ近畿各地点の MBAS 平均濃度の出現頻度分布を示す．図-4.27 の上図と比較した場合，中濃度域の地点は同様に最も多いが，低濃度域の地点が大幅に増加し，逆に高濃度域の地点の割合は 18 % から 8 % に減少している．平成 7 年 (1995) 度における同エリアの下水道普及率は 44 ～ 73 % となり，平成元年 (1989) 度に比べ 10 ～ 22 % 増加している．LAS を始めとする陰イオン系合成界面活性剤による河川の汚染は，下水道の普及や使用量の減少傾向により改善されつつあるといえる．

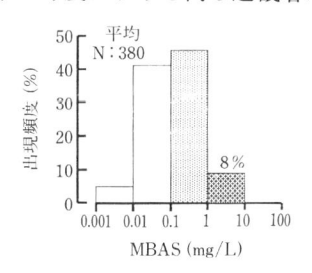

図-4.29 近畿地方の河川における MBAS 平均濃度の出現頻度分布 [平成 7 年 (1995)]

b. POE 型非イオン系界面活性剤の河川水中濃度　　非イオン系活性剤は，近

年,その生産量が急激に増加しているが,陰イオン系の場合と異なり,各地の河川における定期的なモニタリングは行われていない.

APEは,毒性,生分解性や内分泌撹乱作用の観点から,LAS以上に重要視されつつあるが,そのAPEを含むPOE型非イオン系活性剤の指標となるチオシアン酸コバルト活性物質(CTAS)を平成10年(1998)に兵庫県内瀬戸内側河川で測定した事例[57]によれば,0.04未満～0.35 mg/L($n = 46$)のCTASが検出されたが,定量限界未満の地点が61%を占め,0.1 mg/L以上の地点の割合は20%であった.この濃度分布は,MBASの濃度分布区分でいえば中～低濃度域に位置づけられ,全体として高くないといえる.同時に測定されたMBAS濃度も過去に比べ減少していたことから,低濃度の要因として,下水道普及による汚濁の全般的な改善が考えられる.しかし,非イオン系活性剤生産量の急激な増加や内分泌撹乱作用の問題を考慮するなら,河川における広範囲な定期観測を早急に実施する必要があろう.［古武家］

4.2.4 河川水の変異原性－淀川水系－

(1) 変異原性とは

変異原性とは,生物の生命の源である細胞内の核の中に存在する遺伝子,あるいは1つの遺伝子内のある部分が突然変異を起こす難易度である.すなわち,子孫に伝えるすべての遺伝情報を保存している遺伝子の本体であるデオキシリボ核酸(DNA)に傷がつき,遺伝情報に欠陥が生じ情報が発現されなかったり,間違った指令が出される.このような現象が突然変異であり,これら突然変異を起こす性質を一般に変異原性とよんでいる.

ある物質が変異原性を有するということは,この物質が次世代への影響を有する可能性のあることを示す.なぜならば,我々の体の細胞は日夜遺伝子を鋳型にして細胞分裂することによって新しい細胞をつくっている.そのため突然変異によって違う鋳型ができてしまうと,本来の体細胞と異なる細胞がつくられることになる.もちろん動物の体内にはこういう突然変異を修復する機能が備わっているため,突然変異がすべて障害につながるとは限らない.

突然変異には,自然突然変異と誘発突然変異の2つのタイプがある.細胞から

新しい細胞がつくられるとき，DNA が複製合成(コピー)されるが，この DNA 複製合成時にミスを生ずることによって自然発生的に起こる突然変異が自然突然変異である．一方，環境汚染物質，紫外線，X線，ウイルスなどの種々の環境要因(物理的，化学的，生物学的)によって DNA に損傷が引き起こされることによって生じる突然変異を誘発突然変異という．この突然変異としては，点突然変異である塩基対置換型やフレームシフト型突然変異および大きな変化による突然変異があり，環境中に存在する突然変異を起こす化学物質を環境変異原という．

また，突然変異の生ずる部位の違いによってタイプ分けすれば，体細胞における突然変異と生殖細胞における突然変異に分類できる．体細胞において突然変異が起これば生体機能の異常の結果，疾患やガンなどを発生させる．ヒトは約 60 兆個の細胞からできているが，これら細胞中の DNA 遺伝子に傷害が起こり，これが異常をもったまま増殖し，さらに DNA に傷害が起こるプロモーションやガンができあがるプログレッションの段階を経てガン化するといわれている．このようにガンに至るためには多段階のプロセスが必要であると考えられている．一方，生殖細胞に突然変異が生じると，その異常が子孫に伝えられるため，遺伝性疾患や遺伝毒性が発現する．

(2) 水の変異原性の包括的評価

公共用水域の環境水中には数多くの発ガン物質や変異原物質が存在する．しかし，人の健康に関する環境基準は，これら物質のうちの約 50 物質たらずの化学物質(水銀，ヒ素などの金属類や PCB，トリクロロエチレンなどの有機化合物など)の規制がなされているだけである．そのため，水の変異原性を包括的に評価することは，未規制の同定されていない有害化学物質の量や挙動を把握するために非常に重要であり有意義である．しかし，水そのものを変異原性試験で検査しても有機物の濃度が低いため変異原性を有する物質を検出できない．水の変異原性の包括的評価を行うためには，水中の有機物を前処理濃縮して得られる有機性濃縮物を用いて検査することが必要である．水中有機物の濃縮法としては，現在 XAD 樹脂カラム濃縮法(水に溶けにくい非極性物質である自然界由来のフミン酸をはじめとする有機物質を，選択的に吸着する性質をもつスチレン－ジビニルベンゼンの共重合体の樹脂)，ブルーレイヨンカラム法(レイヨンに青色素である

銅フタロシアニントリスルホン酸を共有結合で固着したもので，水中の微量の平面構造を有する3環以上の多環芳香族炭化水素類を効率よく吸着する性質をもつ)や溶媒抽出法[ヘキサンや酢酸エチルなどの溶媒を用い，試料水の液性を調整することによって塩基性(pH 10)，中性(pH 7)や酸性(pH 2)画分に分画することができる]などがよく用いられる．

(3) 淀川水系河川水の変異原性

変異原性試験は，アメリカ，カルフォルニア大学の B. N. Ames が開発した世界で最も繁用されている Ames 試験を用いた．本試験法で用いられる *Salmonella typhimurium* の試験菌株は，すべてヒスチジン合成酵素遺伝子群に点突然変異(point mutation)が起こってヒスチジン要求性(His^-)となったものである．これを親株として作製された変異株のうち，TA 100 のように塩基対置換が起こっているため塩基対置換型変異原が検出できる菌株と，TA 98 のように塩基付加が起こっているためフレームシフト型変異原が検出できる菌株が通常用いられる．この TA 100 や TA 98 の試験菌(His^-)株は，ヒスチジンがほとんどない培地では自らヒスチジンを生合成できないため増殖できないが，変異原物質によってヒスチジン非要求性(His^+)に復帰変異した場合，増殖が可能となり復帰コロニーを形成する．この復帰コロニー数を計数することにより，変異原性の強さを測定する．

淀川水系河川水の変異原性について検討するため，3回の異なった時期に13箇所の地点で採水した河川水をXAD-2樹脂カラム濃縮法により濃縮して得られたジクロロメタンとメタノール画分について，TA 98 ± S 9 mix と TA 100 ± S 9 mix を用いた Ames 試験を行った．これらの結果から，淀川水系河川水はフレームシフト型の直接および間接変異原性を特徴的に示し，これら変異原性には比較的水に溶けにくい疎水性の有機物質が寄与する可能性が明らかになった．代表的な結果を図-4.30に示す．これらの事実は，淀川水系6地点の河川水のブルーレイヨン懸垂法によって得られた濃縮物の変異原特性も同様の結果を示したことからも強くいえる．また，ブルーレイヨンに選択的に吸着する3環以上の多環芳香族炭化水素が変異原性の本体であることが考えられることから，自動車排ガス由来の多環芳香族炭化水素[ベンゾ(a)ピレン，ニトロピレンなど]や肉や魚の焼

き焦げ成分であるヘテロサイクリックアミン(Trp-p-1, Trp-p-2, MeIQ$_x$など)がフレームシフト型変異原性に寄与する可能性が考えられた．さらに，淀川水系河川水の変異原性へのこれら化合物の寄与は，これら河川水のXAD-2樹脂濃縮物のニトロアレンやアミノアレン検出菌株を用いた検討およびこれら濃縮物の高速液体クロマトグラフ(HPLC)分取画分のガスクロマトグラフ/質量分析計(GC/MS)法による検索などによっても裏づけられている．

(4) 淀川水系河川水中の変異原物質の汚染源

淀川水系河川水は特徴的なフレームシフト型の直接および間接変異原性を示すことから，これら変異原性の汚染源の調査を試みた．

点汚染源としての淀川水系に流入するし尿および下水処理場放流水，ならびに3川合流後の本川である淀川へ流入する家庭雑排水や工場排水の受入れ河川であ

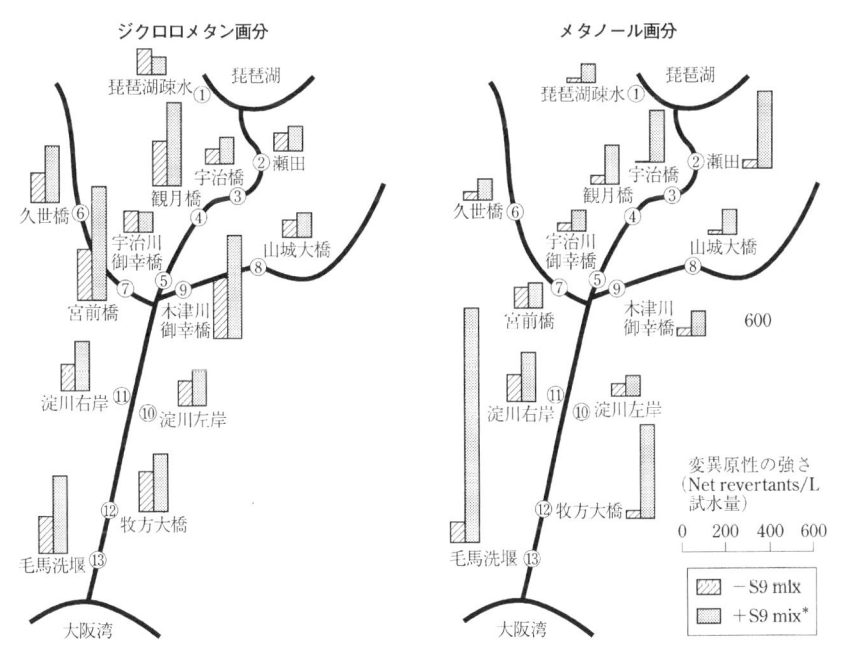

* : 薬物代謝酵素(チトクロームP450)が誘導されたラット肝ミクロソーム画分(S9)に補酵素を添加したS9 mixを加えて試験すると，ヒトの肝臓で被検物質が代謝を受けて生成する代謝物の変異原性を調べることができる．

図-4.30 淀川水系河川水のTA 98に対する変異原性

る枚方市内の都市小河川の河川水から XAD-2 樹脂カラム濃縮法によって得られた濃縮物にフレームシフト型変異原性が認められている．また，面汚染源と考えられる道路排水や雨水について XAD-2 樹脂カラム濃縮法とブルーレイヨンカラム法で得られた濃縮物について同様に検討し，いずれの濃縮物もフレームシフト型変異原性を示すことから，これら変異原性には多環芳香族炭化水素やヘテロサイクリックアミンが寄与する可能性が考えられた．これらのことから，淀川水系河川水に含有するフレームシフト型変異原物質の汚染源は都市小河川，し尿や下水処理場放流水，道路排水および雨水などに由来することが考えられた．

これらの検討結果に基づき，淀川水系河川水と汚染源の変異原性強度を比較（図-4.31）すると，下水処理場放流水，し尿処理場放流水や道路排水の変異原性の強いことが明白である．

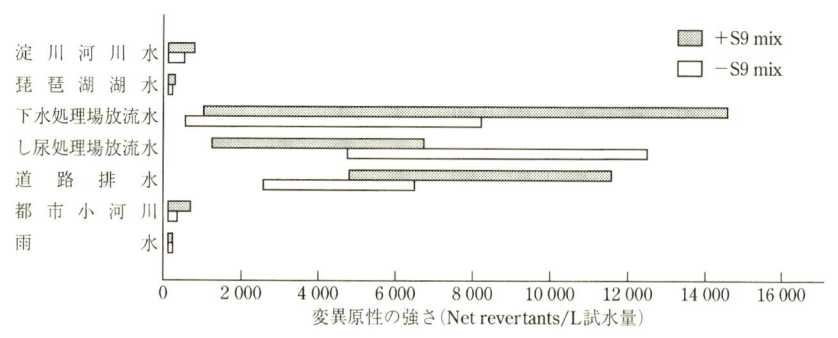

図-4.31 淀川河川水と各種汚染源の TA 98 に対するフレームシフト型変異原性の比較

(5) 環境水の変異原性に関する包括的評価結果の解釈

淀川水系河川水の変異原性が，既知の変異原物質の強度と比較してどの程度の違いがあるかを知るため，以下のように解析を行った．淀川水系河川水の全有機炭素（TOC）は約 2 mg/L を示すため，淀川水系河川水の変異原性の強さ（net revertants／L 試水量）から（net revertants／mg TOC）に換算したものを比較の値とした．この淀川水系河川水の変異原性の強さ（net revertants／mg TOC）と 8 種の既知の化学物質（AF-2，ベンゾ(a)ピレン，Trp-P-2 など）の変異原性強度（net revertants／mg）とを比較した結果を図-4.32 に示す．淀川水系河川水の変異原性強度は，既知の変異原物質よりはるかに小さいことが明白である．

しかし，公共用水域の環境水中の変異原物質を低減化するためにも変異原性の包括的評価を継続して行うべきである．

河川水など環境水の変異原性は，一般に水中に含有するDNA損傷性物質を量的にとらえることができるひとつの包括的な尺度となる．また，河川の流下過程において，自浄作用によって河川水の変異原性が減少するか否かの把握あるいは，汚濁源からの流入があるか否かを判断する目安となる．また，変異原性は，下水処理や浄水処理において有害物質であるDNA損傷性物質の低減化のためにも利用することができる．そのため，水の安全性を包括的に評価することは今後とも必要である．

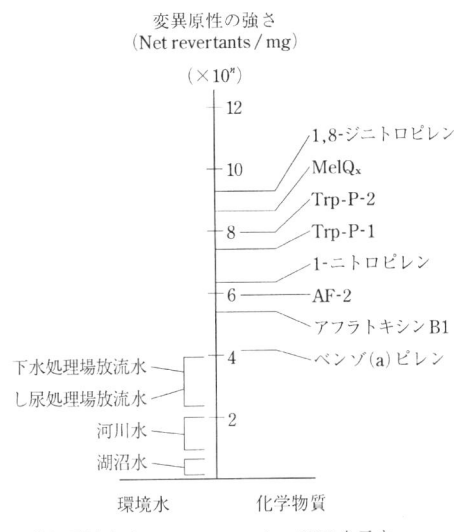

［中室］

図-4.32 淀川河川水と変異原物質の変異原性強度の比較
注）環境水は net revertants / mg TOC を示す．

4.2.5 化学物質の微生物分解 — 近畿の河川の生分解活性度 —

現在使用されている化学物質は2万種に及ぶといわれる．都市域で工場や家庭から排出される化学物質の多くは下水処理場で処理され，河川などの水環境中に放出されることは少なくなってはいるものの，生分解を受けにくい，いわゆる難分解性化学物質は，通常の下水処理法では十分に分解，除去されずに処理水中に残存し，水環境中に放出されていることは周知の事実となっている．また，農薬など直接フィールドで使用される薬品や，下排水処理設備が十分に整備されていない地域からの排出も避けられないものである．近年では，こうして水環境中に放出されると考えられている化学物質の一部が，内分泌撹乱性（環境ホルモン作用）を有することが明らかになり[65]，問題はより深刻なものとしてクローズアッ

170　4章　開発と水環境

プされるようになってきた．水環境保全のためには，このような化学物質の消長を把握することが重要であり，直接・間接の放出先となる河川などの水環境中での分解挙動を知ることが必要となる．ここでは，安威川をはじめとする近畿の都市河川を対象として，界面活性剤およびビスフェノールA（bisphenol A：BPA）に対する微生物分解活性を調べた結果を紹介する．

(1) 調査河川の水質と微生物量

図-4.33に示す大阪近郊の支流を含む7河川の15地点より採取した河川水試料中の微生物を用いて，化学物質の分解活性を調査した．表-4.6には，採取した河川水試料の水質分析値と含まれていた微生物量（細菌）を示している[66]．主な調査対象とした安威川では，上流の地点1～4は清浄で，下流に行くにつれ生活雑排水の流入によりやや汚濁が進行していたが，地点5および地点9においても比較的清浄な水質を維持していた．しかし，最下流の地点11では，かなりの汚濁が認められた．また，支流である茨木川の地点6は地点5とほぼ同等の水質であった．一方，淀川水系では，地点7～地点8にみられるように全般に汚濁が進んでいた．とくに地点10および地点14では，下水処理水などの流入によるもの

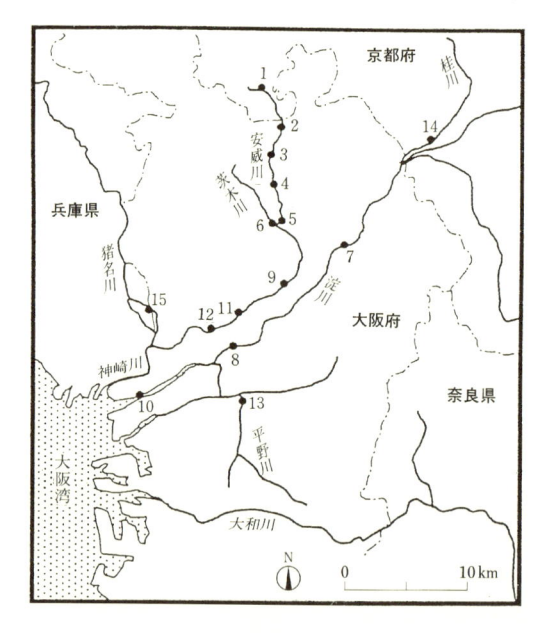

図-4.33　河川水採水地点

表-4.6 各地点の水質

環境基準 類型指定	採取地点	BOD濃度 (mg/L)	TOC (mg/L)	生菌数 (CFU/mL)
A	Station 1	1.5	0.2	1.5×10^4
	Station 2	1.1	0.1	6.6×10^4
B	Station 3	1.6	0.2	3.4×10^4
	Station 4	2.4	1.0	1.7×10^4
	Station 5	2.2	1.7	2.7×10^4
	Station 6	3.1	1.4	2.2×10^4
	Station 7	2.5	2.1	9.0×10^4
	Station 8	2.2	1.7	3.3×10^4
D	Station 9	2.3	1.9	2.4×10^4
	Station 10	5.3	3.7	2.6×10^4
E	Station 11	13.3	6.2	4.3×10^4
	Station 12	5.5	5.0	3.2×10^4
	Station 13	8.9	7.1	6.6×10^4
	Station 14	2.5	3.5	3.2×10^4
	Station 15	7.4	7.3	3.4×10^4

と考えられる相当な汚濁が観察された．神崎川の地点12，平野川の地点13，猪名川の地点15の汚濁もかなり進んでいた．全体としては近畿の各地の都市河川を代表するような水質をカバーしており，これらの生分解活性を評価すれば，実際の河川で起こっている化学物質の分解挙動をある程度推測できるデータとなり得るものと考えられる．微生物量の指標としては，増殖する能力をもっている従属栄養細菌数（生菌数）を測定したが，いずれの試料中でも $10^4 \sim 10^5$ CFU/mL 程度の値が得られ，汚濁の進行度との明確な相関はみられなかった．都市河川の水中にはある程度以上の微生物の存在していることが確認されたことになるが，このなかで特定の化学物質に対する分解菌がどのような比率で存在しているかが問題となる．

(2) 界面活性剤の分解活性

界面活性剤は最も大量に使用されている化学物質のひとつである．現在では非常に多岐にわたる界面活性剤が生産されているが，この調査では，陰イオン界面活性剤としてドデシル硫酸ナトリウム(sodium dodecyl sulfate：SDS)およびLASを，非イオン界面活性剤としてAEおよびノニルフェノールエトキシレート(NPE)を用いた(表-4.7)．またAE，NPEの一部を構成する合成ポリマー，

表-4.7 供試合成界面活性剤などの化合物

界面活性剤などの種類	物質名	化学構造
非イオン系 (ポリオキシエチレン型)	アルキルフェノールエトキシレート[APE(NPE)]	HO―(CH$_2$CH$_2$―O)$_{9.5}$―⟨benzene⟩―C$_9$H$_{19}$
	アルコールエトキシレート(AE)	HO―(CH$_2$CH$_2$―O)$_8$―C$_{10}$H$_{21}$
	ポリエチレングリコール(PEG)	HO―(CH$_2$CH$_2$―O)$_9$―H
陰イオン系	直鎖アルキルベンゼンスルホン酸(LAS)	NaO$_3$S―⟨benzene⟩―C$_{12}$H$_{25}$
	ドデシル硫酸ナトリウム(SDS)	NaO$_3$SO―C$_{12}$H$_{25}$

ポリエチレングリコール(PEG)についても分解性を調べた．界面活性剤の分解試験には主に安威川からの試料を用い，river die-away 法のひとつである TOC 阪大法[67]による評価を行った．

簡単にいうと，採取してきた河川水試料中の微生物を，対象とする化学物質を含む人工河川水に接種，好気条件下で培養し，経時的に化学物質の濃度を全有機炭素(TOC)として測定する．TOC での分解測定は，化学物質が部分的に分解され代謝物に変換されて蓄積される場合でもとらえることができ，化学物質の完全分解を評価することができる．

図-4.34 に安威川試料を用いた各界面活性剤の生分解試験結果を示す．ほとんどの試料で SDS，PEG，および AE の完全分解が示されたが，分解速度は SDS が最も速く，次に PEG，やや遅れて AE がこれに続く傾向にあった．別途行った LAS の生分解試験においても緩やかながら TOC の減少が確認された．一方，NPE は，いずれの試料でも TOC がほぼ半減した後に分解が停止し，完全分解されない代謝物が残存することが明らかとなった．NPE のように完全には分解されない界面活性剤もあるものの，都市河川中の微生物は多くの界面活性剤を分解・浄化するポテンシャルを有しているものといえる．概して，同じ界面活性剤に対する分解速度は上流よりの下流で採取された河川試料の方が高かったことから，人為的汚染の進んだ河川環境中には化学物質の分解菌が集積されていることが示唆された．比較のために，ほとんど人為的な汚染のないきわめて清浄な河川

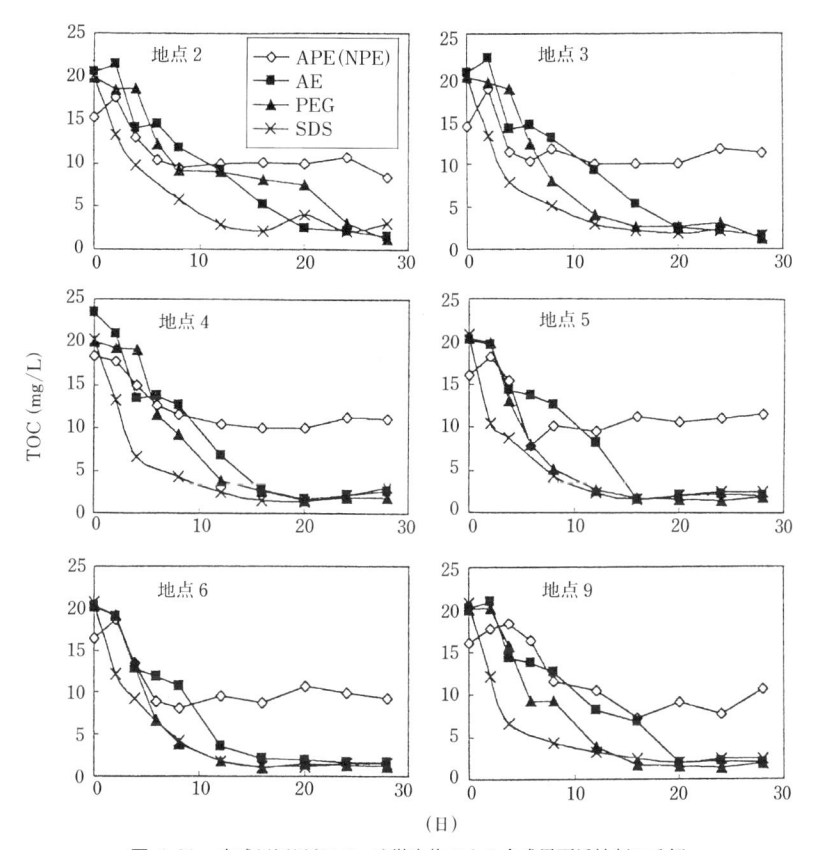

図-4.34 安威川河川(St.2~9)微生物による合成界面活性剤の分解

(BOD 1 mg/L 以下)である.福岡県日野川,および富山県常願寺川水系上流部および中流部(和田川は常願寺川の支流)の河川水試料により同様の試験を行ったところ,安威川試料と同様に各種界面活性剤の分解は確認されたものの,分解にはかなり長時間を要した(図-4.35).

(3) ビスフェノールA(BPA)の分解活性

界面活性剤とならんで大量に生産・消費されている化学物質として,樹脂(プラスチック)の硬化剤があげられる.BPA,図-4.36はポリカーボネイト系樹脂の硬化剤であり,最近では環境ホルモンのひとつとして注目される.表-4.8は,図-4.33に示した各地点から採取した河川水中の微生物によるBPAの生分解試

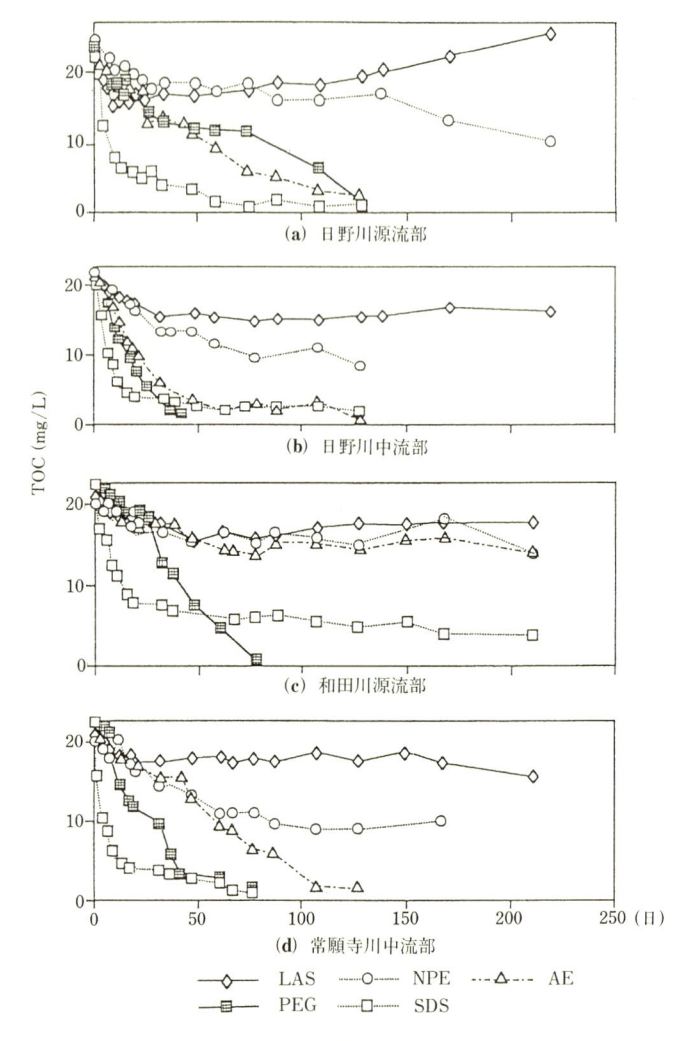

図-4.35 種々の河川微生物による合成界面活性剤の分解

験(TOC 阪大法)を行った結果である．汚濁の少ない地点から採取した3試料を除く41の試料では，14日の試験期間中に TOC の減少が認められ，河川環境中に BPA の分解菌が普遍的に存在していることが明らかとなった．しかし，TOC がほぼ完全に除去されたものは汚濁の進んだ地点由来の6試料のみで，そのほかの試料では TOC の残存が認められた．また，試験期間を28日間にまで延長し

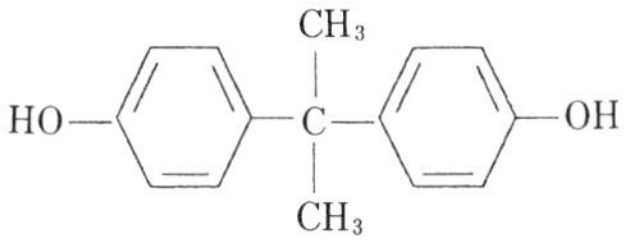

図-4.36 ビスフェノールAの構造

表-4.8 河川微生物によるBPA分解

環境基準類型指定	採取地点	試料番号	培養14日後TOC除去率(%)
A	Station 1	Sample 1	5[a]
		Sample 2	84
		Sample 3	56
	Station 2	Sample 4	5[a]
		Sample 5	0[a]
		Sample 6	77
B	Station 3	Sample 7	0[a]
		Sample 8	64
		Sample 9	63
	Station 4	Sample 10	40
		Sample 11	60
		Sample 12	73
	Station 5	Sample 13	52
		Sample 14	67
		Sample 15	75
	Station 6	Sample 16	59
		Sample 17	67
		Sample 18	63
	Station 7	Sample 19	73
		Sample 20	78
		Sample 21	82
	Station 8	Sample 22	84
		Sample 23	81
		Sample 24	95[b]
D	Station 9	Sample 25	63
		Sample 26	71
		Sample 27	70
	Station 10	Sample 28	85
		Sample 29	80
		Sample 30	75
		Sample 31	90[b]
E	Station 11	Sample 32	93[b]
	Station 12	Sample 33	81
		Sample 34	76
	Station 13	Sample 35	100[b]
		Sample 36	74
		Sample 37	80
	Station 14	Sample 38	94[b]
		Sample 39	51
		Sample 40	79
	Station 15	Sample 41	84
		Sample 42	71
		Sample 43	72
		Sample 44	93[b]

初期TOC：20〜25 mg/L,
a：除去率が低い試料，b：除去率が高い試料．

てもTOCの完全除去には至らなかった．したがって，BPAは比較的容易に初期分解を受けるものの，より難分解性の代謝物を蓄積し，その分解には初期分解を担う分解菌群とは別の分解菌群の介在が必要であることが示唆された．また，調査結果は，代謝物の分解菌が汚濁の進んだ限られた地点にのみ存在していたことを示している．

(4) 河川のもつ化学物質浄化ポテンシャル

ここで分解試験を行った化学物質は，河川微生物によっておおむね速やかに分解された．近畿の都市河川中では，化学物質汚染に対応した微生物相が形成されており，各種化学物質汚染をある程度浄化するポテンシャルが存在しているものと考えられる．これは，我々が長期にわたって河川をさまざまな化学物質で汚染してきたことの裏返し

とはいえ，日野川や常願寺川など清流の試料を用いて行った界面活性剤分解試験の結果（図-4.35）は，このことを如実に物語っている．一方，NPE や BPA では，その分解に伴ってより生分解を受けにくい代謝物が蓄積された．NPE についてはその後の詳細な分析から，代謝物が元の化合物よりも毒性や内分泌撹乱性の高い代謝物（ノニルフェノール）へと変換されたことが明らかになった．このことは，河川のもつ自浄作用には限界があり，逆にリスクの増大にさえ結びつく可能性を示したものである．化学物質の使用に際しては，代謝物をも考慮した生分解性，生態毒性についての事前評価がきわめて重要といえよう．　[藤田・森]

4.2.6　ナホトカ号重油流出事故と海域汚染

日本海を航行中のタンカーが沈没し，積載していた重油が流出して，島根県から秋田県にわたる1府8県の日本海沿岸に漂着して，自然環境や水産資源に大きな被害を及ぼした．重油が漂着した京都府の丹後地域沿岸は，山陰海岸国立公園や若狭湾国定公園の区域にも含まれ，鳴き砂の分布する琴引浜やオオミズナギドリ（*Calonectris leucomelas*）の生息する冠島など全国的にも貴重とされる自然環境とともに，良好な漁場や海水浴場に恵まれた地域である．京都府では漂着重油の環境への影響や動植物を含めた自然系の回復状況を把握するため，事故直後から約1年間，継続的な調査を行ってきた[68]．

(1)　事故の概要

平成9年1月2日2時51分，島根県隠岐島の北北東 106 km の日本海で上海からペトロパブロフスク向け航行中のロシア船籍のタンカー「ナホトカ号」（総トン数1万3157 t，C重油1万9000 kL 積載）の船首部が折損し，後部側が沈没して船首部が漂流した．破断タンクからは約 6240 kL（推定）の C 重油が流出し，1月8日にはその一部が沿岸部に漂着し始めた．船首部は約 2800 kL（推定）の C 重油を残存したまま漂流し，1月7日には福井県三国町沿岸に着底した．漂流油は1月17日から能登半島を東側に越えて拡大し，1月20日にはその一部が新潟県に，1月24日には山形県に，次いで秋田県に漂着し，1府8県にまで拡大した（図-4.37）．また，1月12日には，事故地点から東約 40 km 付近の海上で，沈

図-4.37 流出重油の漂着範囲

没した後部側船体からの湧出油とみられる浮遊油が確認された．

京都府管内では漂着した重油のうち，平成9年5月30日現在で3 614.9 t(海水，砂などを含む)が回収され，それに携わった作業者は漁業者やボランティア(図-4.38[68])を中心に延べ7万7 951名に達した．しかし，回収作業が困難な砂浜上部の植生のある場所や岩礁域の汀線より上部では，現在も局所的に残存重油が認められている．また，今回の油流出事故は，過去に国内で発生[69]したジュリアナ号事故，水島製油所タンクヤード事故(表-4.9)と匹敵する大規模な事故であった．

(2) 水質への影響

重油の95%程度は多種類の炭化水素系の混合物で，それ以外には硫黄，酸素や窒素を含む有機化合物と少量の無機物が混在しており，これらの物質は水質・底質汚染の原因物質になる．今回，京都府沿岸部の環境基準点など26地点で，重油流出事故後2，3，5および7箇月目の計4回，重油汚染関連物質についての調査を行った．

図-4.38 ボランティアによる漂着重油の回収作業(琴引浜)[68]

表-4.9 国内で発生した大規模重油流出事故事例の概要

事故例	ジュリアナ号事故	三菱石油水島製油所事故	マリタイム・ガーデニア号事故	ダイヤモンド・グレース号事故
発生日時	昭和46年(1971)11月30日	昭和49年(1974)12月18日	平成2年(1990)1月25日	平成9年(1997)7月2日
発生場所	新潟沖	三菱石油水島製油所	京都府丹後半島沖	横浜・本牧沖の東京湾
流出油量	オーマン原油7 200 kL	C重油7 500～9 500 kL	C重油800 t, A重油100 t	原油約1 550 kL
被害状況	・漁船漁具の損傷,漁業の休止などによる漁業被害. ・テトラポット,護岸などに付着しているイワノリなどがタール状油に覆われた.	・沿岸各地域で養殖されていたノリ,ワカメ,ハマチなどは甚大な被害を受けた. ・海水中の油分は3月時点で事故前までの濃度に回復した. ・沖合の底棲生物の生息状況に変化は認められなかった. ・1 000 kLの油処理剤が使用されたが,1箇月後の海水,底泥からは検出されなかった.	・重油の海岸漂着は季節風と地形により,かまや海岸とあごえのまたの2箇所に限定された.	・人工護岸への漂着にとどまった. ・大型生物への影響はみられなかった. ・油処理剤が投入された後の油は,水深5 m程度の護岸付近の海底まで影響していると考えられた.

　植物油,動物油,鉱物油などの炭化水素系関連物質の総量を測定する油分は検出されず,重油汚染による鉱物油の残留はみられなかった.環境庁が実施した調査[70][平成9年(1997)3月6日～17日]によると,石川県沖の1地点から6.3 mg/Lを検出した以外は不検出と報告している.また,重油中に微量含まれている発ガン物質である多環芳香族炭化水素[ベンゾ(a)ピレン,ベンゾ(k)フルオランテン,

ベンゾ(ghi)ペリレン］は，すべて検出されず，環境庁の調査でも福井県と石川県沖の一部で0.0005～0.005 mg/Lが検出された程度である．次に，魚介類への重油汚染による影響を調べる指標として用いられている高沸点有機硫黄化合物（ジベンゾチオフェン，ベンゾチオフェン）は，すべて検出されなかった．

また，重油中に含まれている麻痺作用などを有する揮発性炭化水素系化合物として測定したベンゼン，トルエン，およびキシレンは，すべての地点で不検出であったことなどから，重油汚染による水質への影響は認められなかった．

(3) 底質への影響

油分の測定結果はすべて不検出であったが，多環芳香族炭化水素はベンゾ(a)ピレンが0.01未満～0.04 mg/kg湿泥(検出率35％)，ベンゾ(k)フルオランテンは0.01未満～0.04 mg/kg湿泥(検出率31％)，ベンゾ(ghi)ペリレンは0.01未満～0.05 mg/kg湿泥(検出率35％)を示した．これらの値は，環境庁が平成元年(1989)に実施した全国調査の底質測定結果[71]（ベンゾ(a)ピレン：0.005～3.7 mg/kg乾泥，ベンゾ(k)フルオランテン：0.01～5.5 mg/kg乾泥，ベンゾ(ghi)ペリレン：0.003～1.3 mg/kg乾泥）と同程度か少し低めであった．このことから，底質中で検出した多環芳香族炭化水素は，今回の重油汚染による影響ではなく，長年の蓄積によるものと思われる．高沸点有機硫黄化合物は不検出で，重油汚染による残留はみられなかった．また，環境庁の調査でも，すべての地点で不検出と報告している．

(4) 生態への影響

a. **魚介類**　重油が魚介類に付着すると，油臭を呈し商品価値を失うとされている．平成9年1月中旬から3月下旬にかけて，31箇所の沿岸部で採取した魚介類の臭気試験を行ったところ，いずれも油臭は検出されず，影響は認められなかった．

b. **鳥類**　粘性の高い油分が生物に付着すると，種々の障害が起こる．たとえば，水鳥の羽毛に付着すると羽毛の水濡れが起こり体温が保持できなくなったり，浮かぶことも不可能となる．事故発生後1～2箇月にわたって丹後半島西岸の34％の海岸線で調査を行ったところ，12科29種の鳥類が観察され，その個体数は

9 162 羽で，そのうち，重油汚染を受けている個体数は 2 160 羽を占めていた．また，保護および死体で回収された鳥類は 104 個体で，重油漂着による影響がみられた．しかし，その後の調査では，繁殖場所や繁殖行動に変化がみられないことから，短期の影響で収まったと思われる．

c. **潮間帯生物・砂浜生物**　潮間帯に付着しているフジツボなどは，足糸に油が付着すると岩面からはがれやすくなる．事故後の調査によると，ホンダワラ(*Sargassaceae sp.*)やバフンウニ(*Hemicentrotus pulcherrimus*)など日本海沿岸で普通にみられる種類が順調に出現していた．また，ヨメガカサガイ(*Cellana toreuma*)の殻を指で動かしても全く剥離されず，活力の低下はみられなかった．

砂浜に重油が漂着すると，スナガニ(*Ocypode stimpsoni*)の巣穴の数が減少するといわれているが，今回の調査では，1 m^2 当たり 0.1〜0.27 個で，とくに巣穴が少ないとはいえず，重油による潮間帯生物および砂浜生物に対する顕著な影響は認められなかった．

d. **海藻**　海面に漂う油膜は太陽光線の海中への透過を少なくしたり，海藻などに沈着したりして光合成を阻害し，繁殖を妨げるとされている．事故直後の調査では，重油の影響と思われる海藻の一種であるウミトラノオ(*Saragassum thunbergii*)の先端部の脱落や多年草の海藻が岩盤部から流出するなどの影響がみられたが，その後の調査では，流出した岩盤部に海藻の幼体の付着が認められ，順調に回復していることが確認された．

今回の重油汚染の規模は，国内では最大級の事故であったが，大きな影響を及ぼすことなく終結したことは不幸中の幸いといえる．その一因として，ボランティアの方々の活躍を見逃すことができない．しかし，生態系への影響は長期に及ぶことが考えられるため，今後も継続した調査が必要と思われる．　　［筒井］

4.3 地下水汚染

4.3.1 近畿の地下水汚染の現状と対策

(1) 地下水汚染の動向

『水質汚濁防止法』のもとで地下水質モニタリングが継続的に実施され，我が国の地下水汚染の概要が次第に明らかにされてきている．平成7年(1995)度までに5万9000検体の地下水が全国各地で調査されており，この資料をもとにトリクロロエチレンなど揮発性有機塩素化合物の基準超過率を図-4.39に表した[72]．調査の始まった1980年代には基準の超過率は5％にものぼることがあったが，最近では汚染される可能性の低い地域にまで調査が進んでいるため，基準超過率は1％を下回るようになってきた．

こうした地下水モニタリングと並行して，汚染された土壌や地下水の修復技術開発も勢力的に進められた．土壌ガス吸引，地下水揚水，エアースパージング，微生物分解，反応性バリアーなどであり，これらの技術のなかには，土壌・地下水汚染の修復技術として定着した技術もある．もちろん低コストで簡便な修復技術の開発は必要ではあるが，対策メニューとしての修復技術はほぼ揃っているといえる．こうした状況を踏まえ，環境庁では平成6年(1994)に策定された重金属や揮発性有機塩素化合物汚染の暫定指針を平成11年(1999)1月に全面改定し，「土壌・地下水汚染に係る調査・対策指針および同運用基準」として汚染調査の位置づけ，対策技術や浄化処理後の土壌の利用などを明確にした[73]．

揮発性有機塩素化合物とならんで硝酸態窒素は，高頻度・高濃度で地下水から検出される物質である．昭和57年(1982)の環境庁地下水汚染調査で最も検出率の高かった物質であり，調査対象となった1360検体の地下水のうち，10％が水道水質基準値(10 mg/L)を超過していた．トリクロロエチレンなどの揮発性有機塩素化合物は発ガンの恐れのあることが指摘されていたため，調査手法や修復技術の開発が先行して進められてきた．これまで硝酸態窒素は環境基準の要監視項目に指定されていたため，平成7年(1995)までの調査検体数は8400と多くはないが，図-4.39に併記したように約5％が指針値を上回っており，地下水の硝

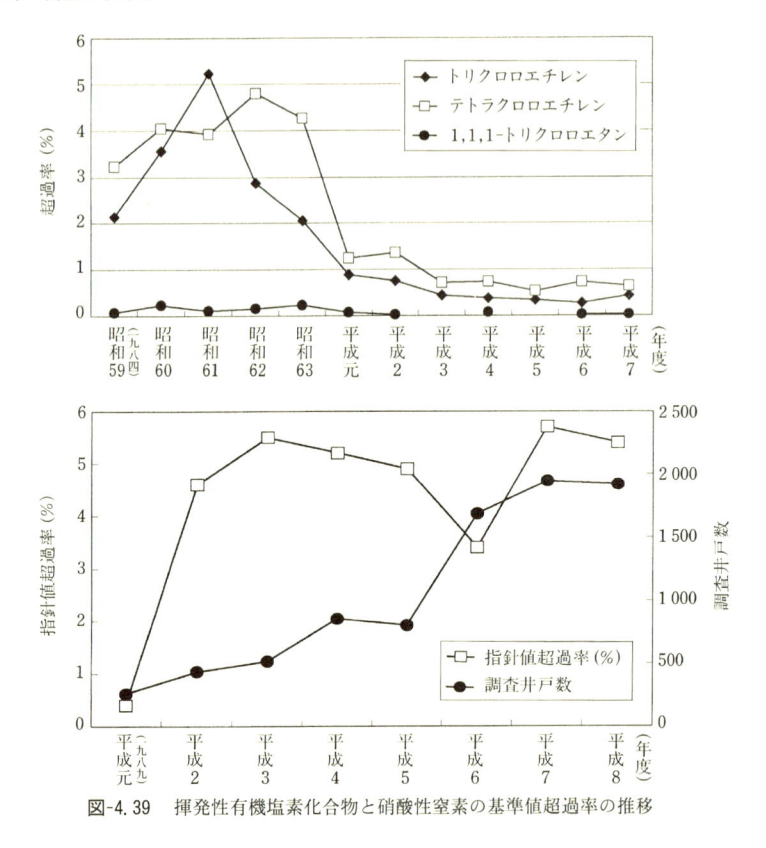

図-4.39 揮発性有機塩素化合物と硝酸性窒素の基準値超過率の推移

酸汚染が全国規模で顕在化していることがうかがえる．こうした背景から，平成11年2月に硝酸態窒素($10\,\mathrm{mg/L}$)，ホウ素($1\,\mathrm{mg/L}$)，フッ素($0.8\,\mathrm{mg/L}$)の3物質が要監視項目から基準項目に見直された．

(2) 揮発性有機塩素化合物

トリクロロエチレンなどの揮発性有機塩素化合物による土壌・地下水汚染は，対策技術が整いつつあることに加えて，ISO 14000シリーズの取得に伴い工場敷地内の汚染データの公表と環境への配慮が問われることが重なり，かなりの汚染データと対策資料が蓄積されつつある．こうしたなかで，兵庫県太子町の土壌・地下水汚染は，千葉県君津市の事例とともに，我が国を代表する汚染事例となっている．この太子町の汚染事例は，次節で詳しく紹介されるが，汚染そのものは

環境庁地下水汚染に引き続き，厚生省が実施した水道原水となっている地下水調査で昭和58年に汚染が発見された．その後に実施された汚染源調査，さらには工場建屋下の汚染土壌の除去と，現在まで続く地下水の揚水処理が実施されている．こうした対策による地下水質の回復状況を図-4.40に示した．平成10年（1998）3月までに地下水揚水により合計27tに上るトリクロロエチレンが除去されている．その結果，工場敷地内浅井戸のトリクロロエチレン濃度は，年間を通して環境基準値0.03mg/Lをクリアするまでに回復している．このように汚染物質は水には溶けにくく，地下水揚水による浄化に時間はかかるが，確実に効果を上げることができることなど，太子町の汚染対策事例は現在の地下水汚染対策の基礎となっている．

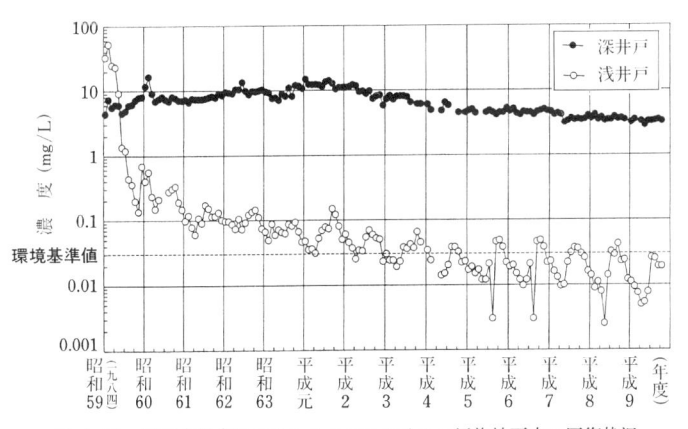

図 4.40 地下水揚水によるトリクロロエチレン汚染地下水の回復状況

太子町に加えて兵庫県では，阪神・淡路大震災後の土壌・地下水汚染調査により判明した十数箇所の対策も実施している．

大阪府下でも土壌・地下水汚染が判明している．環境庁が実施している新技術開発，簡易浄化技術開発の事業支援もあって，携帯用質量分析計を利用した表層土壌ガス調査や鉄分を含む還元的地下水の散気管方式によるばっ気処理装置などの開発が進められている．吹田市の一部にも，トリクロロエチレンなどの汚染がみられる．

さらに高槻市では，水道原水のトリクロロエチレン汚染が判明して以来，汚染源調査としてフィンガープリントによる表層土壌ガス調査を，広域的な概況調査

と工場敷地内の詳細調査などに積極的に導入している[74]. とくにトリクロロエチレン汚染の発見された工場内では, 土壌ガスも地下水も同時に除去するウエルポイント法を他に先駆けて開発・実用化しており, さらに汚染された粘性土壌の処理として生石灰撹拌混合処理技術や地下水中でのエアースパージング技術などを試みている[75]. こうした技術のなかで, ウェルポイント法は特筆すべき対策技術であろう. 本技術はスクリーンを備えた井戸やパイプを汚染された土壌・地下水中に打ち込み, 井戸や配管内を真空ポンプで減圧して, 地下水を汲み上げる技術である. 真空状態を利用して揚水するため, 最大の揚水深度は6～7mと制限はあるが, 地下水があれば地下水を, 地下水がなくなれば土壌ガスを吸引除去する, とくに, 地下水制御を必要としない対策技術である. この技術でトリクロロエチレンなど揮発性有機塩素化合物に汚染された土壌・地下水汚染の修復事例を図-4.41に示した. これは, 表層土壌ガスを指標として

$$修復率＝(修復前濃度－修復後濃度)／修復前濃度$$

で得られる修復率を描いている. 結果として, 修復前の土壌ガス濃度が100 ppmvを超える高濃度地点では, 90％以上汚染物質が除去されていることがわかる[74].

(3) 無機物質

フッ素について, 近畿圏ではフッ素過多による斑状歯の症例報告はあるが, 表流水や地下水などで基準値を超過することはまれである. 硝酸態窒素は, これま

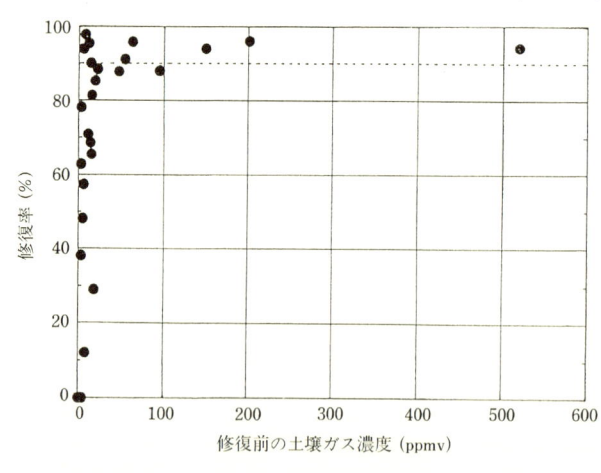

図-4.41
土壌ガス濃度と修復率

で要監視項目に指定されていたため,近畿圏では調査事例そのものが少なく,現在まで大規模な地下水汚染事例は報告されていない.

ヒ素については,半導体や農薬など幅広い用途がある一方で,我が国でも自然の地質にも広く分布している.事実,平成7年の地下水質調査で基準を超えて検出された48本の井戸のうち,32本の井戸が自然由来の汚染と考えられている.このようにヒ素による地下水汚染は,自然由来とされるものが多いが,系統だった調査に基づく解析や報文は,仙台市,高槻市,福岡県の事例にみられる程度である.高槻市の観測[76]では,pHが低いほど(pH 7未満),ヒ素濃度が高まる結果が得られている.この観測例では26試料のうち,7試料でヒ素が検出され,濃度は0.012～0.362 mg/Lの範囲に分布している.ヒ素は両性物質であることが知られており,アルカリ側ではケイ素の溶出に伴い$Na(AsO_3)$が放出され,酸性側では強酸により$(AsO_3)^-$がフリーとなり,おそらく5価のヒ素が溶存するとみられている.好気状態ではヒ素は酸化鉄と共沈し,還元的雰囲気では鉄は2価イオンとして,またヒ素は$(AsO_3)^-$(5価)から$(AsO_2)^-$(3価)に還元されるが,2価鉄とともにイオン化して存在する.[平田]

4.3.2 兵庫県太子町の事例

(1) 背　　景

環境庁水質保全局(水質管理課)は,昭和57年(1982)に全国主要15都市における「地下水汚染実態調査」を実施して,翌年8月9日にその結果を都道府県および10大政令市に送付し,その結果は翌日には公表された.測定項目は,硝酸態窒素や亜硝酸態窒素のほかにトリクロロエチレンやテトラクロロエチレンなどのハロカーボン(12物質),ベンゼンなどの低沸点炭化水素(3物質)およびフタル酸エステル(2物質)である.検体数は,原則として各都市100検体の計1 499検体(浅井戸1 083,深井戸277,河川139)である.調査結果では,検出率の高い物質は,硝酸態窒素および亜硝酸態窒素(87 %),トリクロロエチレン(28 %),テトラクロロエチレン(27 %),クロロホルム(22 %),1,1,1-トリクロロエタン(14 %),四塩化炭素(10 %)の順であった.調査された化学物質で,検出率が高く,WHOガイドライン[昭和58年(1983)]の濃度を超える頻度の高い物質は,トリクロロ

エチレンとテトラクロロエチレンであり，この物質による地下水汚染の全国的な広がりが予測された[77]．また，厚生省環境衛生局水道環境部（水道整備課）は，上記の地下水汚染に係る環境庁調査結果の経緯に基づいて，昭和58年(1983)8月5日に都道府県水道行政部局に対して，「トリクロロエチレン及びテトラクロロエチレンによる地下水汚染の対策」に鑑み水道水源用井戸に関する汚染実態の把握を通達した．兵庫県保健環境部は，厚生省の通達を受けて，県衛生研究所を中心に，県下全域の飲用井戸に関する調査を昭和58年9月から開始した．

　当時，県公害研究所は，昭和53年(1978)度から昭和58年度に環境庁保健調査室（現：環境安全課）の委託研究として，「水中の有機塩素化合物の検索に関する調査」を実施し，ハロカーボン分析法の検討および兵庫県下の陸水（雨水，ダム・湖水，河川水，地下水）や海水のハロカーボン濃度汚染をppb（μg/L）～ppt(ng/L)レベルで確認して，県保健環境部（環境局水質課）と環境庁主管課に報告していた[78]．また，日本水質汚濁研究会（現：日本水環境学会）では，昭和57年度から昭和58年度に環境庁水質保全局（水質規制課）の委託で「有害物質による地下水汚染実態調査（文献調査）」を実施しつつあり，ハロカーボンを重点に，日本における製造量や物性のみならず，毒性やU.S.EPAクライテリアやWHOガイドラインや分析法，世界における環境調査例などに関する文献レビューがまとめられた[79]．一方，日本科学技術情報センター（JCTS）では，環境庁大気保全局（大気規制課）の委託で，「大気汚染物質レビュー（有機塩素系溶剤）」を昭和57年度に実施し，大気中のハロカーボンの反応性・物性，分析法，存在量，許容濃度，病理・臨床所見などを文献レビューとして昭和58年初旬にまとめている[80]．

(2)　ハロカーボンによる地下水の広域汚染

　兵庫県西播磨地域の瀬戸内海に面する揖保郡太子町は，人口約3万2000人，世帯数約1万の地方小都市で，西側に揖保川（長さ70 km，流域面積810 km^2）および支流の林田川などが流れている．歴史的には，平安時代に聖徳太子ゆかりの法隆寺別院として建立された斑鳩寺（天台宗）もあり，古くから開けた土地である．なお，太子町住民の飲用水は，地下水の浄化水が水道として使用されている．昭和58年(1983)晩秋に町民による水道水の異臭苦情があり，また，前記した環境庁による地下水汚染調査結果の報道や厚生省の水道水源用井戸の調査通達など

地下水汚染に対する町民の関心が高まるなかで，太子町は，同年11月末から12月下旬にかけて，3回の3地下水源(A，B，C)に関係する地下水中のトリクロロエチレン，さらにテトラクロロエチレンの調査を民間分析機関に依頼して実施した．その結果，A，B水源の地下水からWHO暫定ガイドライン(トリクロロエチレン：30 μg/L，テトラクロロエチレン：10 μg/L)を超えるトリクロロエチレン濃度(67～430 μg/L)が検出された．ただし，A，B水源のテトラクロロエチレンは，1～5 μg/Lであり，C水源は両物質共に未検出(ND：1 μg/L以下)であった．一方，県衛生研究所は，12月下旬に3回の水道水(9地点)のハロカーボン分析を実施し，AおよびB水源から給水されている水道水(4地点)から，トリクロロエチレン濃度50～129 μg/Lを検出した．また，井戸水(13地点)の分析では，井戸水(4地点)から，トリクロロエチレン濃度19～248 μg/Lを検出している．太子町は直ちにAおよびB水源の取水を停止し，隣接する姫路市および龍野市から給水の応援体制をとった．

これら一連の地下水汚染は，当時，汚染源が不明であったが，トリクロロエチレンを溶剤として使用している太子町内に立地する家電器製造企業(T工場)や，ドライクリーニング作業事業所などからの排水による環境水の汚染が推定された．図-4.42に示した太子町の地下水脈と3水源の位置関係から推定できるように，AおよびB水源は同じ水脈であり，水脈の1箇所で土壌汚染が生じると，同系列連の全水脈に汚染が広がり，広域の地下水汚染が発生する．ただし，C水源は揖保川に隣接した別水脈と考えられる．

(3) 汚染源と処理対策

太子町は，汚染源の調査として，昭和58年(1983)12月下旬にT工場排水のトリクロロエチレン濃度を測定して数百 μg/Lレベルのトリクロロエチレンを確認したため，T工場に原因調査と地下水の浄化対策費の負担を要望した．翌年1月12日に地下水調査対策委員会を発足させて，汚染原因と対策を含む町行政の一元化を図った．この時期，汚染源はT工場内または関連工場と推定され，T工場側も原因箇所の絞込みと対策に本腰を入れていた．後に判明した汚染原因は，TVブラウン管表面の油膜洗浄に使用していたトリクロロエチレン溶剤が工場コンクリート床の裂け目から床下の土壌に浸透し，長期間に，地下90 m近辺に位

188　4章　開発と水環境

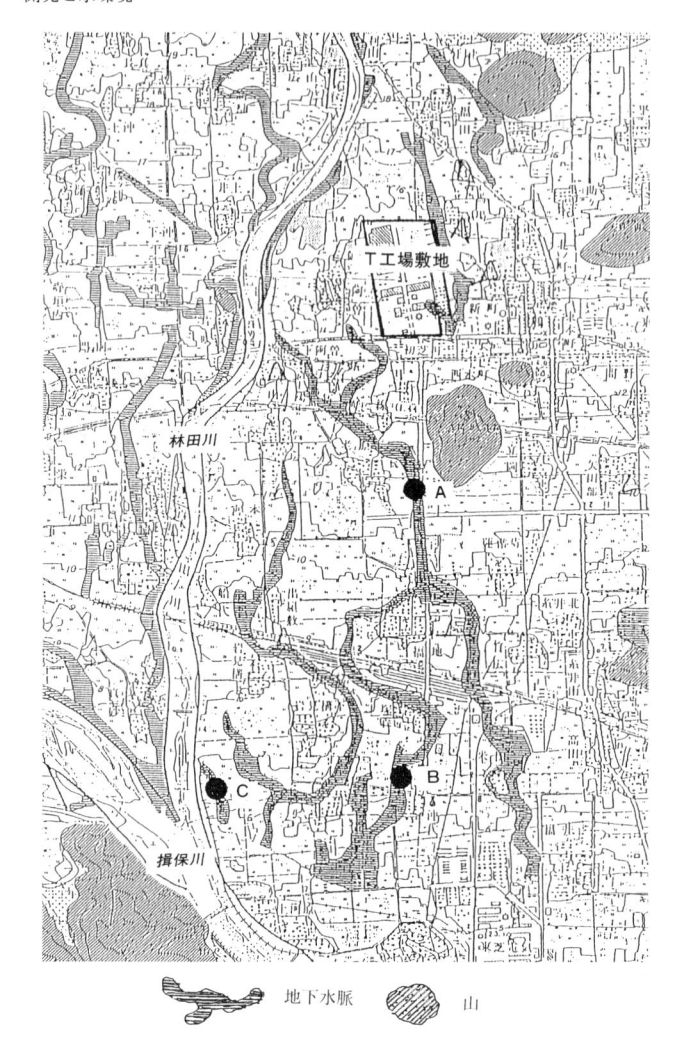

図-4.42　太子町の地下水脈・水源およびT工場敷地などの地形

置する水脈の地下水を汚染した現象であった．

　一方，太子町地下水汚染に対する県行政を円滑に推進するため，昭和59年(1984) 2月8日に，昭和44年(1969)度から機能している兵庫県環境保全対策会議に「トリクロロエチレン等汚染対策部会」が設置され，当日，第1回会議が開かれた．この会議は，保健環境部環境局が主催するため，部内の関係各課，衛生研

究所および公害研究所の担当職員から構成され，地下水などの汚染実態調査や汚染対策方針が議論された．かつて，昭和43年(1968)下旬から表面化したPCBの環境汚染調査および汚染源対策に関しても，県内に立地するPCB製造企業や環境汚染などへの行政施策がPCB汚染対策部会を中心に推進されてきた経緯もあり，地下水汚染に関しても上記の対策部会で行政部門や技術部門の役割分担が決められた．特に，飲用井戸の汚染に関しての汚染レベルの調査は，県衛生研究所が担当し，汚染された土壌や汚染源の対策に関しては，公害研究所が担当することになった．なお，昭和49年(1974)春には，環境庁の依頼を受けて，日本水質汚濁研究会(現：日本水環境学会)が，国立公衆衛生院や国立公害研究所(現：国立環境研究所)および大学の研究者による調査団を編成して現地調査を実施した．

昭和58年(1983)下旬から翌59年初旬には，太子町は，独自の行動として，民間分析機関に依頼して地下水汚染のレベルを確認し，兵庫県担当部局との連携調査で汚染源をT工場に絞っていた．その結果，太子町と兵庫県の要請で，T工場は汚染された地下水を空気ばっ気するプラントを完成させ，地下水源からプラントへの送水管をその年の2月9日に完成させて，兵庫県および太子町の監視下で浄化テストを開始した．図-4.43に示した本プラント(容量10 m^3，プラスチック製充填剤×2基)は，A水源からの汚染地下水が1 000 μg/Lと仮定すれば，原水10に対して空気量100/minで吹き込めば，トリクロロエチレンを空気中に

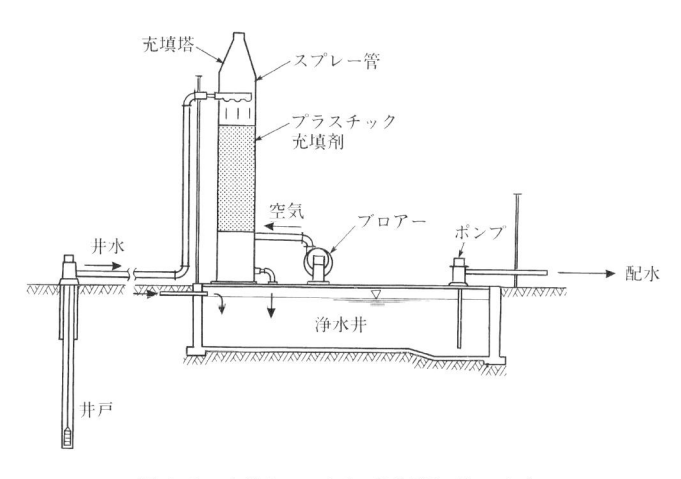

図-4.43 充填カラム式ばっ気装置(一般モデル)

ばっ気してWHO暫定ガイドラインの30 μg/L以下（10～20 μg/L）に浄化できる物理化学的な理論計算であった．しかし，T工場の技術者による敷地内井戸の地下水を用いた基礎実験では，トリクロロエチレン濃度42～110 μg/Lで空気量/水量（気液比）を調整すれば，3～15 μg/L濃度に低下できるが，トリクロロエチレン濃度600～1 200 μg/Lでは，50～450 μg/Lまでが限界であった．

一方，県公害研究所の環境庁委託研究（昭和56～58年度（1981～83））である，低沸点有機塩素化合物の気液平衡系におけるパージ＆トラップ法やストリッピング法に関する研究では，ヘンリー定数等動力学的実験から，トリクロロエチレン/水/空気系の物性が把握されていた[81]．本プラントによる浄化テストでは，県衛生研究所が測定をして浄化を確認した後に，浄化地下水が本格給水された．太子町は汚染前にA，BおよびC水源の地下水から1万6 000 t/日を取水していた．

次に問題となった対策は，トリクロロエチレンで汚染されたT工場内の土壌処理であった．昭和59年4月～6月に1 000 μg/kg以上の汚染土壌（約1 000 m^3：8 m×9 m×垂直7 m）が掘り出され[82]，T工場敷地内の空き地表面に汚染土壌を散布して，工業用扇風機による強制的な天日乾燥が実施され，土壌に含有するトリクロロエチレンを気化させて大気中に飛散させた．しかし，汚染された地下水の空気ばっ気や土壌の天日乾燥の処理方法には問題があることから，兵庫県環境局大気課と県公害研究所は，トリクロロエチレンの空気ばっ気プラント煙突および土壌表面からの大気拡散に関する理論計算と住居地域の実測を行った．その結果では，WHOのトリクロロエチレンに関する許容1日摂取量（ADI）は，7.35 μg/kg・日で，成人1日の呼気量が15 m^{3}であることから，両処理方法で放出される大気中のトリクロロエチレンはADIの値を超えないと推定され，上記の処理対策が続けられた．なお，土壌中の溶剤系汚染物質の分析法に関しては，環境庁の昭和59年度委託研究で実施されて，トリクロロエチレンなどの気体/液体/土壌系の物性考察で試料保存法や液固抽出法などの検討が行われた[83]．

（4） 地下水汚染の現状

昭和58年（1983）年12月に表面化した太子町の地下水汚染については，前記したように，汚染源となった土壌を取り除くことによって，高濃度に汚染された浅井戸（10 m以内）のトリクロロエチレンは，翌年中頃には数mg/Lに激減し，下

旬には 0.1 mg/L 以下に低下したが，深井戸(10～100 m)の昭和59年～平成元年(1984～89)までの汚染推移は，数 mg から徐々に上昇して 5 mg/L を超える濃度に達していた[84]．1990年代初期から，T 社による地下水汚染に関する調査・研究は，広域度合や土壌深度などを解析するために，国立環境研究所の支援を受けて兵庫県立公害研究所を中心に本格的に進められてきた．とくに，土壌間隙に気化するトリクロロエチレンやテトラクロロエチレンを土壌ガスモニタリング手法で解析する方法が検討された．この方法は，1980年代初期に米国で石油探索に使用された方法の応用であり，ボーリングによる多数のガス採取が必要である．実際には，ステンレスパイプを地表から数 m まで打ち込み，土壌中のトリクロロエチレンなどを吸引気化してプラスチックバッグにガス採取し，ガスクロマトグラフ(GC)で分析して地下水汚染を解析する．この調査方法では，T 社南側周辺の表層土壌で汚染の広がりを確認している[85]．

T 工場敷地内では，浅井戸(5箇所)および新規ボーリング井戸を含む深井戸(2箇所)が使用されている．また，T 工場周辺地域の浅井戸(定点井戸：9箇所)が定期的な汚染観測に用いられている．平成10年までの監視調査では，工場敷地内および周辺定点におけるすべての浅井戸のトリクロロエチレン濃度は，WHO暫定ガイドライン(トリクロロエチレン：30μg/L)を超過していないが，深井戸は，依然として 10 mg/L 以上のトリクロロエチレン濃度である．この現象は，浅井戸の年間の水移動速度が速いのに比べて，深井戸がきわめて遅いことに起因している．自然浄化で"百年，河清を俟つ"ような悲観論ではなく，人為的な地下水の活性炭浄化を続けることが今後の展望につながる．［奥野］

4.4 下水・排水処理

4.4.1 近畿の下水処理の現状

下水道は，健康で文化的な生活を営む上で基礎となる施設である．その役割は，水系伝染病の予防，浸水の防止，公共用水域の水質保全および生活様式の改善であるが，近年では都市や流域の水資源などとして地域の健全な水循環の核として

の役割も期待されている．近畿地方においては，1 600 万人の飲み水として重要な琵琶湖，世界においても比類のない美しさや漁業資源の宝庫として重要な瀬戸内海などの閉鎖性水域，淀川水系で例示される多段的水利用の地域，水不足に悩まされる地域，大都市と農山村地域など多様な条件の地域があり，ここでの下水道の展開は，日本全国の下水道のあり方の模索の典型とも考えられる．

平成 8 年(1996)度末での近畿 2 府 4 県の下水道の概要を表-4.10 に示す．日本の下水処理区域人口の約 20 ％が近畿であり，また近畿全体での下水道の人口普及率(処理区域人口/行政区域人口で算定される)は 67 ％で日本全国のそれの 55 ％を上回っている．そのなかで，大阪府，京都府および兵庫県は 70 ％強で，奈良県および滋賀県は 50 ％前後，そして和歌山県では 10 ％弱である．また大阪市，神戸市，京都市および大津市では 80 ％以上に達しており，人口密度の低い地域での下水道の普及が今後の課題である．近畿全体での終末処理場数は，単独公共下水道 97，特定環境保全下水道 36 および流域下水道 27 の合計 160 であり，晴天時の平均で 1 日当たり約 700 万 m³ の下水が処理されている．この下水処理量は日本全国のその約 24 ％に相当する．

表-4.10 近畿の下水道の概要

府県名		処理区域		終末処理場数			処理水量(m³/日)	
		人口	普及率	単独	特環	流域	晴天時日平均	高度処理(％)
滋賀県	全体	568 056	47	1 (1*)	3 (3*)	3 (3*)	194 490	205 695 (100)
	大津市		85.4	1	0	0		
京都府	全体	1 879 598	73	12 (4*)	6	3	1 162 333	3 591 (0.3)
	京都市		97.8	4	0	0		
大阪府	全体	6 422 354	74	29 (8*)	0	12 (5*)	3 647 993	144 434 (4.0)
	大阪市		100	12	0	0		
兵庫県	全体	3 915 615	72	43 (2*)	21 (2*)	5 (2*)	1 666 199	114 544 (6.9)
	神戸市		97.1	7	0	0		
奈良県	全体	732 644	51	7 (4*)	2	4 (2*)	253 308	20 907 (8.3)
	奈良市		81.9	3	0	0		
和歌山県	全体	80 050	8	5 (1*)	4 (1*)	0	77 669	41 461 (53)
	和歌山市		17.7	2	0	0		
	近畿全体	13 598 317	67	97	36	27	7 001 990	530 632 (7.6)
	日本全国	68 495 616	55	794	261	135	29 664 248	1 589 755 (5.4)

*：高度処理採用処理場数で内数．
平成 8 年度版下水道統計より作成．

近畿の終末処理場における下水処理方式を生物処理に着眼してまとめたものが図-4.44である．標準活性汚泥法が大半の下水終末処理場で採用されており，またばっ気槽への流入を流下方向で数箇所に分けるステップエアレーション法やばっ気槽の流入端の一部分を嫌気性状態にする嫌気・好気法も比較的よく採用されていることがわかる．そして，特定環境保全下水道では，小規模であり，維持管理が簡単で窒素の除去まで期待されるオキシデーションディッチ法が大半で採用されていることも示されている．

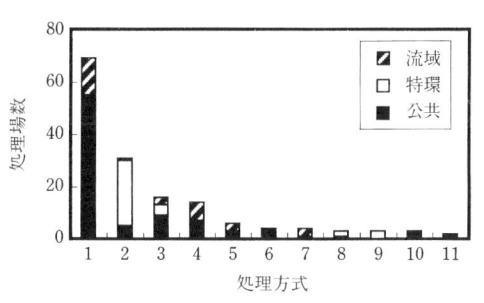

1：標準活性汚泥法，2：オキシデーションディッチ法
3：嫌気・好気法，4：ステップエアレーション法，5：循環式硝化脱窒法，6：酸素活性汚泥法，7：嫌気・無酸素・好気法，8：回転生物膜法，9：回分式活性汚泥法，10：高速エアレーション法，11：接触酸化法

図-4.44　近畿における終末処理場での生物処理方式

近畿の終末処理場での平成8年度の下水水質および処理水質の累積頻度分布曲線を図-4.45に示す．流入下水については，BODはほぼ100〜250 mg/Lの範囲にあり，その中央値は150 mg/Lである．CODはほぼ60〜150 mg/Lの範囲にあり，その中央値は85 mg/Lである．SSはほぼ80〜200 mg/Lの範囲にあり，その中央値は120 mg/Lである．また栄養塩である窒素およびリンは，それぞれの中央値である30および3.5 mg/L付近にある．一方，処理水質についてみると，BODはほぼ2〜12 mg/Lの範囲にあり，その中央値は4.7 mg/Lであり，COD

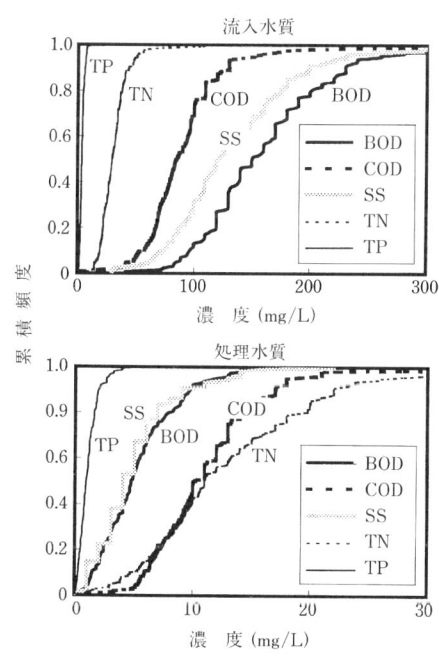

図-4.45　近畿における下水水質と処理水質
（平成8年度版下水道統計より作成）

はほぼ 6〜18 mg/L の範囲にあり，その中央値は 10 mg/L である．また，SS は大半の処理場で 10 mg/L 以下となっている．そして，栄養塩である窒素およびリンは，それぞれ 5〜25 および 0.5〜2 mg/L の範囲にあり，それぞれの中央値は 11 および 0.94 mg/L である．これらの処理水質は，一般的に良好であると判断される．

標準活性汚泥法で代表される処理方式は，BOD と SS の除去を目的に設計されており，二次処理と呼ばれ，これよりさらに良質の処理水を得るために採用されている処理法は高度処理である．これは，閉鎖性水域などの富栄養化防止や下水の再利用のための窒素やリンの除去，再利用や河川の水質保全などを目的としたさらなる BOD や SS の除去，また色や環境微量汚染物質の除去などを目的に採用される．近畿においては，**表-4.10** に示されるように，38 終末処理場で高度処理が採用され，下水処理量の 7.6% にあたる約 53 万 m³/日 の高度処理水が得られている．瀬戸内海のリンの削減指導指針や窒素およびリンに関わる環境基準の類型当てはめなどの施策の遂行により，高度処理の採用は今後急速に増加するものと考えられる．近畿における高度処理技術の採用状況を**表-4.11** にまとめて示す．この表には掲載されていないが，色の除去を目的として京都市の吉祥院処理場や和歌山市和歌川処理場などではオゾン処理が採用され，また良質の水を得るため奈良市の青山処理場などでは活性炭吸着法が採用されている．

滋賀県においては，『湖沼水質保全特別措置法』の指定湖沼であり，また淀川水系の上流に位置することから，全終末処理場において高度処理が採用されている．滋賀県流域下水道では，4 終末処理場が存在するが，凝集剤添加循環式硝化脱窒・複層ろ過方式が採用され，その稼動実績が最も長い琵琶湖湖南中部処理場では，平成 8 年度平均で，BOD および COD でそれぞれ 0.6 および 5.8 mg/L，SS で 1 mg/L，ならびに窒素，リンはそれぞれ 6.5 および 0.05 mg/L の良好な水質が得られてい

表-4.11　近畿における高度処理技術と計画処理水質

処理単位操作	対象項目*	採用処理場数
凝集剤添加活性汚泥法	リン (0.5)	8
嫌気・好気活性汚泥法	リン (0.5)	10
循環式硝化脱窒法	窒素 (5〜10)	8
嫌気・無酸素・好気法	リン (1.0) 窒素 (10)	3
(凝集沈澱) 急速ろ過	BOD (5〜10) COD (10〜20) SS (2〜10)	26

＊：(　)内は計画処理水質 mg/L．
平成 8 年度版下水道統計より作成．
処理場数は，重複算定もある．

る.

　都市や流域の水資源や地域の健全な水循環の観点からは，下水の再利用は重要である．近畿における再利用状況では，街路樹などへの散水，公園の池や人工水路などの修景・親水，さらには冷暖房用水や水洗トイレ用水などの目的で，1日当たり約6万m^3が再利用されている．この水量は今後増加するものと考えられる．

　下水処理においては，それに伴って発生する下水汚泥の処理・処分も重要である．しかしながら，汚泥の処理には多くの手間と用地および多額の費用が必要である．さらに，その処分地の確保がますます困難となっている．これらのことや資源の有効な循環利用の重要性の認識から，下水汚泥の再資源化を含めた安定的・経済的・恒久的な処理処分の方法が希求されるようになってきた．このひとつの方策として，複数の終末処理場の下水汚泥を集めて高度の処理・処分(再利用)技術を適用することが考えられる．大阪市や神戸市などでは，それぞれの市での汚泥処理センターなどの集中汚泥処理施設を有して効率化・高度化を図っている．日本下水道事業団でも，2つ以上の地方公共団体の要請に基づき，下水汚泥を集中して処理する施設を建設・管理する下水汚泥広域処理事業(エースプラン)を行っている．この事業は，首都圏，近畿圏，中部圏，総量規制地域，指定湖沼の流域，公害防止計画策定地域などで行うことができるが，現在実施されているのは近畿圏のみである．現在，兵庫東，兵庫西，大阪北東および大阪南のエースセンターが稼働し，計画処理汚泥量は総計で，生汚泥(含水率99％) 3万7500 m^3/日および脱水ケーキ114 t/日である．これらの集中処理施設では，汚泥の処理施設と返流水の処理施設を有しており，また焼却灰や溶融汚泥などの下水汚泥処理生成物を建設資材，コンクリートや陶器への混入剤，インターブロックなどの煉瓦などへの有効活用の技術開発および実施を図っている．

　人口普及率が50％を超えた現在において，また物質の循環と共生が生活や社会の基調となっている現在においては，これらの核としての下水道，また夢のもてる下水道をめざしての計画や試みもなされている．環境に優しく親しまれる下水道，下水の高度処理と再利用，汚泥の適正処理と資源化，下水道用地の有効利用，環境教育などの推進を目的とした計画として，大阪府の「21コスモス計画」や京都府の「いろは計画」などがある．また多くの人々による下水道の役割の理解

や下水道の未来の模索を促進するための試みもなされており，大阪市の「下水道科学館」などの施設もつくられている．[津野]

4.4.2　近畿の地場産業排水対策　－染色，金属工業など－

(1)　近畿の地場産業と排水処理

　近畿における産業は，その歴史・文化からもたらされた伝統工芸的地場産業が多く存在する一方，現代産業の発達に伴う高度な地場産業まで数多く見受けられる．地場産業が多種多様であればあるほど，それらの産業の排水処理対策も多様とならざるを得ない．ここでは，地場産業における排水処理対策について取り上げる．これまで数々の労苦のあったと考えられる染色排水処理，とくに色度に対する新しい考え方と排水処理の役目についてみる．また，地場産業のなかでも排水処理対策が難しいとされた伸線排水と梅干加工排水についても紹介する．[石川]

(2)　染色排水など

　色は人間の視覚判断が容易であるため，COD や BOD 値が規制値以下であっても汚染感を与える．染色加工排水は，のり抜き施設，精練・漂白施設，浸染・なっ染施設，および樹脂加工施設からそれぞれ排出される．天然繊維に加えて，化学・合成繊維に代表されるような多種類の素材，それに対応する種々の染料，助剤，媒染剤，均染剤，仕上げ剤，加工剤などが用いられていることや，工場での操作の多くは回分作業であること，また，季節差が大きいことから，排出の年間質変動は大きいと推測される．さらに，のり抜き，精練・漂白施設や整理工程の排水は，BOD や COD が高濃度，高負荷で排出されることや，染色工程の排水は時として毒性があることから，生物処理が困難な場合もある．

　現在の染色整理業での排水処理は，活性汚泥法および凝集沈殿法がそれぞれ単独または組み合わせて用いられており，これらを用いた処理で BOD や COD の排水基準値は満たされている．しかし，着色度は高く，排水処理されても低減できない場合が多い．

　ここでは，阪神圏の用水源となっている淀川水系の水質保全が強く要望されて

いるなかで，下水処理場の放流水が着色していることについて問題視されている京都市の場合と，地域の規制が成功してクリーンな川を取り戻している和歌山市の例を取り上げてみる．

京都市の下水道普及率は98％以上であり，染色排水の多くは下水道放流され，『水質汚濁防止法』により規制されている．染色加工事業体の排水量は，日平均で合計2万3247 m^3 に達し，全事業場排水量の20％を占めている．しかし，日排水量が50～200 m^3 の小規模な事業場が多く，したがって，ほとんどの染色場は下水道放流に際し小容量の場合(200 m^3/日以下)に相当するため，指定有害物質以外は前処理なしで放流している．下水処理後の放流水による水質汚濁の防止は，従来，下水処理場の責務として行われてきた．しかし，処理能力には限界があり，過大な着色負荷には対応できないのが現状である．京都市としては，染色工場に対し着色物質を下水道へ流さないよう呼びかけているにすぎないが，6処理場のうち事業排出量が27％と高く，しかもそのうち染色加工排水が25％を占める吉祥院処理場では平成10年(1998)にオゾン処理が導入された．放流水の色差は導入前1.6～2.1であったのが，15 mg/Lのオゾン注入率で0.3程度とかなり低減されている．

和歌山市では平成3年10月に表-4.12のような『排出水の色度規制条例』を制定[89]し，同年11月より施行，平成6年(1994)4月1日から規制基準の適用を行っている．その規制項目は，川の見た目をきれいにするために，工場などの着色排水に対して色，濁りを，それに，生物への影響を考慮して，水温，残留塩素(次亜塩素酸ソーダによる脱色を想定)を設定している．ここで，色の測定法には希釈法が採用されている．規制対象工場では，製造工程の見直し，既存排水処理施設の改善，増強およびそのほかの脱色技術の採用による工場全体の対策を行うよう指導がなされ，脱色方法としては加圧浮上法，オゾン処理法，凝集法，電解浮上処理法，次亜塩素酸，高濃度廃液の濃縮処理法，活性炭吸着法などが単独または組み合わせて用いられている．規制基準適用直後の違反は試運転不足による維持管理の不備が原因であったため，維持管理の徹底が

表-4.12 「和歌山市排出水の色度規制」の規制項目と基準値

番号	規制項目	基準値
1	色(着色度)	80以下(日間平均値) 120以下(最大値)
2	濁り(透視度)	20度以上
3	温度(水温)	40度以下
4	残留塩素	2 mg/L以下

図られた.

表-4.13 に色度規制基準適用前後の河川の着色度状況を示す. 規制により河川の大幅な着色度の改善が認められている. 大門川の最大値が比較的高い原因は, 冬場には, 河川の水量が不足し, 生活排水の影響をもろに受けるためである.
[山田(春)]

表-4.13 「和歌山市排出水の色度規制基準」適用前後の河川の状況

河川名（地点名）	適用前 （1994.3.31 以前） 最小値〜最大値 （平均値）	適用後 （1994.4.1〜96.3.31） 最小値〜最大値 （平均値）	適用後 （1996.4.1〜98.3.31） 最小値〜最大値 （平均値）
和歌川（海草橋）	283〜1 130(708)	<10〜75(28)	<10〜28(18)
市堀川（住吉橋）	283〜566(425)	14〜121(36)	<10〜45(23)
大門川（伊勢橋）	113〜566(340)	14〜178(55)	14〜141(54)
有本川（有本川橋）	141〜566(354)	<10〜141(51)	28〜90(54)
真田堀川（甫斎橋）	14〜57(36)	<10〜75(27)	<10〜57(15)

(3) 伸線排水処理について

東大阪市は全国でも有数の中小企業が密集している地域である. その東部地域では, 天保時代の末期から, 生駒山系から流出する鉄砲水を利用した水車を動力源として金物加工が盛んに行われ, 針金や釘などを生産する伸線工場が大小合わせて約100社を数えている.

この伸線の過程では, 素材を硫酸あるいは塩酸浴で酸洗いし, 鉄錆を落とした後に各種の製品が製作される. したがって, 排水には硫酸, 塩酸, 硫酸第1鉄, 硫酸亜鉛などが含まれる.

この金属を含んだ酸性排水は, 本来ならば, 各業者によって処理されるべきものであるが, 経営規模が小さいばかりでなく, 処理施設の設置場所も確保できない中小企業に強制的に処理施設を設置させても, 処理施設を良好に稼働できる保証はなかった.

そこで, 寝屋川南部流域下水道が整備されるまでの間, 東大阪市が, この地域に特別都市下水路(後の特定公共下水道)事業として, 各企業の排水を集め一括処理を行う宝町処理場を建設することとなった[90]. この計画のもとに, 技術面では

建設省土木研究所の協力を得，資金面においては建設費の2分の1が国および府から補助，助成されることになった．計画段階で問題となったのは，第一に計画流水量の把握であった．業者から提出される排水量は，課税資料および処理場建設の分担金への思惑などよって過少申告が多く，水量の把握が困難であった．

第二は，昭和46年(1971)の『水質汚濁防止法』，『下水道法』の一部改正，昭和48年(1973)の『東大阪公害防止条例』の制定により規制値が厳しくなり，当初設計した処理方式では規制値を守ることができなくなり，処理方式を変更する必要が出てきたことであった．

前記のさまざまな困難を克服し，最終的には，図-4.46に示すような処理方式が採用され，施設は順調に稼働した．その後，寝屋川南部流域下水道の整備に伴い，昭和63年(1988)に宝町処理場は姿を消すこととなった．

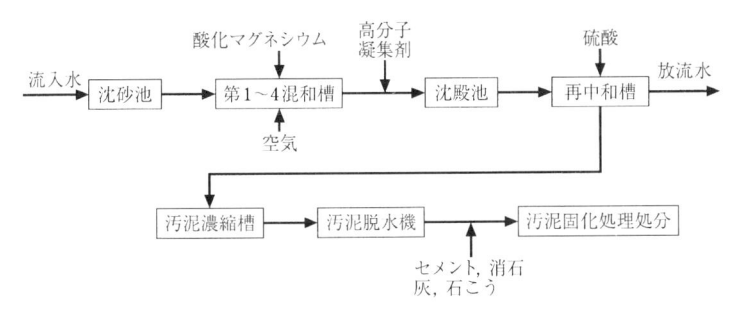

図 - 4.46　伸線排水の処理フロー

以上が，全国でも中小企業の多い大阪における共同処理施設の建設，管理の成功例である．［山村］

(4) 梅干加工排水について

和歌山県の梅の収穫量は全国一位である．平成10年度においても，不作のため量が減っているにもかかわらず，全収穫量の県別シェアにおいても51％と大半を占め，「梅は和歌山県産」でとおっている．当然，収穫された梅は梅干などに加工され，紀州梅，南高梅などの呼び名で全国に配送され，独特の風味のある自然食品として喜ばれている．最近の梅の収穫量については，表-4.14に示すとおりである．また，梅干をつくるうえで必要不可欠のものとして塩が使用されてい

るが，この塩使用量は，平成9年度に12 500 t/年となり，梅干生産量と比例して年々増加傾向にある．

このように，梅干の加工は年度ごとに増加しており，和歌山県の農業経済に好影響を与えているが，排水処理の面からみると厄介な問題をかかえている．すなわち，① 梅干加工工場の規模自体が小さく排水処理施設が小規模となり，管理運営上の問題がある，② 排水中のBOD，COD成分が高く生物学処理が難しい，③ 加工工程から排出する塩分濃度が高く，処理設備の腐食とともに生物処理性能の困難性を増す，などの問題がある．表-4.15に梅干加工工程から排出する排水の性状例を示す．これからみても，塩漬排水5 500 mg/L，塩抜排水26 000 mg/Lと非常に高い塩分濃度を示しており，また，pHは2～3と高酸性域にある．有機成分は各工程の排水ともBODよりもCODが高く，生物分解しにくい物質であることかうかがわれる．このように，梅干加工排水は一般的な食

表-4.14 和歌山県の梅の収穫量

年次	栽培面積 (ha)	結果樹面積 (ha)	10 a 当たり収量(kg)	収穫量 (t)	出荷量 (t)
1991	3 600	2 810	1 520	42 800	41 500
1992	3 800	3 040	1 160	35 200	34 100
1993	3 870	3 240	1 410	45 500	44 400
1994	3 990	3 450	1 620	55 700	54 300
1995	4 070	3 530	1 740	61 300	59 800
1996	4 130	3 600	1 340	48 100	47 000
1997	4 320	3 950	1 920	75 800	74 300
1998	…	3 990	…	48 600	47 500

資料：作物統計調査および果樹生産出荷統計調査

表-4.15 梅干加工排水から発生する排水の性状例

	比率 (%)	流入量 (m³/日)	pH	BOD 濃度 (mg/L)	BOD 量 (kg/日)	COD 濃度 (mg/L)	COD 量 (kg/日)	塩素イオン 濃度 (mg/L)	塩素イオン 量 (kg/日)
原料洗浄水	69.6	193.2	2.81	1 000	193.20	1 400	270.48	5 500	1 062.60
脱塩水	2.2	4.4	2.25	4 000	17.60	5 100	22.44	26 000	114.60
調味液	1.2	2.4	(2.24)	83 000	199.20	95 000	228.00	59 000	141.60
計	100	200		2 050	410.00	2 605	520.92	6 593	1 318.60

品加工排水からみても処理方法の選択に困る排水である．

　ここで，物理化学的処理と生物学的処理を比べた場合，物理化学的処理として凝集沈殿法を採用すれば，水処理としての確実性は生物学的処理よりも増すものと考えられるが，発生汚泥量，日常管理あるいは管理費の増大などから採用されない場合が多い．現に，和歌山県において採用されている水処理施設のほとんどは生物学的処理法である．しかし，先に述べたように，生物学的処理の難しい排水だけに，次のような注意が必要である．

① 塩分濃度が高く，その変動も予想される．生物処理においては，海水希釈活性汚泥法もあり，塩分自体の濃度には無関係に，高濃度においても生物処理は可能である．しかし塩分濃度の変動は浸透圧の関係から微生物細胞膜の

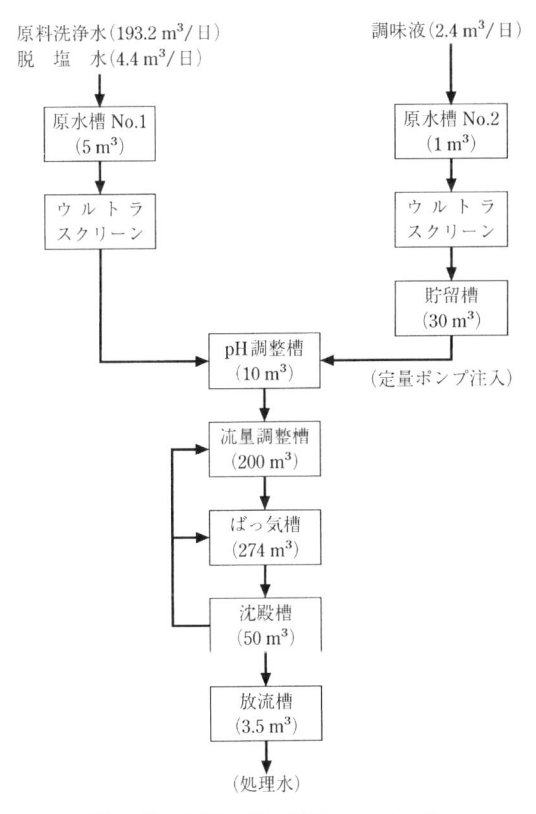

図-4.47 梅干加工排水処理フローの一例

破壊につながるため，生物処理が困難となる．このため，塩分濃度の変動は2 000～3 000 mg／Lまでに抑える必要があるといわれており，流量調整槽の設計が重要となる．

② 梅干排水は酸性域にあるため，生物処理可能域までの中和を必要とする．

③ BOD成分と比べてCOD成分が高いことは，生物分解しにくい物質も排水中に多く含んでいることを予想させるため，ばっ気槽の滞留時間を十分にとる必要がある．

以上のような項目に注意して処理施設をつくるべきである．図-4.47に梅干排水処理施設の代表的なフローを示した．しかしながら，この処理施設で十分とはいえない．今後は加工工程からみた再利用法なども考慮し，できるだけ排水処理工程には回さないといった工夫も必要である．塩分の再利用，梅酢の商品化などを期待したい．［石川］

4.5 近畿の水環境の毒性評価

4.5.1 開放型水循環の問題点

琵琶湖に始まる淀川水系では上流から下流へ，水道水利用と下水処理水放流，農業利用とその排水，工業利用とその廃水の「開放型循環」が行われている．「閉鎖型循環」は，工場排水のクローズドシステム，水道－下水－水道再利用のような閉じた循環を意味するが，ほとんどの水循環の実態は「開放型循環」である．閉鎖型水循環は経済的にみて実行が難しい．淀川最下流の大阪市柴島浄水場で取水される河川水中には，上流で上水道－下水道利用を5回繰り返されたものが含まれており（つまり，すでに上流域で5回人の体内を通過している），その下水処理水量は河川水量の4.4 % 程度と解析されている[91]．水道水源として河川水を利用する場合，水道水源の安全性が問題になるが，このような水循環が重なるたびに，つまり，下流に行くほど，変化しない保存性の物質，たとえば，ナトリウムやカリウム，塩素，炭酸塩，硫酸塩のようなもの，あるいは難分解性有機汚染物質は累積し，濃度が上昇して健全な水循環を困難にしている．水循環を困難にする汚

染物質として毒性物質に焦点を当て，近畿地方(琵琶湖・淀川水系)における調査事例をあげながら，水質の安全性の将来的な対策の見通しについて考察する．

4.5.2 環境基準と汚染物質

　日本の環境基準に指定されている有害物質は，重金属，農薬，有機溶媒と増加を辿り，現在23種類(要監視項目，ならびに指針値としてさらに25種類)となっている．環境庁が実施している「化学物質環境安全総点検調査」でさらに物質の範囲を広げて環境汚染状況を調査した結果，平成7年度まで752物質のうち，3分の1を超える287物質が日本の環境水，底質，魚類，鳥類から検出されている．これらの物質は，微生物分解や紫外線分解を受けにくく環境に残留し，生態系を循環する．これらの人工化学物質ごとの追跡と対策が必要である一方，これらが無数に含まれる産業排水，都市下水そのものを総体試料として環境安全評価を行い，対策を講じる2方面作戦が必要である．後者の対策は，U.S.EPA(米国環境保護庁)が世界に先駆けて導入している，生物を利用した試験法の開発と適用である[92]．このような2方面総合対策を行わないと，水環境汚染は一向に改善が進まないものと考えられる．

4.5.3 バイオアッセイを用いた近畿の水環境の評価

　化学物質の安全性は生物への影響を調べることで初めて理解されるものである．化学物質の構造式をみても有害性をすべて判断できるものではない．下水や産業排水などの安全性，河川や湖沼の汚染度を測定する方法として直接，生物を利用した評価，判断が必要となってくる．筆者は，枯草菌を利用した水中の遺伝子損傷性汚染物質評価法(枯草菌Rec-assay)を開発してきた[93]．枯草菌は，活性汚泥中の常在種で蛋白質分解の重要な機能を果たす．遺伝子的に健全な野生株(Rec＋)と遺伝子に損傷が起こった際に組換え修復を行う変異株(Rec－)の2株の化学物質に対する感受性差を利用して水質汚染度(遺伝子損傷性)を測定する．遺伝子損傷性物質が枯草菌の遺伝子と結合すると，健全な株Rec＋は損傷箇所を修復して生きのびるが，修復能力以上に傷がつくと死滅する．変異株Rec－は，重要

な修復能力がないために，健全な株 Rec＋と比べて死にやすい（致死感受性が高い）．

図-4.48 は枯草菌 Rec-assay を琵琶湖・淀川水系に適用したものである．採水地点 1 は琵琶湖疏水の入り口で京都市の水道水源である．この地点ですでにサンプルに遺伝子損傷性が見受けられる．採水地点 6 は桂川上流で 7 地点は京都鳥羽下水処理場処理水が排水された下流である．この 2 地点間の結果の差異（遺伝子損傷性の増大）により下水排水の影響が検出されている．さらに 12，13 地点は大阪府営水道，大阪市水道の取水点であり，かなり水質が悪化していることがみてとれる．この結果は微量有害物質の集積で，その遺伝子損傷性の複合効果（多数の物質による効果）は，かなり強い変異原物質と同程度の遺伝子損傷性を示している．琵琶湖から淀川下流まで，BOD，COD，TOC 値でみると，4〜10 mg/L 程度の範囲にあり，下流ほどかえって数値が低い．BOD，COD，TOC の水質指標値でみれば下流に向かって改善がみられるが，枯草菌 Rec-assay で検出した遺伝子損傷性からみると改善がされていないことになる．このように，枯草菌を使用して我々の研究室では，下水や各種排水，琵琶湖・淀川の微量汚染物質（遺

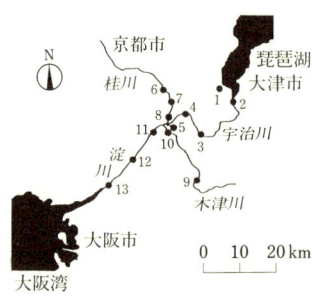

XAD-2 樹脂を用いて試料水中の脂溶性物質の選択的濃縮，回収を行い，それについて試験を行った．数値は枯草菌の半数致死濃度（LC_{50}）を示し，単位は濃縮倍率を示す．Rec－（変異株）が Rec＋（野生株）よりも低い濃度で致死作用を受けると，試料に遺伝子損傷性があると判定される．DNA 損傷性は，S-probit という値で数値化され，その値の大小により図中では，（＋＋）：強陽性，（＋）：陽性という遺伝子損傷性判定になっている．

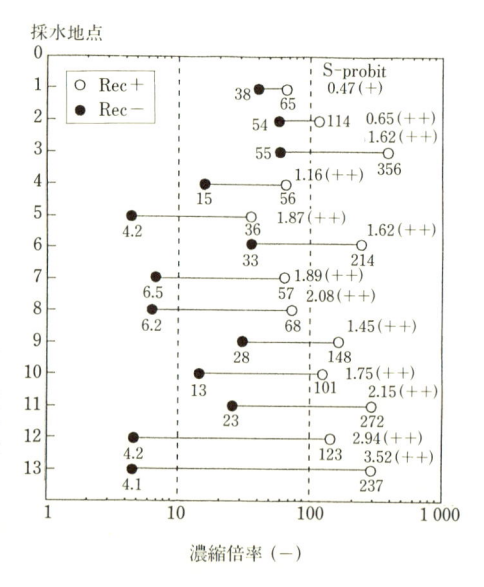

図-4.48　琵琶湖・淀川水系の枯草菌 Rec-assay による評価

伝子損傷性物質)を評価しているが，遺伝子損傷を引き起こす物質ひとつひとつを追跡することはきわめて困難であり，現在は総括的に毒性評価を行って，個別物質との対応を図っている．

4.5.4 環境ホルモンの評価

現在，生態影響が懸念されている環境ホルモン物質は，性ホルモンに関連するものであるが，研究が進めば，成長ホルモンを含む内分泌系，神経，免疫系など情報伝達系の撹乱に関わる問題に発展する可能性がある．環境ホルモンが他の毒性物質と比較して評価が難しい点は，発ガン機構に比べてホルモン作用機構については不明な点が多いこと，ホルモン様の働きをする物質の環境中濃度が従来の生死を判定する毒性濃度や発ガンリスク濃度(ともに水環境基準値として現在設定されているもの)よりもさらに低い濃度である点などがあげられる．その生態影響について十分な知見が得られていないが，環境濃度分析については徐々にデータが出揃ってきている．建設省の全国河川環境ホルモン一斉調査により淀川水系についても測定結果が発表された[94]．その結果，環境ホルモンとして疑われている人工化学物質9種，すなわち，4-t-オクチルフェノール(OP)，4-n-OP，NP(以上，工業用洗剤の分解産物)，BPA(ポリカーボネート系プラスチックの原料)，フタル酸ジ-2-エチルヘキシル，フタル酸ジブチルベンジル，フタル酸ジ-n-ブチル，アジピン酸ジ-2-エチルヘキシル(以上，プラスチックの可塑剤)，スチレンモノマー(樹脂原料，不純物)と人畜由来のホルモンとして17β-エストラジオールの河川水中濃度を表-4.16に示す．試料採取地点近隣の下水処理場の放流水データについても併記して示す．

各物質の濃度は，検出限界以下であったり，数値的に低いが，問題はそういった物質群に長期暴露される生息魚類や他の生態系構成生物に異常があるかどうかの調査を行う必要がある．こういった生態系への影響調査は少なくとも大阪湾や和歌山沿岸まで範囲を広げて行う必要があるだろう．日本人の食生活は蛋白質の摂取源として海産魚類の占める割合が高いが，その脂肪組織中には汚染物質が蓄積されている．母親が摂取した環境ホルモンが，母親の肝臓で解毒分解できずに胎盤，臍帯を通じて胎児に移行するもの(たとえば，BPA，PCB)については魚

表-4.16 淀川水系における環境ホルモン調査・分析結果(1998年夏期、基本10物質)[94]

調査地点名				4-n-オクチルフェノール	4-t-オクチルフェノール	ノニルフェノール	ビスフェノールA	フタル酸ジエチルヘキシル	フタル酸ジブチルベンジル	フタル酸ジブチル	フタル酸ジエチル	スチレンモノマー	17β-エストラジオール
本川	河川名 支川	調査地点	下水処理場名										
琵琶湖	琵琶湖湖畔	大宮川沖中央		ND	ND	tr	ND	ND	ND	ND	ND	ND	0.0006
			湖南中部浄化センター	ND	ND	tr	0.04	ND	ND	ND	0.08	ND	0.0041
宇治川	瀬田川	唐橋流心		ND	ND	0.5	0.10	ND	ND	ND	tr	ND	tr
			伏見処理場	ND	ND	0.7	0.05	ND	ND	ND	0.15	ND	0.0160
		御幸橋		ND	ND	0.3	0.04	ND	ND	ND	ND	ND	0.0032
木津川		御幸橋		ND	ND	0.4	0.28	tr	ND	ND	0.10	ND	0.0300
			洛南浄化センター	ND	ND	tr	tr	ND	ND	ND	0.04	ND	0.0008
			鳥羽処理場	ND	ND	0.4	0.05	ND	ND	ND	0.13	ND	0.0045
桂川		宮前橋		ND	ND	0.5	0.12	0.8	ND	ND	tr	ND	0.0016
			洛西浄化センター	ND	ND	0.5	0.06	tr	ND	ND	0.05	ND	0.0360
			渚処理場	ND	ND	tr	0.03	tr	ND	ND	0.15	ND	0.0032
淀川		枚方大橋左岸		ND	ND	0.4	tr	ND	ND	ND	tr	ND	0.0034
		枚方大橋中央		ND	ND	0.3	0.03	ND	ND	ND	tr	ND	0.0019
		枚方大橋右岸		ND	ND	0.6	0.03	ND	ND	ND	ND	ND	0.0022
		淀川大堰		ND	ND	0.6	0.05	ND	ND	ND	tr	ND	0.0020

単位:μg/L、ND:検出されず、tr:痕跡量

食を中心とした食物汚染によって摂取している割合が高い．この場合，生態系に異変が生じていなくても人間に影響を及ぼす可能性がある．

4.5.5　開放型水循環系での課題

「開放型水循環」を考えると，我々の水利用はどうあるべきで，汚水を引き受ける下水処理場のような環境整備施設はどのような役割を果たす必要があるのであろうか．ダイオキシンをはじめとして微量で強力な生態系撹乱物質が生成され，地球環境を汚染する構造となっている．放射性物質に対する厳しい管理と同様に，微量汚染化学物質に対する管理が今後，ますます重要となる．たとえば，下水処理場は下水や雨水その他排水を収集，処理する施設であるが，いい換えれば，さまざまな化学物質の収集施設である．微量汚染物質は，処理工程で，活性汚泥に分解，もしくは濃縮されているが，活性汚泥が利用できないものについては処理水に流出し，公共水域を汚染している．今後，化学物質に対する環境基準が厳しくなれば，下水処理場で対応できる方策は，処理の高度化，発生源での取締りの2つが重要になってくる．発生源対策は，有害物質の使用禁止，水系排出の禁止が主たる内容である．一方，環境ホルモンのように，人体から排出される自然ホルモンや，日常使用製品から溶出する化学物質などを念頭に入れねばならず，環境リスク低減のためには処理の高度化を進めねばならないであろう．もちろん，下水汚泥処分にも適切な対応がとられ，濃縮した化学物質の完全分解，破壊が行われねばならない．いずれにせよ，一般市民が現在理解している公共下水道，流域下水道，農村集落排水処理などの社会基盤施設機能に対して，新しい機能像を提示し理解を得なければ，コスト負担増の理解が得られないであろう．

　環境汚染によって生命体の営みに撹乱が生じている現在，環境に関する基礎的な研究の進展と，解決策としての政治，行政と対策可能性を提示する環境技術の進展が相互に関係して発展することが必要となっている．　［松井］

文　献

1) 環境庁水質保全局(1978～95)：広域総合水質調査結果.
2) 上島英機(1986)：瀬戸内海の物質輸送と海水交換に関する研究, 中国工業技術試験所報告, No.1, p. 179.
3) 環境庁(1997)：瀬戸内海における底層貧酸素化対策調査, p. 173.
4) 瀬戸内海環境保全協会(1997)：瀬戸内海環境管理基本調査(総合解析編), p. 286.
5) 城久(1989)：大阪湾の貧酸素化, 沿岸海洋研究ノート, 29, pp. 87-98.
6) 山崎富夫・吉村陽・上村育代, 古城方和(1995)：大阪湾・播磨灘における炭素循環, 第29回日本水環境学会年会講演集, p. 277.
7) 中央公害対策審議会(1993)：「海域の窒素及びリンに係る環境基準等の設定について」答申.
8) 駒井幸雄・古武家善成・清木徹・永淵修・村上和仁・小山武信・蛎灰谷喬(1998)：瀬戸内海における底質中重金属濃度の変化と分布, 水環境学会誌, 21, pp. 743-750.
9) 柳哲雄(1976)：瀬戸内海の恒流, 沿岸海洋研究ノート, 16, pp. 123-127.
10) 瀬戸内海環境保全協会(1995)：瀬戸内海環境管理基本調査 －大阪湾・広島湾・伊予灘・響灘－(解析編), p. 242.
11) 瀬戸内海環境保全協会(1993)：瀬戸内海環境管理基本調査 －播磨灘・燧灘・別府湾－(解析編), p. 188.
12) 清木徹・駒井幸雄・小山武信・日野康良・永淵修・村上和仁(1998)：瀬戸内海における汚濁負荷量と水質の変遷, 水環境学会誌, 21, pp. 780-788.
13) Hoshika, A. and Shiozawa, T.(1985)：Heavy metals and accumulation rates in Osaka Bay, J. Ocenography, 41, pp. 115-123.
14) 星加章・塩沢孝之(1983)：播磨灘における堆積速度と重金属汚染, 日本海洋学会誌, 39, pp. 82-87.
15) 宇野源太・小田国雄・福永勲・石井隆一郎(1969)：生活衛生, 13, pp. 65-70.
16) 大阪市(1984)：公害の現況と対策 昭和59年版, p. 13.
17) 大阪市(1975)：公害の現況と対策昭和50年版, pp. 257-263.
18) 建設省大和川工事事務所：大和川(啓発用パンフレット).
19) 奈良地方気象台(1997)：奈良県の気象百年, 平成9年度.
20) 大阪府(1972, 97)：環境白書, 昭和47年度, 平成9年度.
21) 建設省河川局(1972, 97)：流量年表.
22) 長谷部正彦・平田健正・井伊博行・坂本康・江種伸之・粂川高徳・西山幸治・斉藤信彦・生天目実一(1998)：石川流域における水循環調査について, 土木学会水工学論文集, 42, pp. 307-312.
23) 平田健正・井伊博行・長谷部正彦・江種伸之・坂本康・粂川高徳・西山幸治・酒井信行・岩崎宏和(1999)：土地利用特性の河川水質に及ぼす影響, 土木学会論文集, 614／II-46, pp. 97-107.
24) 井伊博行・平田健正・長谷部正彦・江種伸之・坂本康・粂川高徳・西山幸治・酒井信行・堀井壮夫(1999)：環境同位体および化学組成からみた石川流域の河川水と地下水の起源について, 土木学会水工学論文集, 43, pp. 205-210.
25) 森下依理子・森下雅子(1998)：川の機能や構造を川に生息している生物から診断する指標生物学の手法MHF, HIM, 淡水生物, 76, pp. 1-21.
26) 福島実・川合真一郎・小田國雄・宇野源太(1976)：琵琶湖, 淀川水系および大阪湾における人工化学物質の分布と挙動について, 生活衛生, 20, pp. 127-134.
27) Fukushima, M., Kawai, S., Yamamoto, O., Oda, K. and Morioka, T.(1988)：Organo chemical pollution in Yodo River Basin, Japan: histrical trend and present status, In: Hills, P. et al (eds.) Pollution in the Urban Environment, Polmet, 88, pp. 395-400, Vincent Blue Copy Co., Hong Kong.
28) 農林水産省農産園芸局植物防疫課監修(1997)：農薬要覧－1997－, 植物防疫協会.
29) 永井迪夫・福島 実(1998)：琵琶湖・淀川水系における農薬消長の機構解明 －木津川流域における農薬の使用実態と河川水中濃度の関係－, 建設省河川局監修日本河川協会編 1996日本河川水質年鑑, pp. 975-984, 山海堂.

30) 福島実(1998)：農薬類によるリスクの実態，土屋悦輝，中室克彦，酒井康行編水のリスクマネジメント，pp. 309-315，サイエンスフォーラム．
31) 須戸幹(1997)：ゴルフ場から流出する農薬による水質汚染の研究(学位論文)，pp. 55-74.
32) 中野武・藤森一男・高石豊・奥野年秀(1993)：ゴルフ場農薬の流出挙動，環境化学，3, pp. 352-353.
33) Steenhuis, T. S.(1979): Simulation of the action of soil and water conservation practices in controlling pesticides, *U.S.Environ.Prot. Agency Rep.*, EPA‐600／3‐79‐106, Athens Environmental Research Lab., Athens, GA.
34) Knisel, W. G.(ed.)(1980): CREAMS — a field scale model for chemicals runoff and erosion from agricultural management system, *Conserv. Res. Rep.*, 26, USDA, Washington, D. C..
35) 國松孝男・村岡浩爾(1989)：河川汚濁のモデル解析，技報堂出版．
36) 須戸 幹・國松孝男(1995)：ゴルフ場からの農薬の流出 — Dゴルフ場からの農薬の流出濃度・流出率と流出特性 —，環境科学会誌，8, pp. 261-274.
37) Morioka, T. and Tokai, A.(1989): Health risk assessment of drinking water contaminated by herbicides and pesticides from golf links. 日本リスク研究学会誌, 1, pp. 93-98.
38) 須戸幹・國松孝男(1996)：ゴルフ場からのシマジンの降雨時流出シミュレーションモデル，環境科学会誌，9, pp. 467-477.
39) 須戸幹・國松孝男(1996)：ゴルフ場からのシマジンの長期流出シミュレーションモデル，環境科学会誌，10, pp. 39-50.
40) 菅原正巳(1972)：流出解析法，共立出版社．
41) 福島実(1996)：水環境における人工有機化合物の動態と生物濃縮機構に関する研究，京都大学学位論文．
42) 服部明彦・西条八束・平野敏行・堀越増興・坂本充・立川涼・宇野木早苗(1978)：沿岸の生態と生物地球科学，昭和53年度文部省科学研究費補助金による特定研究「海洋環境保全の基礎的研究」最終報告書．
43) Tanabe, S., Nishimura, A., Hanaoka, S., Yanagi, T., Takeoka, H. and Tatsukawa, R.(1991): Persistent organochlorines in coastal fronts, *Mar. Pollut. Bull.*, 22, pp. 344-351.
44) Sasaki, K., Takeda, K. and Uchiyama, M.(1981): Toxicity, absorption and elimination of phosphoric acid triesters by killifish and goldfish, *Bull. Environ. Contam. Toxicol*, 27, pp. 775-782.
45) Gold, M. D., Blum, A. and Ames, B. N.(1978): Another flame retardants, Tris (1,3-dichloro-2-propyl) phosphate, and its expected metabolites are mutagens, *Science*, 200, pp. 785-787.
46) Smith, M. H.(1930): The pharmacological action of certain phenolesters, with special reference to the ethiology of so called ginger paralysis, *Public Health Reports*, 45, pp. 2509-2524.
47) 能登春男・能登あきこ(1996)：住まいの複合汚染 — アトピー，アレルギーから発ガンまで —，三一書房．
48) 川合真一郎(1992)：河川水中の細菌による有機リン化合物の分解，環境技術，21, pp. 198-206.
49) 福島実(1996)：有機リン酸トリエステル類の水環境中での動態，水環境学会誌，19, pp. 692-699.
50) 川合真一郎(1996)：有機リン酸トリエステルの水中細菌による分解と毒性，水環境学会誌，19, pp. 700-707.
51) 環境庁環境保健部環境保全課(1997)：平成9年版 化学物質と環境．
52) 山田春美・古武家善成・山根晶子・窪田葉子・吉川サナエ(1994)：身近な環境問題『環境と人にやさしい洗剤』を求めて，pp. 195，環境技術研究協会，大阪．
53) Jobling, S. and Sumpter, J. P.(1993): Detergent components in sewage effluent are weakly oestrogenic to fish: An in vitro study using rainbow trout (*oncorhynchus mykiss*) hepatocytes, *Aquatic Toxicology*, 27, pp. 361-372.
54) 高田秀重(1993)：界面活性剤関連物質の水環境中での分布と挙動，水環境学会誌，16, pp. 308-313.
55) 古武家善成・天野耕二(1993)：近畿地方の河川にみられる陰イオン系界面活性剤(MBAS)の長期変

動とその要因, 水環境学会誌, 16, pp.362-371.
56) 古武家善成・天野耕二・荻野泰夫・五井邦宏・桜木建治・高田秀重(1996):9都府県の河川における陰イオン系界面活性剤(MBAS)の分布と高濃度出現特性, 水環境学会誌, 19, pp.732-740.
57) 古武家善成(1999):非イオン系界面活性剤の水環境中動態に関する研究 －吸光光度分析法の改良と河川水試料への適用－, 国立環境研究所研究報告, R-144, pp.77-85.
58) 佐谷戸安好・中室克彦・上野仁(1993):Ames試験による水質評価, 用水と廃水, 35, pp.311-319.
59) Sayato, Y., Nakamuro, K. and Ueno, H.(1987): Studies on preconcentration methods for detecting the mutagenicity of organics in drinking water, Eisei Kagaku, 33, pp.328-336.
60) 佐谷戸安好・中室克彦・上野仁(1992):都市河川水とその塩素およびオゾン処理水の変異原性に関する研究, 変異原性試験, 1, pp.18-27.
61) Nakamuro, K., Ueno, H. and Sayato, Y.(1992) : Evaluation of mutagenicity of municipal river water concentrated using XAD resin column method, Wat. Sci. Tech., 25(11), pp.293-299.
62) Sayato, Y., Nakamuro, K., Ueno, H. and Goto, R.(1993) : Identification of polycyclic aromatic hydrocarbons in mutagenic adsorbates to copper-phthalocyanine derivative recovered from municipal river water, Mutation Res., 300, pp.207-213.
63) 鈴木基之・内海英雄編(1998):バイオアッセイ 水環境のリスク管理, 講談社サイエンティフィク.
64) 田島弥太郎・賀田恒夫・近藤宗平・外村晶編(1980):環境変異原実験法, 講談社サイエンティフィク.
65) Colborn, T. Myers, J. P. and Dumanoski, D.(1996): Our stolen future, Penguin Books Ltd., England.
66) 陳昌淑・徳弘健郎・池道彦・古川憲治・藤田正憲(1996):河川マイクロコズムによるビスフェノールA(BPA)の分解, 水環境学会誌, 19, pp.878-884.
67) Masu, M., Song, S., Yamaguchi, N. Shimizu, A. and Kond, M.(1993) : Effect of chemical compounds on microbial population in fresh water, Fersenius Environmental Bulletin, 2, pp.7-12.
68) 京都府(1998):N号重油流出事故に係る環境影響調査報告書.
69) 環境庁(1992):大規模流出油事故に伴う海洋環境被害対策調査.
70) 環境庁水質保全局(1997):ナホトカ号油流出事故に係わる水質汚濁総合解析調査報告書.
71) 環境庁環境保健部(1990):平成2年版化学物質と環境.
72) 平田健正(1998):土壌・地下水汚染修復の現状と将来, 地下水学会誌, 40, pp.395-402.
73) 環境庁水質保全局(1999):土壌・地下水汚染に係る調査・対策指針および同運用基準, p.136.
74) 中杉修身・平田健正(1994):トリクロロエチレン等の地下水汚染の防止に関する研究, 国立環境研究所特別研究報告, SR-15'94, p.50.
75) 鞍谷保之(1998):第7章 地下水汚染 第4節 地下水汚染の浄化事例研究, 岩田進午・喜田大三編「土の環境圏」, フジ・テクノシステム, pp.1255-1272.
76) 殿界和男・鶴巻道二・三田村宗樹・加藤紀代子(1994):高槻市におけるヒ素含有地下水と浄水処理について, 第3回地下水・土壌汚染とその防止対策に関する研究集会講演集, pp.135-140.
77) 環境庁水質保全局水質管理課(1983):地下水汚染実態調査結果報告書.
78) 兵庫県公害研究所(1979-82):水中の有機塩素化合物の検索に関する調査, 昭和53年度～56年度環境庁委託報告書.
79) 日本水質汚濁研究会(1983, 85):有害物質による地下水汚染実態調査"文献調査書"昭和57年度, 地下水質保全対策調査昭和59年度環境庁委託報告書.
80) 日本科学技術情報センター(1983):大気汚染物質レビュー"有機塩素系溶剤"報告書, 昭和57年度環境庁委託報告書.
81) 兵庫県公害研究所(1981-83):パージ&トラップ法による環境水中の揮発性物質の分析法に関する研究, 昭和56年度～58年度環境庁委託報告書.
82) 小林悦夫(1987):地下水汚染対策 －現場からの報告－ "兵庫県の事例", 公害と対策, 23, pp.969-

975.
83) 兵庫県公害研究所(1983):地下水汚染物質土壌中分析法検討調査,昭和59年度環境庁委託報告書.
84) Hirata, T., Nakasugi, O., Yoshioka, M. and Sumi, K.(1992): Ground water pollution by volatile organicchlorines in Japan and related phenomena in the surface environment, *Wat. Sci. Tech.*, 25, pp. 9-16.
85) 吉岡昌徳・山崎富夫・奥野年秀・平田健正・中杉修身(1992):土壌モニタリングを用いた揮発性有機塩素化合物による地下水汚染調査,水環境学会誌, 15, pp. 719-725.
86) 日本下水道協会(1996):下水道統計 — 平成8年度版.
87) 日本下水道事業団:ACE PLAN.
88) 津野洋・西田薫(1998):環境衛生工学,共立出版.
89) 和歌山市生活環境部環境保全室資料(1991).
90) 三井勇(1986):下水道をみる — 東大阪市下水道のれいめい時期.
91) 住友恒・伊藤禎彦・坂敏彦・大谷真巳(1998):GISを用いた琵琶湖・淀川流域における水利用形態の評価,環境衛生工学研究, 12, pp. 85-90.
92) デービス L.フォード編,松井三郎,井手慎司監訳(1996):環境毒性削減:評価と制御 生物多様性のための地球環境技術, p.321,環境技術研究協会.
93) 松井三郎・土木学会衛生工学委員会編(1993):環境微生物工学研究法, pp. 367-370,技報堂出版.
94) 建設省河川局・建設省都市局下水道部(1999):平成10年度水環境における内分泌攪乱化学物質に関する実態調査結果.

5章 水環境の保全

　水環境の保全については，河川，湖沼，海域の水質の保全，およびこれらの水域における水辺環境の保全が含まれるであろう．
① 公共用水域の水質の保全に関連する水質項目としては，環境基準における生活環境保全に関する生物化学的酸素要求量(biochemical oxygen demand：BOD)や浮遊性物質(suspended solid：SS)などや，人の健康の保護に関する水銀，ポリ塩化ビフェニル(polychlorinated biphenyl：PCB)，有機塩素系化合物などの有害物質があり，さらに富栄養化の原因となる窒素，リンがあげられるが，さらに広く，一般の人々の目につきやすいものとして，水の色や浮遊しているごみの状況などをあげることができる．
　これらの公共用水域の水質保全を図るためには，基本的には，陸域からのこれらの汚濁源の流入を削減していくことが必要であり，通常，汚濁物の排出源は工場排水，家庭排水，農業排水，および自然系排水に分類される．したがって，公共用水域の水質保全を図るためには，これらのそれぞれの排出源からの汚濁物の負荷を削減していく方策が課題となる．
　工場排水への規制は『水質汚濁防止法』などによって行われてきており，すでに削減がなされてきている．一般的な排水規制は排水量 50 m^3/日以上の工場に適用されているが，琵琶湖周辺の工場に対しては，これまで 30 m^3/日以上の工場に対して排水規制を適用しており，さらに 10 m^3/日以上の工場に対して排水規制が適用される．
　家庭排水に関しては，下水道の普及が必要であるが，この他，農村集落排

水施設や戸別合併浄化槽の普及が図られている．農業排水は窒素，リンの肥料成分を含み，また，農薬を含んでおり，これらの削減が必要であるが，田植えの時期における排水の管理や施肥方法の改善が行われている程度であり，農業排水に対する対策はこれからの課題である．滋賀県では，みずすまし計画において，休耕田を沈殿池として利用した農業排水の対策や池を利用した浄化対策などが試みられている．

初期雨水は道路上の汚濁物などを洗い流して河川に流入するため，大きな汚濁源となると考えられているが，非特定汚染源（ノンポイントソース）と呼ばれる汚濁源の対策はまだとられていない．可能性のある方法としては，道路付近に初期雨水を貯留する槽を設け，一時的に初期雨水を貯留し，晴天時に徐々に下水道に放流していくことなどが考えられるが，まだ実用化の段階には至っていない．

② 水辺環境の保全に関しては，河川，湖沼，海岸の護岸整備に関連しており，これまで護岸工事では洪水の防止や災害の防止を目的としてコンクリートやブロックなどを用い，強度のみを考えてきたが，水辺を貴重な自然環境であると位置づけ，親水機能や生態系保全の機能を重視するようになってきている．治水や災害防止は基本的に必要な事項であるが，これに加えて，親水機能に関しては，人々が水辺で自然を満喫したり，楽しんだりできるような場を提供するものであり，多自然型工法や近自然工法による水辺では，鳥や魚などの生物が棲息することのできる場を提供するものである．

これらの水質保全の対策や水辺環境の保全の対策が進むことにより，豊かな水環境の保全，あるいは，新たな創造が可能となる．［竺］

5.1 琵琶湖・淀川水系の水辺環境とその保全

5.1.1 河川工事の考え方の変化

これまで河川工事は，治水・利水をその目的として行われてきた．しかし，水質改善の必要性や都市部の貴重な自然環境としての位置づけから，水辺を見直す

こととなり，河川工事においても，景観や自然環境の保全という観点が重視されるようになってきた．これらの考え方は「水辺の景観設計」[1]において，東京都野川や外国の事例が紹介され，各地で河川敷に親水公園がつくられていくこととなる．親水機能は，これまでの治水・利水の機能以外に，都市部などにおいて人が河川敷などを利用し，自然と親しむことを河川の役割として認めたものであり，その意義は大きい．しかし，河川敷を色彩のついたコンクリートブロックで敷き詰めるなどの行き過ぎた傾向もみられるようになり，どのような河川が望ましいかについて，検討がなされていくこととなる．人間のための親水機能から，さらに生物のための生態系に配慮した河川づくりが重要となってくる（図-5.1）．

その後，ドイツなどから人間のためではなく生物の生存の場を提供し，生態系を保全していく多自然工法が紹介され，さまざまな試行錯誤が行われることとなる．魚や鳥などの生物を重視する考え方の背景には，地球規模の環境汚染の問題や生物との共生の考え方がある．

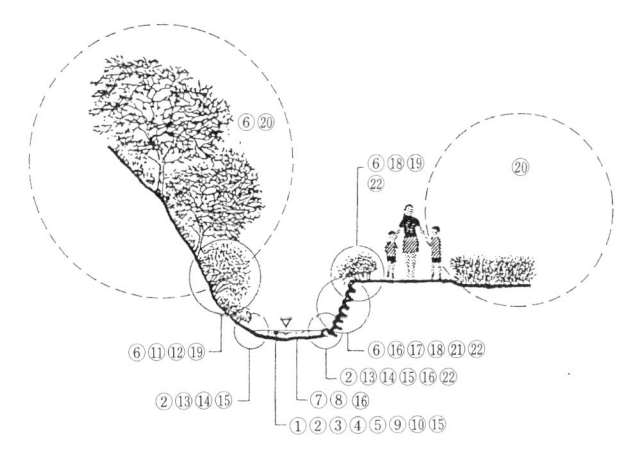

① 安定した流水の保全と確保
② 流路を固定・復元し，水深を維持する
③ 水生昆虫の生活に適正な流速の確保
④ 現況の水質の維持と向上
⑤ 飽和値に近い溶存酸素濃度の安定化
⑥ 日照からの影響をおさえ水温の安定化を図る
⑦ 現況の川床型（瀬，淵）と底質の保全と創造
⑧ 性質の異なった河床の配列を工夫する
⑨ 既存堰を保存し修景する（用水機能の保全）
⑩ さまざまな水深を設定し，水の動きをつくる
⑪ 草木が繁っている自然岸の保全と再生
⑫ 湧水環境の保全
⑬ 流路の蛇行，浅瀬，砂州の保全，復元
⑭ 水際線の入組みを生かし，伸長化を図る
⑮ 窪み，淀み，溜りを配置する
⑯ 環境施設は自然材料を用いる
⑰ 大地と川の水循環を確保する
⑱ 景観とのなじみを考慮する
⑲ 水路境界部分の植生の保全と再生
⑳ 水辺の緑（樹林地，農地）の保全と育成
㉑ 水面へのアクセスを留意する
㉒ 環境施設の安全性を確保する

図-5.1 生態系に配慮した河川づくりのデザイン原則[1]

5.1.2 琵琶湖の水辺環境

かつて滋賀県に住む人々は、琵琶湖やその周辺の河川により灌漑や水運など多くの恩恵を受けてきたが、同時に水害や干ばつなどの自然災害も被りながら生活してきた．滋賀県内の大きな河川には井堰が設けられ、水田には灌漑用水路がはり巡らされ、人々の生活と水とは切り離せないものであった．明治時代となって西洋の治水工事などを学び、強固な堤防をつくったり、水運の衰退や水道の普及などによって、現在では水辺と人々の生活との関わり合いは乏しくなってきている．

琵琶湖の湖岸は、かつては、ヨシ帯や内湖が存在したが、その多くが道路の建設や埋立てなどでなくなっている．明治時代と現在の湖岸線の状況を地図によって比較すると、多くの内湖が、干拓や埋立てによりなくなり、湖岸線が単調になっていることがわかる（図-5.2）．

河川においては、これまで治水のために河川を直線化し、コンクリートブロックなどで固めてきたため、人々が近付きにくい川となってきた．とくに以前は家の近くの小川で子供たちが魚つかみなどで遊んだものであるが、小川や水路がコンクリー

図-5.2　埋め立てられた内湖および埋立て地

ト化されると，子供たちが遊ぶことが難しく，危険な川になってしまう．農村部においても，圃場整備が行われると周辺の小川はU字溝やコンクリート護岸となってしまい，生物の棲めない水路となってきている（図-5.3）．山間部においては，砂防工事が行われ，砂防ダムの建設や落差工が施工されてきているが，生物への配慮は全く行われていず，基本的な見直しが必要である．

また，親水機能を重視するあまり，護岸を石で固めたり，カラーブロックで散歩道をつくったりする場合があるが，人間にとって快適であっても，魚や鳥などの生物にとっては，コンクリートと変わらない棲息しがたい場となる（図-5.4）．

琵琶湖湖岸に関しても，都市部においては埋立てが行われ，矢板やコンクリートの直線的な護岸が多くなり，農村部においても，かつては多く存在した内湖が埋め立てられたり，干拓が行われ，生物の棲息に重大な影響を及ぼしたであろうと考えられる．

さらに，琵琶湖総合開発においては，かつてはヨシ原であった湖岸近くに堤防をつくりその上を自動車道路とした．湖岸には親水公園や緑地をつくったため，人々には憩いの場となっているが，生物の棲息場所としては，望ましくない状況となってしまった．

大津の湖岸は，かつては埋立てによって矢板やコンクリートの垂直な護岸となっていたが，石を用いた護岸として「なぎさ公園」を建設した．休日などには多くの人が訪れ，親水機能は十分に果たしているが，大きな

図-5.3　圃場整備による階段状河川

図-5.4　瀬田川における石で固めた護岸工事

図-5.5 大津市なぎさ公園（親水湖岸）

石を積み上げた護岸であり，生物に対しての配慮には欠けたものとなっている（図-5.5）．

滋賀県では，湖岸のヨシを保全するために，平成4年（1992）に『滋賀県琵琶湖のヨシ群落の保全に関する条例』を制定し，ヨシ群落保全区域の指定による保護やヨシ群落を育成する事業などを行っている（図-5.6）．植物のヨシとしての水質浄化能力は評価するほどのものではないが，生物の揺り籠としてのヨシ帯の役割は大きい．[竺]

ヨシ群落保全区域指定概略図

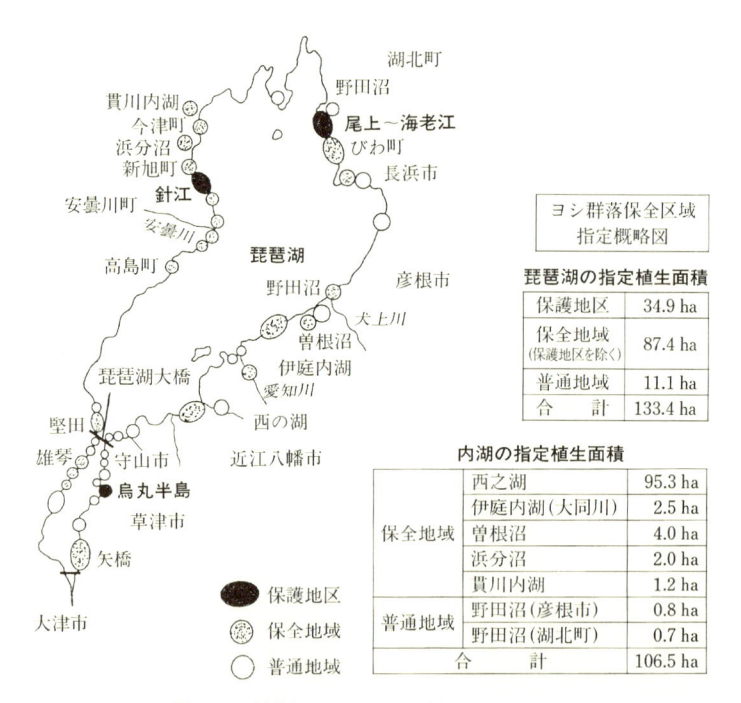

琵琶湖の指定植生面積

保護地区	34.9 ha
保全地域（保護地区を除く）	87.4 ha
普通地域	11.1 ha
合計	133.4 ha

内湖の指定植生面積

保全地域	西之湖	95.3 ha
	伊庭内湖（大同川）	2.5 ha
	曽根沼	4.0 ha
	浜分沼	2.0 ha
	貫川内湖	1.2 ha
普通地域	野田沼（彦根市）	0.8 ha
	野田沼（湖北町）	0.7 ha
	合計	106.5 ha

図-5.6 琵琶湖におけるヨシ群落の保全状況

5.2 近畿における水環境 NGO の活動

5.2.1 環境保全をめざす NGO 活動

我が国における環境系の非政府民間組織(Non-Government Organization:NGO)の本格的な活動は，1960年代後半から70年代前半にかけて公害が激化した時期に，加害企業や行政の責任を追及するために活動した反公害住民団体の運動から，今日の地球環境問題に対処する NGO グループのグローバルな運動まで，30 年以上の歴史を有している．しかし，その活動状況には，平成 9 年(1997)12月の地球温暖化防止京都会議の際に端的に現れたように，欧米における世界規模の環境 NGO 活動に比べ，組織力，資金力，活動規模など多くの点でまだ開きがある．

水環境 NGO の活動も例外ではない．本節では，資料をもとに，このような状況にある我が国の水環境 NGO 活動の現状を概観し問題点をまとめるとともに，水環境 NGO の実践例として，近畿地方の滋賀，大阪，兵庫の各地域における活動状況を述べる．

5.2.2 水環境 NGO 活動の平均像と問題点

環境全般を対象とした NGO の活動に関してはいくつかの調査が行われているが，水環境に限れば，地球環境事業団が「日本の水をきれいにする会」に委託し，日本水環境学会およびその研究組織である身近な生活環境研究委員会の協力を得て平成 6 年(1994)に実施した，優れたアンケート調査[2]がある．

全国 314 団体に対して行った調査(回収率 57%)結果によれば，日本の平均的な水環境 NGO は，会員数 500 人以下で常勤の有給スタッフをもたず，個人会費と行政からの補助金とを基礎とした年間 10～100 万円程度の資金で運営し，主に河川環境の保全を目的として学習会やシンポジウムを開催し市民の関心を広げるとともに，行政への陳情や提言活動を行っている．

これを詳しくみれば，水環境 NGO の結成時期には 1970 年代前半および 90 年

前後の2つのピークがあり，最近の設立は減少傾向にある(図-5.7)．また，半数以上のNGOの活動がピークを過ぎている．活動範囲は，大半が1河川流域内であり「地域」型である．しかし，予算規模が拡大すると複数都道府県や国内全体へと広がり，対象も，水路，湖沼，海域，公園など河川以外へと広がる傾向にある．河川環境保全のための活動としては，7割の団体が河川の清掃を行い，自然観察や生物調査も4割程度の団体が行っている．行政指導型のNGO(回答数全体の21％)では，草の根型のNGOに比べこのような調査活動をする割合が高く，逆に，行政への陳情や提言活動を行う割合は低い(図-5.8)．学習会，シンポジウム，講演会や機関紙発行，出版は5割以上のNGOで行われている．このような活動の成果としてNGOが評価しているのが，水問題に対する市民の関心の高まりであり，NGO自体の活動も地域のマスコミに取り上げられることが多い．

問題点としては，資金不足，人材不足，構成メンバーの固定化，高齢化などが指摘されている(3～4割の団体)．また，予算規模が大きい場合には，多忙，情報発信の少なさなども問題点として認識されている．行政指導型のNGOではマンネリ化も表れている．専門知識の不足をあげる団体は1割程度であるが，収集したい専門的情報としては，河川の浄化方法や水質調査方法があげられている．

アンケート結果にみられるように，日本の水環境NGO，とくに草の根型NGOは小規模なグループの場合が多い．このアンケートでも，会員数500名以上のNGOは24％に過ぎなかった．その結果として，予算規模が小さくなり資金不足に悩むとともに，専門性をもつ専任スタッフを抱えることができないために，

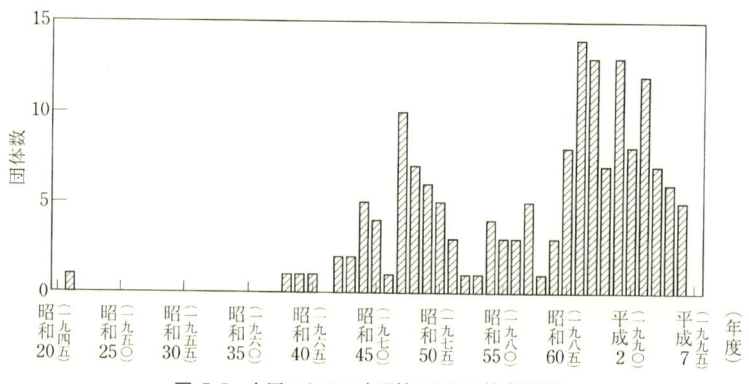

図-5.7 全国における水環境NGOの結成時期[2]

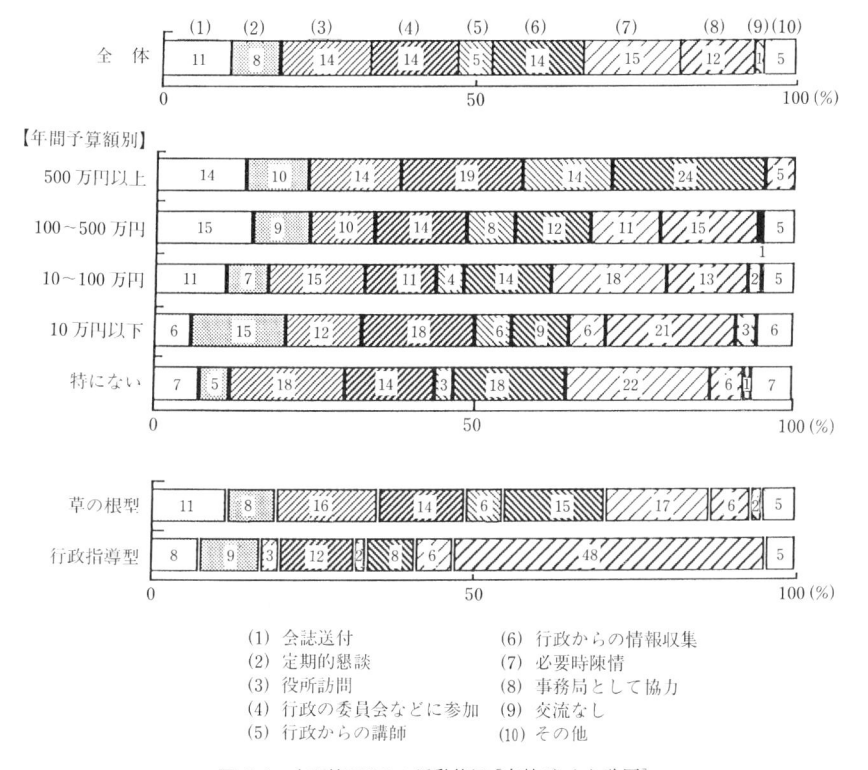

図-5.8 水環境 NGO の活動状況［文献 2）より改図］

凡例:
(1) 会誌送付
(2) 定期的懇談
(3) 役所訪問
(4) 行政の委員会などに参加
(5) 行政からの講師
(6) 行政からの情報収集
(7) 必要時陳情
(8) 事務局として協力
(9) 交流なし
(10) その他

組織力や活動規模も小さくなりがちである．このような問題性は水環境分野のNGO に限らないが，環境 NGO の大きな役割のひとつが，行政や企業とは異なる立場から環境問題の解決法を探っていくことにあるとすれば，問題に対する対案立案や提言の能力を有することは重要である．アンケート結果によれば，行政への陳情・提言活動は7割近い団体で行われているが，先に述べた地球温暖化防止京都会議や平成4年(1992)6月の国連地球サミットでのNGO活動をみれば，巨大な資金をバックに専門家集団を駆使した欧米のメジャーなNGOがもつ政策立案能力との差は明らかである．

しかし，組織規模は小さくても，専門的な知識や情報を豊富に有し，行政に対し優れた提言を行っている草の根型の水環境NGOが，日本にも少なからず存在することも事実である．有給の専門家スタッフを自前でもつことはNGO活動の

一つの理想であるが，自前でもたなくても，協力を得られる専門家や研究者との間に太いパイプをもっていれば，高い活動アクティビティーを保つことができる．優れた提言を行っているNGOの活動にも，専門家とのこのような関係がみられる場合が多い．もちろん，NGOのキーパーソンが準専門家としての力量を獲得する場合や，専門家自身がNGOを組織する場合もある．近年,「開かれた科学」や専門情報の公開・大衆化という立場から，研究者に対しても，住民・市民活動への積極的な協力が求められている．水環境NGO活動の発展には，水環境研究者との協力関係が不可欠となろう．[古武家]

5.2.3 各地の水環境NGO活動

(1) 滋賀県での事例

滋賀県における水環境に関連する民間団体としては,「琵琶湖会議」がある．これは，各種婦人団体などが加入しており，琵琶湖の水質の悪化に伴い，粉石けんの使用を推進し，琵琶湖の富栄養化防止条例を制定する原動力ともなった組織であり，各家庭から汚濁源を出さないような運動を行っている.「環境生協」は，環境への負荷を少なくする商品の販売や家庭用小型合併浄化槽の推進を図っている．

「滋賀県国際湖沼会議」は，県の外郭団体であるが，国際的な湖沼情報の収集や会議の開催，途上国の若い行政マン，研究者の研修などを行っている．

「環境保全協会」は，企業が出資してつくっている団体で，企業における排水処理技術の指導や一般市民への環境啓発活動などを行っている．

一般市民の水環境に関する活動については，琵琶湖の水質保全，河川の清掃，生物の保護などの活動を行っている団体や個人がおり，平成9年(1997)の環境ボランティアリストによれば，その数はおよそ60団体である．そのいくつかを紹介すると,「近江八幡近自然環境復元研究会」では，ビオトープをつくって生物を増やしており,「蒲生野考現学倶楽部」では，子供たちがみぞっこ探偵団をつくり，水辺の遊びを通して水と生活文化を研究している．

「滋賀県立大学環境サークルK」では，大学のサークル活動として，河川改修の調査やグリーンコンシューマー活動を行っており，龍谷大学では「環境サークル・フォーレスト」の身近な環境に関する活動や，立命館大学における「温暖化防

止国際会議に関するネットワークづくり」など大学間の環境に関する連携が始まっている．

「びわ湖自然環境ネットワーク」は，さまざまな環境に関する約30団体および個人からなる住民運動のネットワークであり，毎年，滋賀県の環境に関する冊子を発行し，知事に対してダム建設や空港建設に対する意見を申し入れている．

「ぼてじゃこトラスト」では，今は激減してしまったぼてじゃこ（タナゴ）を小学校に配布したり，ぼてじゃこの池を造ったりしており，「水と文化研究会」では，ホタルの調査「ホタルダス」を3 000人の協力で行っており，以前の生活と水の関わりを調査している．このほか，多くの河川愛護団体や，イワナやハリヨなどを保護している団体がある．

滋賀県においては，琵琶湖があるため，他の地域より水環境に関する関心は高いと思われるが，県などが関係しているいくつかの団体を除くと，他のNGOはその資金や組織は小さなものであり，行政に対して力を及ぼすような状況には至っていない．[竺]

(2) 大阪府での事例

大阪の河川，水辺，水問題などに関連したNGOは，200を超えるさまざまな規模の団体があると思われる．これらのNGOの規模は，数人の学習グループから生活協同組合や消費者団体などの環境活動，さらに，これらのNGOの連合組織まで大小さまざまである．活動内容は，淀川や大和川など個々の河川や水系を対象とした○○を守る会や○○を美しくする会型の活動，自然保護や自然観察を中心とした活動，消費者団体の活動，環境教育を中心とした活動，水利組合による保全活動，行政主導型の活動など多岐にわたっている．この中で，地域での水系保全活動を中心に地道な活動を30年近く継続している「高槻公害問題研究会（TKK）」と，行政と市民運動が協力して水系保全活動を行っている「近木っ子探検隊」の事例を示す．

TKKは，大阪府高槻市を中心に淀川およびその支流の水系の自然保護や自然観察会を続けているグループである．昭和46年(1971)に専門家，学生，市民，児童・生徒らを中心に発足して以来，芥川，水無瀬川などの生物調査および保護活動を15年間継続して行い，平成9年(1997)から再び実施している．また，昭

和48年(1973)から今日まで，主として高槻市内の動植物，地質などの自然観察会を毎月2回継続して行っている．さらに，淀川鵜殿のヨシ原保全活動では，調査・保護活動にとどまらず，地場産業や伝統文化との関連で総合的にとらえた貴重な活動を実施している．昭和55年(1980)からは，ホタル類の調査と保全活動を始め，ホタルマップの作成や，ホタルの飼育・放流に関する生態学的にも貴重な知見を得るなどの多彩な活動を続けている．

「近木っ子探検隊」は，大阪府南部の貝塚市の中央部を流れる近木川を，昔のような水量豊かできれいな川に戻したいと願う，グリーンカレッジの人々の集まりである．平成7年(1995)に開催された市民フォーラム「人と自然の共生」で提唱され，同年4月に発足した．年間6～8回の近木っ子探検を実施し，河川清掃，生物調査，河畔林調査，川遊びなど，近木川(こぎがわ)の自然を見直し，川に親近感をもつ活動を行っている．その成果は「近木っ子探検隊の記録」として小冊子にまとめられ，市民に普及している．また，毎年，近木川フォーラムに「近木っ子」探検隊の子供達が参加し，活動を報告したり体験を劇にして発表しており，大人から子供に至る幅広い市民の運動として可能性をもった運動といえる．［土永］

(3) 兵庫県での事例

兵庫県の資料[4]によれば，県内の水環境NGOとして約160団体がリストアップされており，これは県内環境NGOの26％にあたる．兵庫県の場合でも，主たる活動を河川や海岸の清掃とする団体は多く，50％に上る．それ以外では，廃油回収による石けんづくりや石けん使用を活動内容にあげる団体も多い(23％)．一方，多くはないが，水質，水生生物，野生生物などの調査研究を地道に行っている団体，ほたるの飼育・放流を行い河川環境の整備も手がけている団体など，特徴あるNGOの活動もみられる．そのなかで，各分野の研究者との強い繋がりを背景に活発な活動を行っている提言型NGOの事例を示す．

「播磨灘を守る会」は，1960年代後半からの相次ぐ赤潮の発生や重油流出事故で汚濁が深刻化した東部瀬戸内海の播磨灘の現状に，危機感を募らせた姫路市など北部沿岸の住民や漁民によって，昭和46年(1971)に結成された．会員数は70～80名と多くはなく，地域型NGOであるが，現場の漁民も会員として活動している．シンポジウム・学習会の開催や出版活動とともに，漁船が利用できる

利点を生かして，播磨工業地帯の工場からの排水や沿岸海域の水質調査や「海の汚染体験」クルージングを長年にわたり実施している．この会の最大の特徴は各分野の研究者との繋がりが強いことであり，各種学習会に講師として招くことで人的つながりを広げ，これらの専門家を強力なアドバイザー・支援者としている．このような人的資源を背景に，渚の復元運動など全国的に知られた提言型の活動を行っている．

「関西水系連絡会」は，水道水のトリハロメタン汚染問題をきっかけに，水問題の専門家が核となって昭和59年(1984)に結成された．兵庫県のみならず関西全域の地域NGOが団体会員(60団体)として参加しており，各地で活動している市民グループのセンター的役割を果たす広域型NGOである(個人会員数は450名)．活動範囲はゴルフ場汚染問題や地下水汚染問題まで広がっており，水質，生物調査，シンポジウム，講演会，学習会の実施，釣り大会，カヌー下りなどのイベントの開催と，活動内容は多彩である．前述の地域型NGOと好対照の広域型NGOであるが，キーパーソンが環境分野の研究者であることを背景に，このNGOについても水環境研究者との繋がりが強い．また，議員からの情報提供も受けている．その結果として，強力な政策提言型の運動を行っており，地域の水環境NGOのネットワーク化を進め，専門知識をもった活動家の育成を目指している．[古武家]

5.3 住民運動と水環境訴訟 －近畿での事例－

5.3.1 住民運動の系譜

昭和46年(1971)に環境庁が発足し，その2年後に『瀬戸内法』が制定されてほぼ25年になる．この4半世紀を振り返ってみると，近畿に限定してみても，水環境を守るための住民運動，あるいは住民訴訟は絶えることがなかった．

これを牽引したのは，おそらく，昭和48年(1973)に相次いで登場した高砂の「入浜権」と九州豊前の「環境権」の考え方であろう．この思想性が70年代後半の「甲子園浜」や「姫路LNG」の住民運動につながり，80年〜90年代の愛媛県今治市

の「織田が浜」や「須磨・舞子海岸」の運動につながっていった．また，これらとは少し趣は異なるが，70年代半ばから10年を超えて争われた「赤潮訴訟」と「琵琶湖訴訟」は，海を汚す者，湖を汚す者に対する果敢な挑戦であった．

5.3.2 訴訟の事例

(1) 西宮甲子園浜埋立て公害訴訟

いま大阪湾に辛うじて残った自然海岸「甲子園浜」．浜辺の長さは約1.8 kmで，このうち東の部分は干潟で，シギ，チドリ，コアジサシなど100種類以上の鳥が飛来する．中央部は磯浜に，西の部分は砂浜になっている．この甲子園浜はもともと白砂の砂浜が広がる海岸線で，遠浅の海水浴場としてにぎわっていた．ところが，昭和46年(1971)1月，兵庫県は港湾と都市再開発用地をつくるためとして，200 haの海岸埋立て計画を発表し，同年7月着工した．

まず，南甲子園小学校のPTAの母親たちが，港湾埋立ては教育環境を破壊するとして反対に立ち上がった．運動は地域住民にも拡がり，昭和50年(1975)には「甲子園浜の埋立てを考える会」に発展した．しかしその後，西宮市が独自の埋立て計画案をつくって説明会を開くようになった頃から市との軋轢が生じはじめ，住民が市役所に座り込む事態にもなった．この間に特筆すべき活動があった．そのころ，「甲子園浜は死んでいる，腐っている」として，それを埋立て促進の理由にする動きがあった．そこで，反対住民は「生きている甲子園浜」を自分たちの手で証明するため，海の生物観察会を開催して，貴重な生物生態の調査結果をつくりあげた．後に，この成果は甲子園浜が鳥獣保護区に指定される原動力となった．

しかし，造成事業は進行し，ついに，昭和52年(1977)10月，西宮市甲子園地区の住民ら1004名が，兵庫県を相手取り，西宮・甲子園浜の埋立て計画の取消しを求める「西宮甲子園浜埋立て公害訴訟」を提起した．訴状の要点は，この計画は自然環境や生活環境に影響を及ぼし，また工場用地などを含むので，港湾法違反であること，さらに原告らの人格権，環境権を侵害するものであることなどで，港湾計画の変更処分の取消しを求めたものであった．

裁判は5年に及んだが，紆余曲折の末，西宮市が和解交渉の仲介をし，昭和57年(1982)12月，兵庫県との和解により訴訟は集結した．和解の内容は，① 埋立

て面積を当初計画の1/3(約80 ha)に縮小する，② 計画用地を下水処理場用地に変更する，③ 海浜，干潟を保全する，④ 西宮防波堤以北は埋め立てない，⑤ 事業実施の各段階で地元住民と協議するというもので，埋立ては中止されなかったものの，住民側の要求をかなり実質的に認めた内容となった．

(2) 姫路LNG(液化天然ガス)基地建設差止め訴訟

この計画は昭和50年(1975)5月に発表された．姫路市妻鹿の白浜沖に79.2 haを新規に埋め立て，既設の19.4 haとあわせて，その上に8万 kL のLNG貯蔵タンク17基と，4万kLのもの1基を建設し，年間370万 kLを供給するというもので，これは当時，我が国で第二位にあたる規模のエネルギー基地建設計画であった．この計画に反対する住民，漁民は兵庫県や姫路市当局をはじめ環境庁ほか関係省庁に陳情，要望，交渉，抗議などを繰り返したが，この間に兵庫県はこの埋立てに対する環境アセスメントを提出し，昭和52年(1977)10月に運輸省の埋立て認可が下りた．

昭和53年(1978)1月，公有水面埋立て免許の取消しを求めて提訴がなされた．原告団は住民，漁民をあわせて152名．訴えの主な理由は，LNGの海上輸送中の事故や基地タンクの爆発の危険性，海洋環境の破壊，『瀬戸内法』違反などであった．これに対し，神戸地裁は翌54年(1979)11月の9回目の公判で，『公有水面埋立法』や『瀬戸内海環境保全臨時措法』の規定は，付近住民や漁民の利益を個別的，具体的に保護したものではないとして棄却した．いわゆる門前払いであった．

(3) 須磨海岸・舞子海岸の埋立て反対運動

a. 須磨海岸環境整備事業(第2期養浜事業)　　須磨海岸の埋立て計画は，須磨浦の西部の自然海岸 0.6 km が対象で，西側を 2 ha にわたって埋め立て，突堤2基で囲って船溜まりにし，東側を養浜して人工海岸にすることと，養浜のための海砂流出を防ぐため，離岸堤2基も建設するというものであった(図-5.9)．
住民が，神戸市からこの計画を通告されたときには，すでに『公有水面埋立法』に基づく埋立て工事の免許を求める出願や資料の縦覧期間も過ぎており，住民が意見書を提出できる機会はなかったことから，住民は「すま・はまの会」を結成して反対運動に入った．その後，何回かの説明会がもたれたが，埋立て免許が平成4

228 5章 水環境の保全

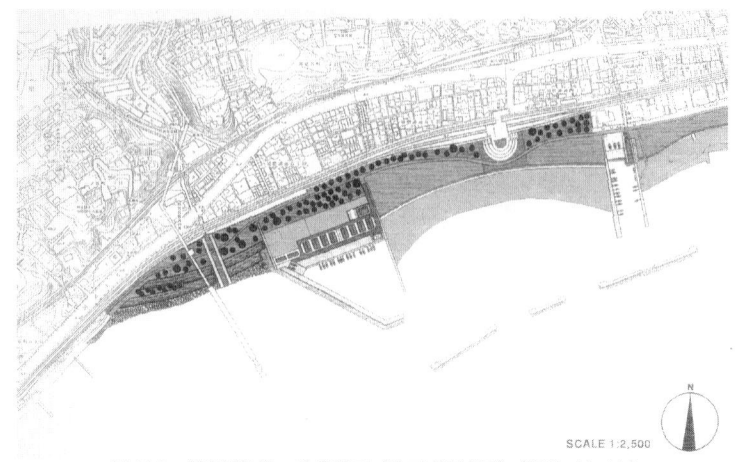

図-5.9 須磨浦海岸の整備計画（神戸市須磨区）（提供：神戸市）

年(1992)8月に許可され，10月末に突如として工事開始が通告され，着工された．

同年11月，須磨浦訴訟原告団は，神戸市長に対し，違法に支出した公金，6億5970万円を返還することと，須磨浦地区の船溜まり建設工事費用の支出差止めなどを求めて神戸地裁に提訴した．この裁判では，建設予定の突堤1基の築造工事がすでに終わり，上述の公金が支出されていたことから，公金支出は違法で予算の支出を命ずる権限を有していた神戸市長は神戸市(民)に全額を返還（弁償）する義務があるとして，返還請求となった．また，これまでの事例では，行政訴訟で埋立て免許処分の取消しを求めても，「原告適格がない」としてことごとく退けられてきたため，住民ならだれでも提起できる住民訴訟によって，埋立て事業への公金支出差止めが求められた．この請求の形は，織田が浜埋立て差止め訴訟での請求様式に学んだものである．

この事業の予定海域は，歴史的，文化的，景観的にきわめて重要な須磨浦の自然海浜である．海底は良好な砂底で藻場が繁茂し，多種の海洋生物が棲息していた．工事は，この自然海岸を人工化し突堤と離岸堤で囲い込んでしまうため，潮流の停滞で海底の泥化が加速される可能性が強い．そのうえ，船溜まりのコンクリート埋立て部に阪神高速湾岸道路トンネルの排気塔が予定されていた．原告らはこれらの状況から，生活権，環境権，自然享有権の侵害，瀬戸内法違反などを訴えた．

判決は平成10年(1998)3月にあり，住民側の請求は全面的に退けられ，現在，大阪高裁で係争中である．

b. **舞子海岸東地区整備事業**　この事業は，建設省が推進している海辺のふれあいゾーン(Coastal Community Zone：CCZ)整備計画の一環として，垂水漁港整備事業(マリンピア神戸，19 ha)の埋立て地西端から明石海峡大橋作業基地東端までのおよそ800 mの海岸を11.3 haにわたり埋め立て，養浜事業(人工海浜)により，幅60 mの海浜をつくり，土地を民間に売却して大規模な宿泊施設やレストラン，600台駐車場などを建設するというものである(図-5.10)．

基本計画は平成4年(1992)3月に神戸市により提示された．開発計画を知らされた地元住民たちは，同年7月，「舞子の浜を守る会」を結成して，市当局との折衝，市会陳情などの活動を進めた．守る会の中心的なメンバーはこの海岸線に面して居住する住民たちで，海洋環境の破壊と同時に，日常の生活環境の破壊が問題であった．工事説明会が何度かもたれたが，住民の意見が反映されなかったため，反対住民は翌5年(1993)11月，兵庫県公害審査会調停委員会へ，事業中止を求める公害紛争調停申請を行った．しかし，この調停開始以前に公有水面埋立免許願書が提出されており，工事は平成6年(1994)6月に着工され，約3年後に竣工した．一方，調停の方は別個に進められ，平成7年(1995)12月に調停は成

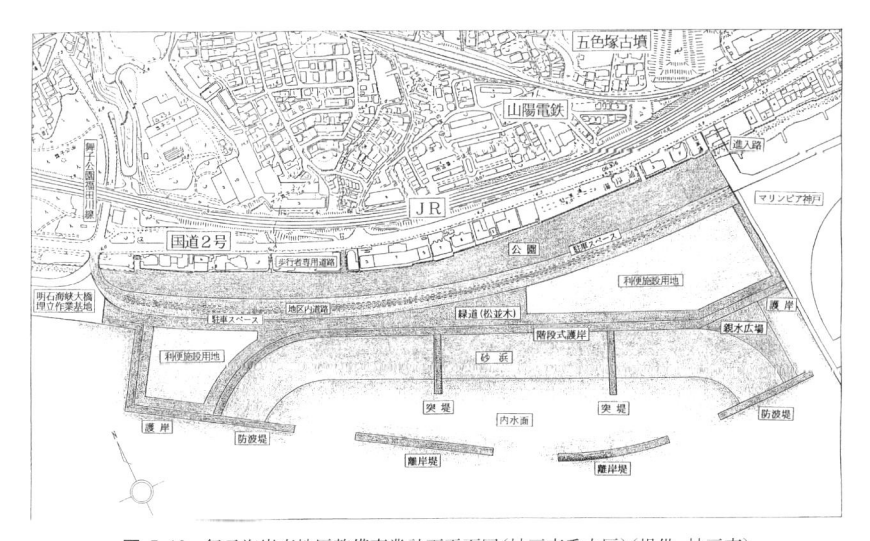

図-5.10　舞子海岸東地区整備事業計画平面図(神戸市垂水区)(提供：神戸市)

立した．調停内容では，住民側が当初主張していた埋立て事業そのものの中止は認められなかったが，埋立て後の公園建設計画やその後の管理に関し，実質面で大幅な修正が加えられた．

(4) 赤潮訴訟

昭和47年(1972)年夏，瀬戸内海の播磨灘全域に渦鞭毛藻プランクトンのシャトネラ赤潮が大発生し，養殖ハマチ約1400万尾がへい死，約72億円の損害が生じた．この損害に対して，昭和50年(1975)1月，まず被害漁業者のうち徳島県鳴門市の漁業者42名が，「赤潮発生は，工場排水とし尿投棄が原因である」として徳島地裁に提訴し，遅れて同年7月に，香川県引田町などの漁業者72名が高松地裁に提訴し，訴えが同主旨であるため，114名の原告団として高松地裁へ併合された．

提訴の趣旨は，この大規模赤潮で原告らの養殖ハマチ702万尾がへい死し，36億円の損害が生じた．この赤潮の発生原因は，閉鎖性が強く，汚染に脆弱な播磨灘に対して，北部沿岸の播磨臨海工業地帯から，赤潮発生の主たる要因である窒素，リンが流し続けられ，また，灘中央部へ窒素，リンを多量に含むし尿の投棄が続けられたために，灘が富栄養化したことによるとされた．被告は，窒素，リン排出の直接原因者として，新日本製鐵など主要10企業と，当時多量のし尿を投棄していた岡山市，高松市，また，播磨臨海工業地帯の開発責任者である国，および管理，監督責任者である兵庫県で，これら被告の共同不法行為によるものとして，36億円の損害賠償と10企業による窒素，リン排出の差止め(2市のし尿投棄はその時点では廃止済み)が請求された．

公判は93回，10年にわたって行われたが，「本件赤潮の発生と工場排水との法的因果関係は不分明であること，また，本件以外の赤潮被害の法的責任は追及しないこと」を原告が認めることで，被告企業10社は解決金として7億円を原告らに支払い和解が成立した．この訴訟は海洋汚染の責任を真っ向から問う全国初のケースであったが，すべて未解決のまま終焉した．

(5) 琵琶湖環境権訴訟

昭和51年(1976)6月，「我が国で最大規模の琵琶湖総合開発事業(琵琶総)は，

近畿1 300万人の水甕・琵琶湖を「死湖」化させ，下流住民の健康を害する」などとして，大阪，京都，滋賀の3府県の住民らが，事業主体の滋賀県，水資源開発公団に対して，主要工事の差止めを，また，これに協力する国と大阪府には工事への財政・金融援助の禁止を求めて大津地裁に提訴した．

差止め請求ができる根拠としては，環境権，人格権に加えて，「浄水享受権」（清浄な水を受ける権利）という新しい法的権利を打ち出した．この新たな概念は憲法，水道法，刑法などを根拠に，琵琶湖の水を上水道として飲む下流住民が健康な環境に生きる権利を主張したものである．この事業と健康被害との因果関係に関しては，事業の実施によって，琵琶湖の水位が低下し，湖水を浄化する水草のヨシ原などの生態系が破壊され，水質が悪化する．そのため汚濁した水道原水には多量の塩素投入が必要となり，発ガン性物質であるトリハロメタンが多量に生成する．したがって，下流住民は健康被害を受ける可能性があるとした．

しかし，平成元年(1989)年3月，13年間にわたって争われた「水裁判」は，いずれの請求もすべて棄却となり，住民側の全面敗訴で終結した．

5.3.3 住民運動の重要性

こうしてみてくると，皮肉なことに，水域の開発行為を推進させているのはほかならぬ公共事業である．

神戸市に典型的にみられるように，たとえば埋立て事業の代表者である市長が神戸港の港湾管理者でもある市長に港湾区域の変更を申請し許可を受ける，という仕組みが行政を暴走させている．一方，住民の主張は，「利害が絡まず権利を有していない」という理由で司法により切り捨てられる．その結果，たとえば大阪湾の水環境は守られる方向にあるかといえば，残念ながら否定的である．この海域は『瀬戸内法』で「埋立てを厳につつしむべき特別海域」に指定されている．しかし，平成11年(1999)現在，六甲アイランド南(286 ha，工事中)，関西空港2期(545 ha，平成11年7月着工)，神戸空港(272 ha，同年9月着工)，大阪市フェニックス計画人工島(250 ha，申請中)などの大規模埋立て事業が目白押しである．

これに対して，住民運動はいかなる動きをしてきたか．神戸空港の場合，住民は，この計画の是非を問う住民投票条例の制定を求めて平成10年(1998)夏から

署名運動を展開し，35万名を超える有権者の捺印署名を神戸市に提出した．しかし市議会はこれを否決した．大阪市フェニックス新事業に関しても，市民グループの「大阪湾会議」が問題点の指摘を行ってきたが，計画中止に至る可能性は少ない．

　甲子園浜の住民運動は実質面で成功した数少ない例である．舞子や明石の場合も，住民の要望がある程度実現されてはきたが，所詮は行政の裁量の範囲内に限定されたものである．やはり今後のあるべき方向としては，「環境権」や「入浜権」思想にうたわれているごとく，住民の権利が公的に認められることが，水環境の保全を健全な形で推進できる原動力になるはずである．[讃岐田]

文　献

1) 土木学会編(1998)：水辺の景観設計，技報堂出版，東京．
2) 環境事業団(1995)：平成6年度 環境事業団委託業務結果報告書 国内地球環境保全活動方策に関する調査 －水環境保全活動編－, p.239.
3) 兵庫県(1996)：環境保全・創造活動事例集 －環境保全活動団体の概要とその活動－, p.165.
4) 西宮甲子園浜埋立公害訴訟原告団(1991)：甲子園浜を守る －イソガニは戦った－．
5) 琵琶湖環境権訴訟団ほか編(1977)：水は誰のものか －日本の国をつぶす水官僚－，三一書房．
6) 松下竜一(1980)：豊前環境権裁判，日本評論社．
7) 本間義人(1977)：入浜権の思想と行動，お茶の水書房．
8) 瀬戸内の環境を守る会原告団(1991)：瀬戸内海 －特集－ 瀬戸内保全運動．
9) 市民がつくる神戸市白書委員会編(1996)：神戸黒書 －阪神大震災と神戸市政，労働旬報社．
10) 環瀬戸内海会議編(1998)：住民のみた瀬戸内海 －瀬戸内法の25年をふり返って－．

6章　阪神・淡路大震災による水環境への影響

　平成7年(1995)1月17日，都市直下の地震として20世紀後半の先進国最大の災害といわれる阪神・淡路大震災が起こった．6 400名余の犠牲者を出したこの災害から丸5年になる．いまだその傷あとは癒えず，街並みの復興は形として進んでいるものの，なお，当初5万戸弱であった仮設住宅は，平成11年2月末に神戸市内でやっとゼロになり，周辺都市で2戸残すのみとなった。長引く不況の最中にあって，経済の復興度は7～8割といわれている．地震の規模は図-6.1のように報道された．この頃すでに，日本水環境学会関西支部では，水環境への影響について直ちに対応すべき対策，および今後の水環境に対する課題とその解決

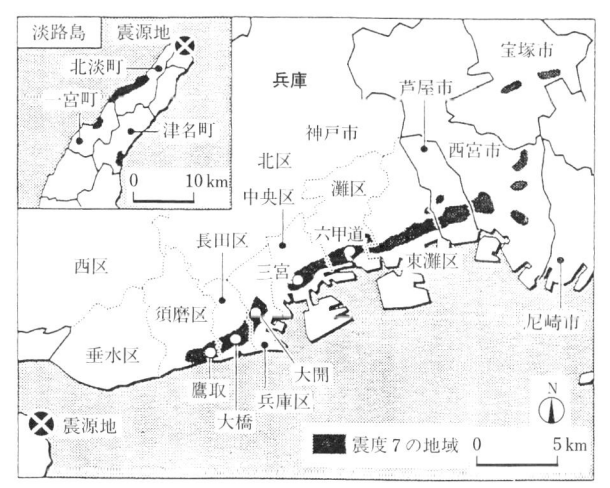

図-6.1　現地調査による震度7の分布地域(出典：神戸新聞　1995年2月8日付)

に向けて調査研究を開始していた．学会本部もこれに呼応し，同年11月には，支部活動を母体として特別研究委員会「阪神・淡路大震災による水環境への影響と対策」が正式に設立され，環境庁の支援も得て系統的な調査活動を進めることができた．

特別研究委員会は以下の4つの分科会を組織した．
- 水資源分科会：震災地域の特定河川・地下水などを試水とする化学組成の質的・量的変化の調査．水質規制基準にとらわれず，地震要因の物質を対象．
- 水利用分科会：水の入手遮断による混乱と極端な利用制限による震災時の被害推移の調査．バックアップ体制，災害対応の水利用システムなどの検討．
- 水処理分科会：水量・汚濁物質のフローの変化を通した被害調査．大規模施設・中規模施設・小規模施設の震災前後の量的・質的変化．
- 水測定機関分科会：通常作業の震災障害と緊急時分析体制の対応障害の調査．行政対応と情報管理の体験に基づく危機管理と緊急対応対策のあり方．

分科会における活動成果は，翌8年3月の第30回日本水環境学会年会でのシンポジウム，同年水環境学会誌(Vol.19, No.5)「震災特集」，平成9年(1997)3月の第31回年会でのシンポジウム，同年6月の調査委員会の最終報告[1]で示している．また平成10年(1988)2月には，震災後3年の節目として，関西支部主催のシンポジウム「阪神・淡路大震災による水環境への影響を考える」を，地元神戸市で開催した[2]．以下の節では，上記の4つの分科会による調査結果をもとに，震災による水環境への影響が順に記述されている．

近代都市の利便性と危険性，科学技術の信頼性と不確実性という二面性をこの震災で体験し，日常の「水」を当然のように享受してきた私たちの社会生活に，新たな水の存在と水に対する信頼を確保するための社会認識と科学技術の必要性を，確認する機会が与えられたといえる．［村岡］

6.1 水資源への影響

6.1.1 水資源影響調査の概要

　高度に都市化した現代日本がはじめて経験した都市直下型大地震である阪神・淡路大震災は，水資源が都市市民の日常生活に不可欠であり，利用可能な水資源の量と質とに関する情報について，その迅速な把握と伝達が重要であることを認識させた．そこで，水資源の質の問題に焦点を当て，震災が及ぼした河川水，地下水への影響と，地下水に影響を及ぼす土壌質の変化について現地調査を行い，対照地域との空間的比較，同一地点での時間的変化の把握，既存のモニタリングデータとの比較などの手法により影響評価を行った[3]．

　陸水環境調査に関しては，神戸市，芦屋市および西宮市を流れる中小 15 河川の上下流合計 31 地点(地点記号 SU および SL)，および同市域に存在する湧水と井戸水(以下，地下水と総称する)の 14 地点(地点記号 GU および GM)に調査地点を設定した(図-6.2)．調査は 3 回(95 年 10 月，96 年 4 月，12 月)行い，第 2 回以降の河川調査は，影響が現れていると考えられる地点について行った．

　土壌中金属の調査に関しては，鉛直分布調査は，95 年夏～秋に，神戸市長田区の 2 つの公園と兵庫区の公園の 3 箇所において実施し，水平分布調査は，96 年冬に，JR 東海道・山陽本線沿いに約 0.5 km 間隔で位置する神戸市内の適当な公園 35 箇所で実施した．

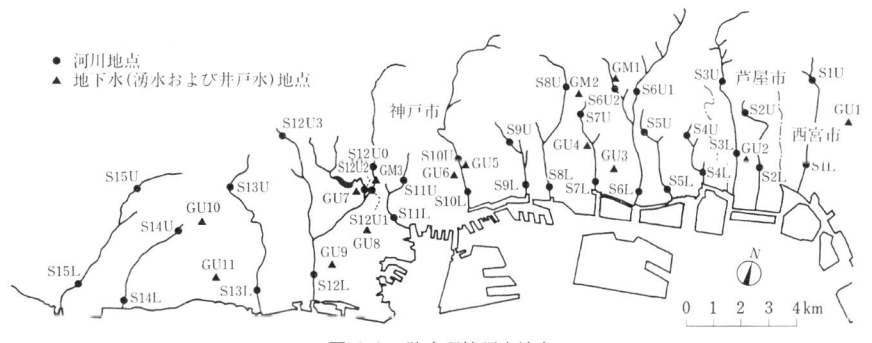

図-6.2　陸水環境調査地点

6.1.2 河川水および地下水にみられる特徴

　無機イオンに関しては，河川水中の無機イオンの多くが第3回の調査時に低濃度となる傾向を示した．アンモニウムイオン(NH_4^+)についてみると，NH_4^+ が検出された河川は，第1回調査時には15河川中6河川あり，この中で S1L，S8U および S12L では 1 mg/L 以上の高濃度が検出された．その後， S8U および S12L では第3回調査時の NH_4^+ 濃度が大きく減少し，他の無機イオンの多くも減少した．流域の状況を考慮すれば，とくに S12L（新湊川）では，震災からの復興に伴い汚濁物質の人為的負荷が少なくなっていることを反映したと推察された．

　陰イオン系合成界面活性剤の指標となるメチレンブルー活性物質(MBAS)に関しては，第1回調査では，河川の S14L で 2.6 mg/L と高濃度が検出され，他の河川でも下流部地点を中心に 0.1 mg/L のオーダーで検出された．とくに，S1L（夙川）および S14L（塩屋谷川）の濃度は，同じ地点の近年の観測値[4,5]に比べ 5～10倍高かった．しかし，第2回調査では，S1L の濃度はこれまでのモニタリング値と同レベルまで減少した．地下水に関しては，定量限界値(0.01 mg/L)に近い濃度ではあるが，第1回調査時に GU9 で MBAS が検出され，その後もトレース状態での検出が続いた．

　金属に関しては，ヒ素(As)に特徴的な検出傾向が認められた．地下水の GM3 で 100 µg/L を超える高濃度の As が3回の調査時すべてで検出され，その影響を受けた河川地点の S12U1（新湊川）でも高濃度の As が検出された．また，GU5 や GM2 でも比較的高濃度の As が認められ，GU5 の影響は河川地点の S10L（生田川）にあらわれた．

　有機ハロゲン化合物にかんしては，河川水では，S4U（要玄寺川）で比較的高い濃度のクロロホルムが検出され，ほかの種類のトリハロメタンも痕跡程度検出された．その原因として上・下水道からの漏水の混入が考えられた．また，1,1,1-トリクロロエタンについては，いくつかの河川で最高 3 µg/L 程度が検出された．地下水では，検出された最高濃度は河川水に比べて低かったが，11地点中最大8地点でクロロホルムが検出され，GU6 や GU9 ではテトラクロロエチレンも数 µg/L 検出された．

6.1.3 陸水に対する震災の影響

 震災が陸水環境に及ぼす影響としては，①地質など自然環境の変化によるものや，②ライフラインの損傷や損壊家屋の解体など都市環境の変化によるもの，が考えられる．

 地下水の GM3 は，震災後に湧出したか，あるいは湧出量が大幅に増加したといわれているが，As 濃度が高く，その影響は湧水流入河川の新湊川(S12U1)に強く認められた．この新湊川と，高濃度の As が同様に認められた生田川(地下水地点 GU5，河川地点 S10L)とについて，As の過去のモニタリングデータ[4),5)]を検討すると，第 1 回調査時の結果は，これまでの 2 倍(生田川)〜10 倍(新湊川)程度高い．両湧水中の As 濃度には減少傾向もみられることから，これらを併せて考えれば震災による影響が強く示唆された．生田川における高濃度の As は，環境庁，兵庫県および神戸市による緊急水質モニタリング調査でも検出されている[6)]．震災後に湧水および湧水流入河川水中の As 濃度が増加する現象は，兵庫県東部の猪名川流域でも報告[7)]されており，これらは①の事例と考えられる．

 ②の事例としては，地下水の GU9 の場合が考えられる．この井戸水については，近隣保健所の調査で大腸菌群数が高いことが指摘されたが，本調査でも，塩化物イオン，全有機炭素(total organic carbon：TOC)，全窒素(total nitrogen：TN)などが比較的高く，MBAS やテトラクロロエチレンも検出されており，下水道の損壊による汚染の可能性が考えられた．ただし，テトラクロロエチレンなど有機ハロゲン化合物に関しては，地下水のモニタリング調査[8)]により以前から同程度の濃度が検出される事例がみられるが，震災によるクリーニング店からの溶剤の流出も指摘[9)]されており，この結果については慎重に検討する必要がある．

6.1.4 土壌にみられる金属分布の特徴と震災の影響

 金属の鉛直分布については，神戸市長田区の 2 つの公園では，最表層または第 2 層で最も高濃度となる傾向を示す金属が多く認められ，兵庫区の公園ではこのような傾向を示す金属が少なかった．長田区の公園で高濃度となる金属はほとんど共通しており，クロム，マンガン，コバルト，ニッケル，カドミウム，鉛など

の分布がとくに顕著であった．

　神戸市内における金属の広域水平分布については，大火災が生じた長田区周辺で高濃度となる傾向を示す場合，火災焼失地域に対応せず神戸市中央部や東部で高濃度となる傾向を示す場合，および明瞭な傾向がみられない場合に分けられた．火災焼失地域と関連する濃度分布の一例として，アンチモン(Sb)の分布を図-6.3に示す．

　Sbは難燃助剤，触媒，塗料，顔料，ガラスの清澄剤などに用いられており，とくに，難燃助剤としての需要は平成5年(1993)度で1万7000tと多い．難燃助剤はOA機器，家電製品，自動車などに使われるプラスチックや，壁紙，繊維(カーテン，絨毯，マット)など難燃加工を施した製品に用いられている．また，三酸化アンチモンはポリエステルの重合触媒として利用され，ポリエステル繊維製品中にも含まれている．Sbはこのように広く使用され，都市ゴミ焼却場からの排出量の多さも指摘[10]されていることから，大火災との関連が強く現れたと考えられる．

　このように，火災があった地域の土壌中における多くの金属の鉛直分布が表層にピークをもつことや，いくつかの金属の広域的な水平分布に火災焼失地域との関係が強くみられたことは，震災時の大規模火災による環境影響をうかがわせる．大火災により，金属を含む浮遊粒子の発生およびそのフォールアウトや，火災の高熱による金属の蒸発は，一時的に大きく増加したと考えられる．土壌への金属の蓄積は地下水汚染にもつながることから，これは，震災が陸水環境に及ぼす第

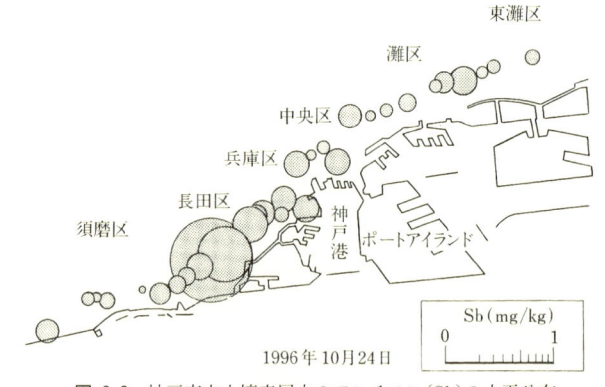

図-6.3　神戸市内土壌表層中のアンチモン(Sb)の水平分布

3の影響と考えることができる．

しかし，フォールアウトのメカニズムや降雨による土壌層への移行は，元素によって異なると考えられる．震災後の火災と土壌への金属の蓄積との関係については，地震後の雨水中の重金属濃度に関する調査結果[11]や震災時期を含む長期の大気中金属モニタリングデータの解析結果[12]などを合わせ，さらに詳しい検討が必要である．〔土永・奥野〕

6.2 水利用への影響

6.2.1 震災によるライフライン施設の被害

上下水道，電気，ガスは現代都市生活で必須の社会基盤要素で，線や管で結ばれた生活に不可欠なシステムの意味[13]からライフラインとよばれる．阪神・淡路大震災では，地震による直接的な被害に加え，ライフライン復旧の遅れの影響が甚大で，その震災対策の重要性が認識されるようになった．

水道では，被災地域は供給量[14]の4分の3を淀川に依存するうえ，域内浄水場や幹線もほぼ数日以内に仮復旧したため配水池まではすぐに供給可能であった．しかし，神戸市だけで2 000箇所の配水管，60 000箇所の給水管[15]に及ぶ無数の破断で迅速な復帰がきわめて困難になった．その結果，図-6.4 [14), 16)]のように電気は約1週間でほぼ復旧したが，130万軒の断水は，半分となるのに約半月，1箇月後でも依然5分の1は復旧できなかった．ガスも復旧が遅いが，電気などで部分代用可能なため水道ほどは影響しなかった．被災者へのアンケート（図-6.5）でも，飲料水不足の回答が最も多く，便所，風呂，そのほかの水も上位を占める[15]．水以外ではガス不通の不満が時間

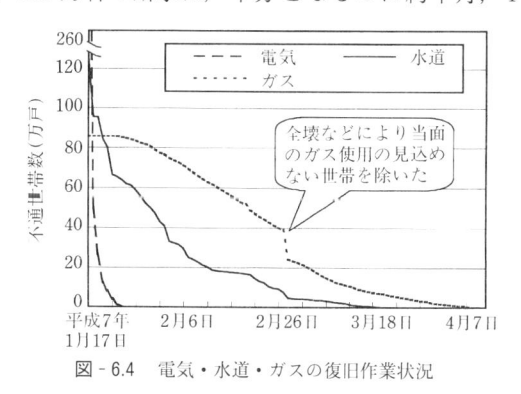

図-6.4 電気・水道・ガスの復旧作業状況

240　6章　阪神・淡路大震災による水環境への影響

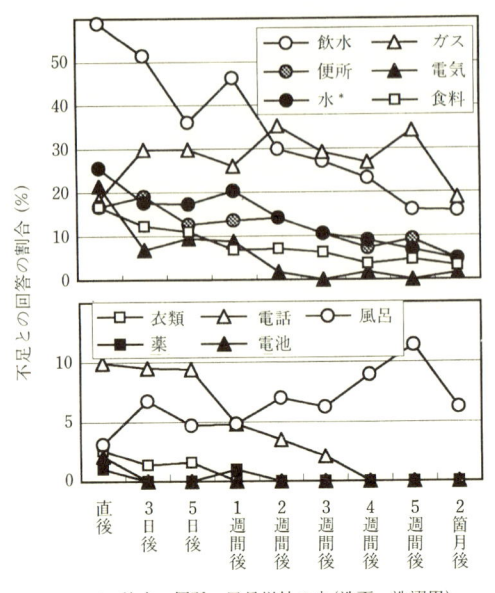

の経過とともに増大したのが特徴である．

図-6.5　自宅生活者の震災時不足物

＊ 飲水，便所，風呂以外の水(洗面，洗濯用)．

6.2.2　震災後の水確保状況

　被災時を，震災数日間の停電などで混乱している１期，電気が復旧し給水車などによる救援が整いつつあるまでの２期，救援活動が定着し水道が復旧するまでの３期に分けて，水源の遷移をみてみる．図-6.6[17]に示すように，市販水(ペットボトル)は１期に約半数の家庭が利用したが，水量は平均で１L/日・人程度にすぎない．その利用割合は日が経るにつれ減少し，代わって，給水車が１期の30％，3 L/日・人から３期の80％，18 L/日・人へと割合，量とも増大する．１期では，このほか，漏水，河川水，井戸，再利用水(風呂の残湯，プール水)など雑多な水源が用いられ，適切な水供給ルートが確立せず，被災者が手近な水源を利用せざるを得ない状況がわかる．給水車以外で確保水量の大きい水源は井戸水であり，非常時の水源としてきわめて重要な役割を演じた．

　これら多彩な水源で確保された１人当たりの日水量は，第１期では平均で 13 L/日・人であり，神戸市平均給水量実績[18]　412 L/日・人(1992年度)の30分の１以下であった．この事態は時間の経過とともに緩和され，第２期に 20 L/日・人，

(a) 利用水源種　　(b) 水源ごと確保量

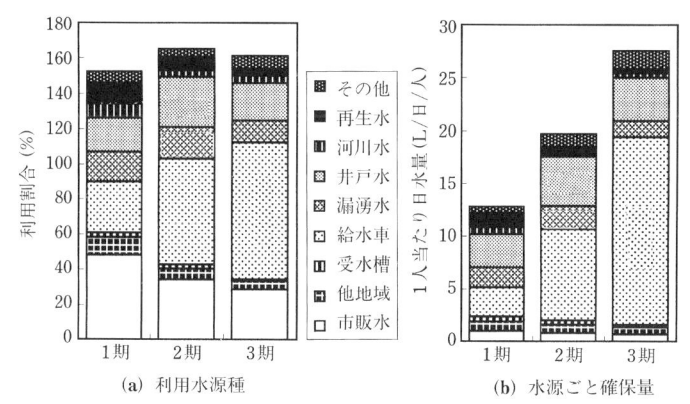

注1) 1期：震災数日間の停電などで混乱している時期．
 2期：電気が復旧し給水車などによる救援が整いつつあるまでの時期．
 3期：救援活動が定着し水道が復旧するまでの時期．
注2) 給水車には給水船も含む．再生水は，風呂残り湯，プールなどの再利用水．

図-6.6　被災各時期の利用水源の種類と水量

第3期で 28 L/日・人となるが，依然通常の 10 分の 1 以下である．水量の増加には給水車の寄与が大きいが，他の水源も，多くは引き続き利用されていた．

図-6.7 は水不足の状況下での自宅生活者での水利用実態[17]を示す．飲食用途では，震災直後（1期）も飲料水は確保されているが，調理や食器洗いでの利用はなく，第 2 期以降にそれらへの利用が増えている．食器洗

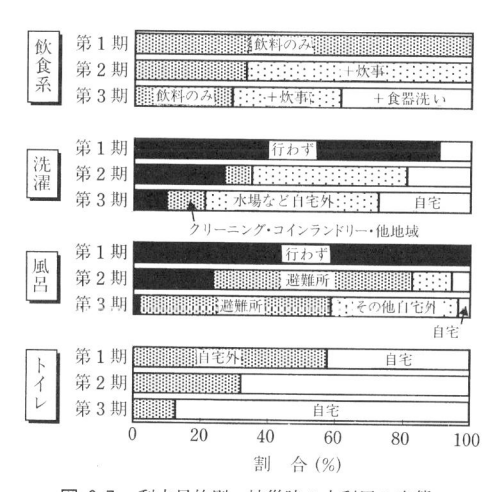

図-6.7　利水目的別，被災時の水利用の実態

いを行っていない人は，紙食器やラップで対処した．洗濯は，第 1 期でも井戸水が利用できた若干の人は実施したが，7 割以上の人は自ら確保した水では行っていない．時間の経過とともに洗濯が可能な人の割合は増えるが，第 3 期の時点でも自宅での洗濯は 3 割にすぎず，1 割の人は全く実施できなかった．風呂は第 2 期以降に始まり，利用割合が第 2 期 70 %，第 3 期 95 % となるが，ほとんどは

避難所などの自宅外でそれを享受している．トイレ用水では，第1期に確保した人は約半数，第3期でも1割の人は避難所などの自宅外で済ませており，深刻な水不足状況であったことが示される．

6.2.3 小売店の対応およびその後の水使用状況

　水道の断水で，一般市民は市販水のような代替水源に飲料水を求めたが，その供給元の小売店の多くも被害を受けた．図-6.8に西宮市での調査結果[17]を示す．建物への影響がないものは4分の1に過ぎず，半数は全壊や半壊となっているが，それらも含め全体の半数以上は，地震当日には営業を開始している．営業開始の理由には，生活のためのほか，飲食料品を求める住民の要望や，コンビニエンスストア直営店では本社指示などの返答が聞かれた．また，その際の商品販売状況については，震災直後1週間以内では，飲食料品で商品の入荷とともに売切れという声が多く聞かれ，まさに供給律速であったことがうかがえた．

　以上に示したように，ほとんどの住民は，水道の断水に伴う極端な節水生活を長期にわたって余儀なくされた．しかし，水道復旧後の水利用に関しては，図-6.9[17]に示すように，復旧後の使用量がどのような水目的であれ，震災前と変わらないという回答が6割以上あり，最も多い結果であった．このアンケートでの「やや減少」を通常の4分の3として評価し，各項目ごとに節水の程度の平均値を計算すると，飲料，トイレ，炊事，洗濯，風呂の順に使用量が控えられたが，それ以前に比べ，それぞれ9，10，10，11，13％の節水にすぎなかった．

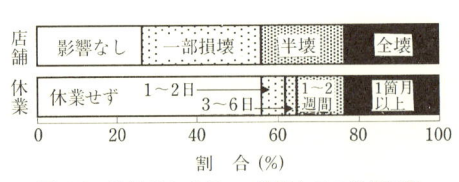

図-6.8　飲料品小売店への影響とその営業活動

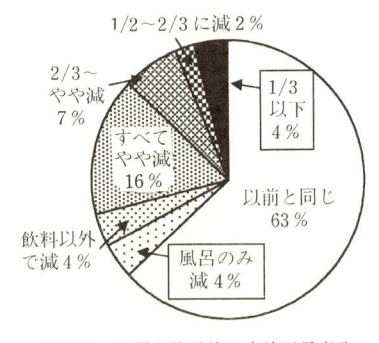

図-6.9　震災3箇月後の水使用量変化

6.2.4 震災の教訓

　今回の震災での特徴は，災害直後の必要水確保困難と断水の長期継続化にある．このため，水確保に大きな努力と工夫がなされ，同時に水利用も大きく制限された．またほかのライフラインの復旧との関係で，水利用も変化した．今後の対策では，これらを踏まえて，震災などの緊急時に対する水利用方針，需要予測などを確立する必要がある．緊急災害時水利用対応では，水量，水質，輸送手段，排水機能および汚染防止機能を確保する5視点が重要で，さらに新しい水利用システム構築上では，水循環，ライフライン，システムの3点よりとらえる発想が必要となると考えられる．　［藤井・山田（淳）］

6.3　水処理への影響

6.3.1　下水処理施設の被害状況

　下水処理施設の被害状況を把握するために行ったアンケート調査[19]で得られた被害状況の分布を図-6.10に示す．46施設のうち，地震による被害が全くなかっ

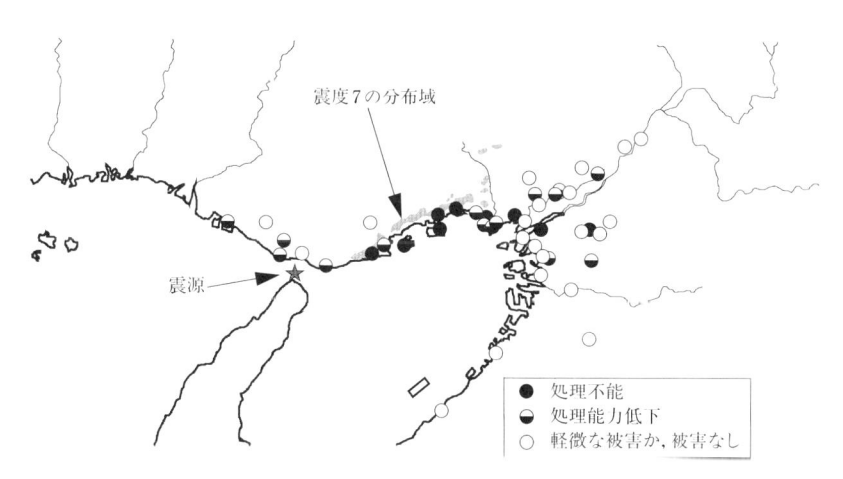

図-6.10　下水処理施設の被災状況

たと回答された施設は 11 施設のみであり，いずれかの設備が処理不可能になったと回答されたのは 9 施設であった．また，被災して処理能力が減少したが，予備設備を転用したり，流入下水量が減少していたので全量処理可能であったと回答された施設が 15 施設で，残りの 11 施設は，一部に軽微な損傷があったが平常どおりの処理能力を維持できたと回答された．神戸市，西宮市，芦屋市を中心として大きな被害が生じ，大阪市内や安威川流域まで被害が広がったが，震源地に近い明石市では処理不可能になるほどの重大な被害は生じていなかった．また，停電は合計 29 施設で生じたが，ほとんどの施設では自家発電装置がうまく稼働し，停電は下水処理あるいは汚泥処理にはほとんど影響しなかった．ただ，冷却水ポンプが水没したため，自家発電装置が稼働できなかった施設もあった．さらに，上水および工業用水の断水は合計 16 施設で生じ，このうち 8 施設では 2 週間以上にわたって水の供給が停止した．この結果，各種ポンプの冷却水や汚泥浄化タンク加温用のボイラー水，あるいは，汚泥焼却施設における排ガスのスクラバー洗浄水が確保できない施設も生じ，下水の 2 次処理水や高度処理水，河川水をこれらの代用にした施設もあった．

汚水処理を行う施設の中で多くの被害がみられたものは，最終沈殿池，最初沈殿池，ばっ気槽の順であり，最終沈殿池では過半数の施設に被害が生じた．最終沈殿池と最初沈殿池では，汚泥かき寄せ機のチェーンの破損やフライト板の破損が多く，次いで関連管渠(ばっ気槽流入水，返送汚泥，引抜き汚泥などの管渠)が多かった．また，臭気対策としての覆蓋が落下して，かき寄せ機などに損害を与えたケースもみられた．ばっ気槽では，送気管の継ぎ手が抜けたり気密が不十分になって空気が漏れる被害が多くみられた．

下水汚泥の処理を行う施設の中では，汚泥濃縮施設，脱水機，浄化槽，脱臭設備，汚泥焼却施設の順で被害が多くみられた．汚泥濃縮施設では，約 4 割の 11 施設で沈殿池と同様な被害が生じた．消化槽は 11 施設に設置されていたが，そのうち 8 施設に被害が生じ，運転不能になった施設では濃縮汚泥を直接脱水して対応させた．脱水汚泥の焼却施設では，神戸市と西宮市の施設で大きな被害が生じ，それぞれ 29 日間と 200 日間運転不能となった．

調査対象のほとんどの施設で，災害時を想定した緊急対処方法が震災前から制度化されていたが，半数以上の施設でうまく機能しなかった．その理由として，

電話などによる連絡体制が全く機能しなかったことや，交通網が寸断されていて現場に駆けつけることすらできなかったことなどが報告されている．

6.3.2 ポンプ場および管渠の被害状況

兵庫県土木部の調査[20]によると，県下の流域下水道と公共下水道には総計63箇所のポンプ場があり，このうちの約半数が被害を受け，西宮市，尼崎市で多くの被害が生じていた．また，県下の汚水管渠および雨水管渠は，総延長180 km以上にわたって被害が生じていたことが報告されている．別の調査によると，神戸市の東灘区，中央区，兵庫区，および長田区で被害が多く，汚水管の約1/5以上が破損し，雨水管では神戸市内で約900箇所の被害が生じていた．ただ，下水管渠の幹線では被害が少なく，被害は下水幹線に接続する小口径の管渠に集中していた．

6.3.3 浄化槽の被害状況

震災による浄化槽の被害については，その数が膨大であるために十分な調査が行われたとはいい難いが，兵庫県水質保全センター[21]や浄化槽工業会[22]による調査では，神戸市で調査された187基のうち，漏水，破損，変形のあったものの割合（被害率）が34.8％で，漏水の被害が多く，西宮市では，調査基数85基のうち被害率が25.9％と神戸市よりやや低かった．淡路島では，最も被害率の高かった東浦町においてもその値は16.0％であった．

浄化槽の種類別で被害状況を整理すると，単独処理浄化槽，小型合併処理浄化槽，および合併処理浄化槽の被害率は，それぞれ25.9％，2.2％，および13.7％であり，小型合併処理浄化槽の被害がとくに少なかった．小型合併処理浄化槽は比較的最近設置されたものが多く，肉厚のFRPが用いられており，施工についても十分に配慮されていることによるものと考えられる．

6.3.4 震災地域における汚濁物の挙動

(1) 汲取りし尿の運搬と処理

避難所でのし尿の取扱いは新聞でも取り上げられ，被災者の重大な関心事の一つであった．被災地域以外の自治体や環境整備事業協同組合，民間から仮設トイレが提供され，1 153箇所の避難所に約9 200基の仮設トイレが設置された[23]～[25]．また，被災地域では高い水洗化率が達成されていたため，自治体保有のバキュームカーはわずかしかなく，道路も渋滞箇所が多かったために，すべての避難所から効率よくし尿を収集運搬することは到底できなかった[26]．そのため，他地域から約220台のバキュームカーの応援を受け，比較的被害が少なかった下水処理施設や周辺自治体の下水処理施設までし尿が運搬されたり，その下水処理施設の集水区域までし尿を運搬して，マンホールから直接し尿を投入したりして処理された．

(2) 下水処理施設への流入汚濁物量の変化

前述のアンケート対象となった各下水処理施設のデータをもとにして，震災前後における下水量と汚濁物濃度の変化を調べた[19]．有効なデータが得られた28箇所の処理施設において震災前後の流入下水量についての増減の分布みると，被害が少なかった明石市や大きな被害の出た神戸から尼崎にかけての各処理施設では，流入下水量が減少したところが多かった．その要因には，市民が被災して集水エリア外に避難したことと，断水によって使用水量が低下したことが考えられる．また，下水管渠のひび割れや継ぎ手のずれ・抜け落ちなどによる下水の漏出，あるいは途中のポンプ場の被災によって送水量が低下したことなども，要因として考えられる．

逆に，震災直後に流入水量が増加した処理施設もみられ，合流式の処理施設の中には，震災直後から流入水量が急激に増加し，施設の計画処理能力の限界値まで迫っていたことがわかった．また，沿岸部に位置する別の処理施設では，流入下水中の塩素イオン濃度が震災直後に2倍以上に増えた．地震によって下水管渠のひび割れや継ぎ手部分から海水が浸入していたことが推測される．

測定データ数が限られているものの，震災前後における流入下水中の生物化学

的酸素要求量(biochemical oxygen demand : BOD)濃度(有機物濃度の指標)は，ほとんど変わらないかむしろ減少する処理施設が大半であった．浮遊物質濃度も減少する処理施設が多かったが，震災直後の約1週間は一時的に非常に高くなったところもみられた．この間，BOD濃度が増加していないことから，泥土のような無機分のものが中心であったと推定される．

(3) 下水処理施設からの汚濁物の流出

放流水の浮遊物量(suspended solid : SS)および BOD 濃度を調べた結果，甚大な被害を受けた神戸市東灘処理場以外の施設では，放流水濃度はほとんど変化がないか，わずかな増加が認められただけであった．ただ，水洗トイレが復旧しないため排泄物を土中やマンホールへ直接排出したり，河川で炊事や洗濯が行われたことも多数報じられた．これは，本来下水処理施設で処理されていた生活排水が土壌や水系に直接放出されたことを示している．その量の把握は非常に困難であるが，被災によって環境への汚濁負荷の排出が増大したことは明らかである．

6.3.5 今後の課題

下水道普及率のきわめて高い地域では，し尿を含めた下排水の移送は完全に管渠網に依存しており，それが損傷を受けた場合には，バキュームカーによる運搬以外には代替手段はないといえる．しかし，道路の破損や交通渋滞によって，バキュームカーはきわめて非効率的なし尿回収作業を強いられたのが現実であった．そこで，震災後に兵庫県で計画されたように，近隣の下水処理区域間でネットワークを構成し，非常時にはほかの施設に下水の一部を処理してもらうなど，現在の汚濁物収集体制を強化したり，再構築することが大切であろう．

今回は雨の少ない冬季に震災が発生したため，雨水の排除が大きな問題にならなかったが，気温の高い多雨期に地震が発生していると，都市内の浸水やこれによる疫病の発生抑制対策が大きな問題になったと推測される．雨水排除のためのポンプ場施設の耐震性の向上や，制度的対策も今後の課題であろう．　［貫上・藤田］

6.4 水測定機関への影響と危機管理

6.4.1 水測定機関へのアンケート調査

　阪神・淡路大震災は，水測定を主な業務とする各種の機関にもかなりの被害をもたらした．そこで，水環境問題の中で重要な役割を果たす測定機関への影響と被災状況およびその後の復旧状況を調査し，アンケートの集計結果を合わせ，その中から危機管理の教訓を得ることとした．

　アンケートでは，京阪神の水測定に関わる地方自治体の研究機関，浄水場，下水処理場の水測定室，大学，民間会社の81機関に対して，**表-6.1**に示すとおり，①地盤，建物，ライフラインの被災状況，②実験室内の状況，③現場設置型水質測定装置の被災状況について，択一式と自由記述式とで回答を求めた．回答した72機関(兵庫県下41，そのうち神戸市内20，大阪府下25，京都府下2機関)の種類別内訳は，大学7，地方自治体研究所5，公的水測定機関8，浄水場10，下水処理場14，民間機関28である．

　被災実態について現地調査を行った被災機関では，思いも寄らない重量機器が

表-6.1　アンケートの概要

1. 地盤，建物，ライフラインの損傷について
   1-1. 地盤の損傷　1-2. 建物の被災状況　1-3. ライフラインの被災状況とその復旧状況
   1-4. 水測定に関係する業務内容
2. 実験室内の状況について
   2-1. 据付け設備(調度品)などの被害状況
     (1)薬品棚，(2)実験台，(3)書棚，(試料)整理棚，(4)機器類，(5)情報データの破損，
     (6)危険物倉庫，(7)有害廃棄物の貯留に関する被害，(8)実験動物飼育室の被害状況，
     (9)バイオハザード関連のトラブル
   2-2. 今回の地震が実験中に発生した場合に予想される人的被害と防止対策
     (1)人的被害の予想，(2)人的被害の予想原因，(3)避難路(非常口)の状況，
     (4)火災発生に対しての消火設備や訓練等の有無
   2-3. 防災設備全般について
3. 現場設置型水質測定装置の被災について
   3-1. 現場測定装置の概要　　　　　　3-2. 測定装置の被災状況
   3-3. 現場測定装置の復旧について　　3-4. 復旧に要した期間と費用
   3-5. 測定値の変化について　　　　　3-6. 今後の耐震対策について

大きく移動している事例や，データへの重大な影響などの事例の説明を受けた．
その事例を図-6.11に示す．

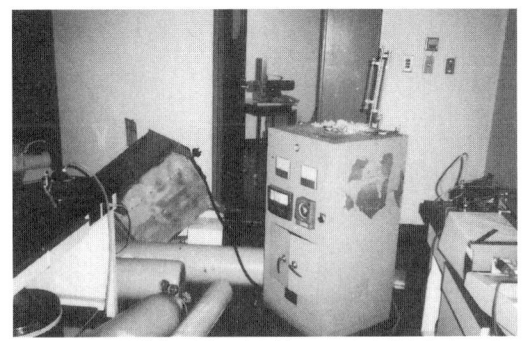

図-6.11 被災状況(壁に取り付けていた金具が抜けてボンベが倒れ，その上に電気炉が乗っている)

6.4.2 アンケートにみられる水測定機関の被災状況

(1) ライフラインの被災状況

神戸市内では，ライフラインへの影響が最も大きかった．電気の回復が最も早く，アンケートには再起動マニュアルの徹底が大切であるとの指摘があった．ガスの復旧が最も遅れたのはその性格上やむを得ないことであった．西宮市の機関への影響は神戸市の場合と同程度に大きかったが，隣合せの尼崎市では，一部断水したものの，電気，ガスへの影響は軽微であった．兵庫県以外の府県では，1時間程度の停電，あるいはかかりにくくなった電話などが最も大きい影響で，ライフラインへの影響は比較的少なく済んだ．

アンケートから非常用電源の整備率をみると，公的機関で40％強，私的機関で20％未満であった．そのなかで，下水処理場，浄水場，地方研究機関での整備率は比較的高いが，大学関係は低かった．また，非常用用水の準備では，給水車に頼ることが多かった．受水槽，プール，池の水を利用したとの報告があり，今後水量，水質の管理と簡易配管設備などの充実が望まれる．

(2) 実験室内の状況

まず実験台に関しては，図-6.12にみられるように，あれほどの重量物が大きく移動するという事例が，神戸市，西宮市，尼崎市はもちろん，それ以外でも報告されている．その際に，水回りを中心とするライフラインの破損がみられた．

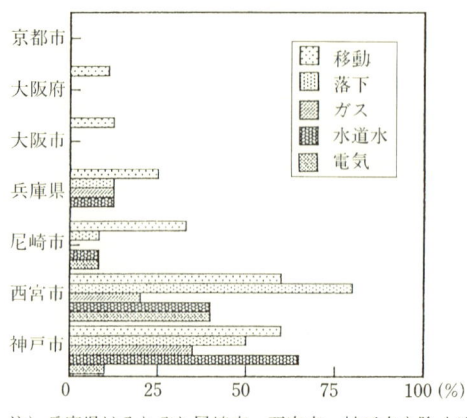

注）兵庫県はそれぞれ尼崎市，西宮市，神戸市を除く地域，大阪府は大阪市を除く地域における集計を示す．

図-6.12 実験台の被災

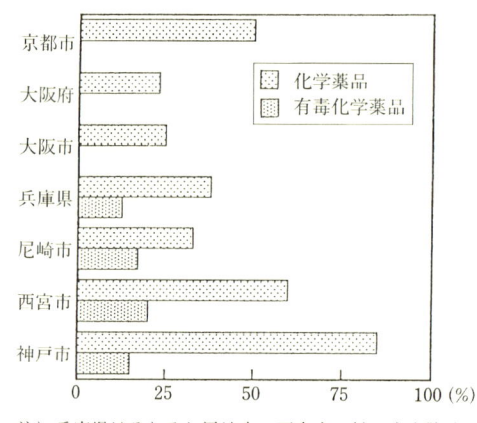

注）兵庫県はそれぞれ尼崎市，西宮市，神戸市を除く地域，大阪府は大阪市を除く地域における集計を示す．

図-6.13 薬品の落下

フレキシブル配管などの対策が望まれる．

薬品棚からの薬品の落下や転倒を図-6.13に示す．なお，図中において，「兵庫県」は尼崎市，西宮市，神戸市を，「大阪府」は大阪市を，それぞれ除く地域における集計を示している．震源地に近いところはもちろんであるが，震度4の大阪府下でも25％が被害を受けている．今後，転倒防止や有害薬品被害を最小限にくい止める対策が必要である．

ガスボンベの被災については，常日頃，ある程度の対策はすべての所で取られてきたが，震度が想像を超えるものであったので，有効に機能していないところも多かった．幸い，宮城沖地震のように昼間ではなく，地震発生が未明であったために，二次災害につながらなかった．架台自体の固定と，可燃性ガスの屋外設置が必要であろう．

測定機器への影響については，神戸市内では，測定機器の80％以上が落下破損して，原子吸光，ガスクロ，ガスマスといった高価な機器が使用不能になっている．機器固定の重要性が再確認された．その中でも，クリーンルームのような室内ボックスに設置された機器には破損がほとんどなかったという報告もあり，貴重な経験事例となった．

(3) 現場設置型水質測定装置の被災状況

99の現場設置水質測定装置がアンケートの調査対象となったが，異常のあったのは8台のみで予想外の低い被災率であった．それも，現場測定機器の被災よりも，建屋，通信制御部，データ処理部の被災がみられた．現状では，自動停止，自動復帰機能をもっているところが少ないこともわかった．

(4) 緊急連絡網などの機能状況

緊急連絡網は80％以上で設定されていたが，その周知率は75％で，実際に機能したのは20％程度というアンケート結果となっている．その他，非常口の整備，消火設備，消火訓練，避難訓練なども，結果として不十分であったことが再確認された．

6.4.3 復旧への努力と危機管理の教訓

以上の結果から，危機管理の教訓として，①ライフラインや実験室などの対策に関する見直し，②非常時の情報伝達手段の確立，③水測定機関の緊急時支援体制の確立，の3点がまとめられる．

緊急時支援体制に関しては，『13大都市災害時相互応援に関する協定』や『下水道事業における災害時支援に関するルール』などがつくられており，水道事業関係でもすでに全国をブロックに分けて体制が組まれている．それに準拠すると，環境水，飲料用井水などを扱う水測定機関については，以下のような緊急時支援体制が考えられる．

全国公害研協議会，地方衛生研究所協議会は，全国的に5または6ブロックに分かれて支部の活動を行っていることから，そのなかに緊急時支援の機能をもたせる．両協議会ともに各ブロックにはそれぞれの支部長職があるが，当該機関が被災して機能を果たせなくなった場合を考慮して，地理的にある程度距離を置いた副支部長を定めておき，緊急対策本部を置き，水試料の測定も含めて相互支援に備える．また，何が支援できるか，連絡ルート，費用分担も含めて普段から検討しておく．民間分析機関に関してはすでに協議会などがあり，今度の震災時にも相当の応援体制が敷かれたようにうかがっているが，改めて検討し，緊急時に

備えるものとする.

震災対策の教訓のなかで,とくに,水測定機関緊急時支援体制の確立の具体化が諸機関で図られることを望むものである.　[福永・高原]

文　献

1) 日本水環境学会特別研究委員会(1997):「阪神・淡路大震災による水環境への影響と対策」報告書.
2) 日本水環境学会関西支部(1998):文部省科学研究費補助・研究成果公開シンポジウム資料集「阪神・淡路大震災による水環境への影響を考える」.
3) 日本水環境学会特別委員会(1997):「阪神・淡路大震災による水環境への影響と対策」報告書.
4) 兵庫県保健環境部環境局(1995):平成6年度公共用水域の水質等測定結果報告書.
5) 兵庫県保健環境部環境局(1994):平成5年度公共用水域の水質等測定結果報告書.
6) 兵庫県保健環境部環境局水質課(1995):阪神・淡路大震災の水質保全対策,瀬戸内海, Vol.2・3, pp. 48-51.
7) 山田淳・古武家善成・古城方和(1995):兵庫県南部地震後の河川水中ヒ素濃度の上昇,第7回ヒ素シンポジウム講演会要旨集, pp. 34-35.
8) 神戸市内部資料.
9) 日本地質学会環境地質研究委員会兵庫県南部地震地質汚染調査団(1995):兵庫県南部地震地質汚染調査団報告 －神戸市分中間報告－,第5回環境地質学シンポジウム論文集, pp. 337-346.
10) 渡辺信久(1999):都市ゴミ焼却処理工場でのヒ素およびアンチモンのマスバランス,京都大学環境衛生工学研究会シンポジウム論文集, pp. 70-75.
11) 古武家善成,梅本論(1997):水環境への影響要因としての雨水中の重金属 －兵庫県南部地震後にみられた変動事例－,兵庫県立公害研究所研究報告, 29, pp. 83-88.
12) 小林幹樹・菊井順一・前田健二・宮原芳文(1997):阪神・淡路大震災が大気環境に及ぼした影響 －金属物質モニタリング測定結果の解析－,大気環境学会誌, 32, pp. 231-236.
13) 朝日新聞社編(1996):朝日現代用語 知恵蔵1996,朝日新聞社.
14) 百々順一(1995):阪神・淡路大震災と水道の危機管理について,「阪神・淡路大震災による水利用への影響および対策に関する講演および討論会」配付資料.
15) 小倉晋・松下眞(1995):阪神・淡路大震災による水道の被害状況と復興計画,環境衛生工学研究, 19, pp. 98-107.
16) 髙田志郎(1995):「ライフライン施設」,兵庫県南部地震緊急被害調査報告書(第2報),神戸大学部地震学術調査団, pp. 115-146.
17) 日本水環境学会特別委員会(1997):「阪神・淡路大震災による水環境への影響と対策」報告書.
18) 厚生省水道整備課監修(1994):平成4年度水道統計(施設・業務編),日本水道協会.
19) 日本水環境学会特別研究委員会(1997):「阪神淡路大震災による水環境への影響と対策」報告書.
20) 兵庫県土木部下水道課(1996):阪神・淡路大震災 －下水道施設災害の記録－.
21) 瀬古仁嗣(1995):阪神淡路大震災と浄化槽,APW(型式浄化槽協会ニュース), 40, pp. 2-7.
22) 佐藤豊(1995):阪神淡路大震災による合併浄化槽の「実態」調査について,月刊浄化槽, No.235, pp. 42-45.
23) 阪神・淡路大震災兵庫県災害対策本部(1995):阪神・淡路大震災 －兵庫県の1ヶ月の記録－.
24) 兵庫県(1996):阪神・淡路大震災 －兵庫県の1年の記録－.
25) 森朴繁樹(1995):し尿処理と都市災害,月刊生活排水, March, pp. 30-34.
26) 神戸市(1996):阪神淡路大震災 －神戸市の記録1995年－.

おわりに －近畿の水問題の将来－

1. 近畿の水資源の特徴

　近畿地区において20年間で発生した渇水の年数は図1[1]のように示されている．中流域を除き，北部，南部では比較的水が豊富である．熊野川流域や，由良川流域，あるいは加古川流域では流域人口や生産活動から，時として濁水問題や渇水問題が生じることがあっても，経年的な水需給からすれば比較的安定している．結果として，近畿地区の主要な水量・水質問題は，人口集中地域である琵琶湖・淀川水系で発生しやすい．琵琶湖・淀川流域では水資源確保と洪水流量調整のために，多くのダムが建設されてきた．ただ，水資源供給の中心は275億tの水を湛える琵琶湖であり，比較的水利用回数の低い，したがって清浄な水を安定して入手できる流域である．この恵まれた状況は将来においても大きく変わることはない．今日まで構築してきた「上流取水，中流消費，下流排水という一過式水消費体制」は限界に近づき，将来の都市での「新たな水環境創造のための水需要」に対応する「都市内水ストック量の増加，強力な資源循環利用」を図るという概念のもと，総合的水循環管理システムを構成する必要がある．緊急用水対

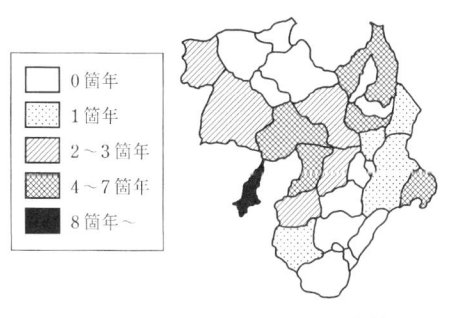

図1　過去20年間における渇水発生年数

応のため，新たな用水路の建設が計画されているが，水輸送経路の変更は新たな自然破壊ないし変更を伴うことを肝に銘ずべきであろう．

　水消費は，農業，漁業，舟運，発電，工業，都市，果ては河川環境などの用水として位置づけられ，利水目的ごとに水利権で設定された量だけ取水・利用される．それらが，いずれ自然の水系に返水されることを前提としている．この百数十年の近代化で固定概念化してでき上がった社会・都市構造の中で，新たな水需要や水貯留に対して柔軟な対応や敏感さをなくしている．昨今，都市に降る雨を地下水化するための透水性舗装が叫ばれ，なくなった小川や水辺を取り戻すための地下貯留管や貯留槽の建設が唱えられる方向が出てきている．

2. 近畿の水資源と消費の既存システム

　『水資源促進法』に基づく水資源開発は広域的な用水対策として実施され，現在全国に 7 水系の指定水系があり，水資源開発基本計画（フルプラン）によって開発が進められている．フルプラン地域内の人口は全国人口に対し 49.3 ％ で，淀川水系は 13.2 ％，約 1 650 万人を対象としている．淀川水系は 1962 年 4 月に指定され，平成 9 年度末完了した事業はダムなどの水資源開発施設 11 事業である．開発水量は約 78 m^3/s で，フルプラン需要想定量（約 91 m^3/s）の約 86 ％ 相当となっている．1994 年に一部計画の見直しがなされ，平成 12 年(2000)までの新規水需要を 60 m^3/s とし，開発水量は約 56 m^3/s とされている．開発事業のうち 1997 年時点で建設中または調査中の事業は 11 事業（ダム 5 箇所，天瀬ダム再開発，猪名川総合開発，4 箇所の土地改良など）が残されているが，新たにダム貯水池を効果的に建設できる場所はほとんどなくなってきている．

　図 2 [2] は琵琶湖・淀川水系における，浄水場と下水処理場の分布状況を示す概略図である．上流でこそ，浄水場が下水処理場と分離されているようにみえるが，中下流部では，すでに下水処理水が入り交じって利用されている．住友など [3] の解析では，琵琶湖淀川水系では，現状において，繰返し最大利用回数別人口比率では，5 回利用された下水を飲んでいる人が 52 ％，2 回が 18 ％ で，未利用水のみを飲んでいる人は 14 ％ にしか過ぎないという．

　水利用の回数が増加すれば，当然水中に多くのものが蓄積してくる．有機性汚

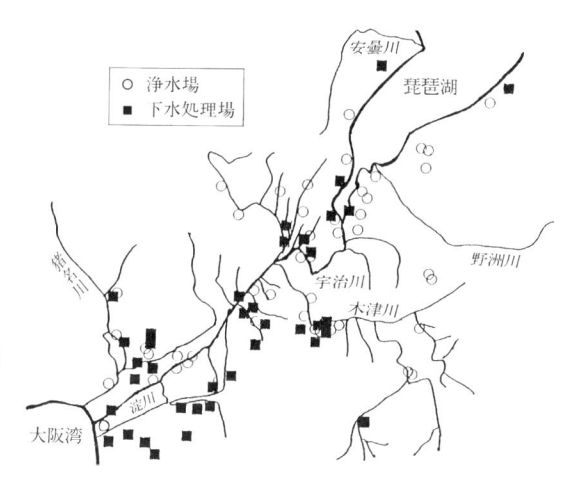

図2 琵琶湖・淀川水系の浄水場
(下水処理場分布概要)

濁対策と重金属対策のために設定された公害の時代における mg/L オーダーの水質項目は，次世代の環境の時代にあってはすでに色褪せかけている．飲める水は当然とし，おいしい水が求められ，臭い水問題，富栄養化問題などに求められる水質は μg/L のオーダーとなり，対象濃度の桁が3桁から6桁下がらざるを得ない．近畿の流域だけの問題ではないが，過去の経験を踏まえて平常管理をするだけでは対処できない新たな問題，例えば O-157，クリプトスポリジウムなどの原生動物対策，ウイルス問題や蓄積性難分解有機物(有機塩素化合物)，外因性内分泌撹乱物質(環境ホルモン)などへと水質対象と濃度が変化している．

3. 水域水質管理の現況と水消費体系の見直し

公害の時代の水質管理は行政的には水質基準点での水質が環境基準に適合しているかどうかであった．適合度の判定は，月1度の測定データを12箇月集積し，その75%値でもって環境基準値と照合することでなされる．もともと，25%のデータは環境基準値を超えていても問題とされない．水辺環境が人の住む場として低劣であった時代には，月1回程度の測定レベルの管理ですませえたものが，小魚が戻り，夕涼みできる川辺が戻ると，もう少しているねいなデータによる水辺管理が求められる．滋賀県庁前など数箇所に，琵琶湖の現況水位と透明度が時々刻々広報されている．測定水質値を，もっと広く公表し，皆が利用できるように

し，水辺を自分のものとして意識できるような雰囲気を醸成する必要がある．そのためには，適切な監視体制（モニタリングシステム）を設置し，量と質が同じレベルの精度で表記される必要がある．これらのデータをもとに，生活空間内の水量・水質を総合的に監視し・管理する統合的管理体制を構築する必要があろう．公共事業として建設する貯水池自体，適切な場所の選定が困難になったこともあり，住民が自分で意識的に水辺の管理を理解でき，参加できる形での水辺づくりが期待され，下水道の雨水管渠（雨水放水路）や河川の一時貯留施設の建設などを有効に活用して，総合的に都市内水ストック量を増やし，それを適切に管理すれば，効果的に水源を確保できることになろう．

　一方で，従来の水消費の内容を吟味する必要がある．水道水源の悪化は，浄水プロセスの高度化を促す．他方，美味しい水としてペットボトルの頒布が全国で年間 100 万 t に達しようとしている．水販売の立場からみて，売上高はすでに水道の数 % に達し，水道水と早晩拮抗してくるものと考えられる．また水道自体美味しい水を配水しながら，これをトイレの洗浄水や洗濯水，自動車洗浄水として使用することに疑問を感じる人も出てこよう．生活の質が高くなること自体悪いことではないが，水量・水質消費という生活行動のなかで，既存社会システムの役割分担を再考する時代となっているように感じられる．火災用水や緊急用水を，降水や下水再生水をストックし，有効活用しつつ生活場の近くに自然水環境を創造するなかで確保する仕掛けを検討すべき時代にきている．

　水資源循環利用のためには，柔軟でかつ確実な水辺管理として，表流水，地下水，貯留水を含む地域水収支を配慮したうえ，都市内水辺の適切な監視と管理とを機動的に進め得る体制を備える必要がある．

4. 近畿の水環境

　水の都とうたわれた大阪も，都市の拡大とともに街中の水路や海浜は埋め立てられ，より経済効果の高い道路あるいは建物へと変化し，街中の多くの水辺を喪失してきた．川の汚れを道路にすることで解決し，経済効果を高める手段として利用された面もあるが，地面を舗装することで歩きやすく，車が走りやすい場とし，活動を活発化させてきた．雨が地下に浸透する面を少なくし，雨水を直接川

や海に捨て去るシステムとして下水道を建設し，目に見えない地下水や都市内水辺の喪失を進めてきた．多くの都市が，同じような経済発展の前に，多くの水辺を干陸化し，都市に押し寄せる人口を吸収し，都市の活性を保ってきた．大都市近郊の都市が，一層人口スプロール化と工業発展の流れを強く受けてきた．図3[4)]は吹田市周辺における土地利用構成の変遷を約30年ピッチで求めたものである．水田が住宅地に変化し，水辺環境が著しく変化し，近年では数分の一になってしまっている様子が知られる．

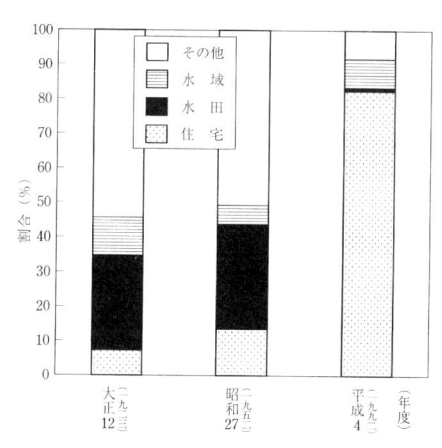

図3　吹田市周辺における土地利用の変遷(割合)

　大量生産・大量消費・大量廃棄の社会システムのなかで，生きること(衣食住)にある程度満足したこの時代の人の意識を，将来の人間生存をかけた場の形成のために何をしていくべきかが論じられねばならないときになっている．人の行動における価値判断が，単に効率と利便性におかれる時代から，ある程度不便だが豊かで，持続可能発展を未来に残せ，自然の豊かな生態系の中に無理なく溶け込み得るような人の行動規範を形成することが目標となる．省資源，省エネルギーが叫ばれるなか，資源の循環利用は使い捨て思想を排除し，新たな資源の消費を戒めている．川から地下水，あるいは近海を含め，身近な水に対し水量だけでなく，水質から水辺の緑を含む景観，したがって時にはエコシステムまでを含む水のある場を豊かに創造し，保全することが求められている．将来の社会で過ごす人々からは，時間的にもまた地域性においてももっとゆったりと過ごせる場が希求せられ，五感に感ずる自然の潤いが大きな価値観をもってくるものと考えられる．

5. 水環境改善の方向性

　人が直接利水する淡水については，近畿の琵琶湖・淀川流域では古来母なる琵

琵琶湖の恵みを受け，比較的安定した水消費社会システムを構築できてきた．今後もこの基本的なスタンスに変更はないであろう．ただ，自然水があるから，地域水需要の安定のためにさらに人工水路をつくって自然水を再配分しようとする計画もされている．自然とうまく付き合い，最低限度の資源を有効利用するという方向性からすると，安易に水路をつくって配分すればすむという解決策は時代遅れとなりやすい．人が生活空間を拡大するなかで自然の水辺を消滅させ，生態系を破壊し，物質的豊かさを享受してきたことは事実であり，その反動として世代を超えて，使った水を高度処理し繰り返し利用し，その水で再度水辺を構築し，緑の場を取り戻し，人に安らぎを与える基本的素材を提供する．ゼロディスチャージの社会構築をめざし，自然の水は自然の生態系にできる限り残す配慮がなければ，人が豊かな自然と共生して快適に生活する場を形成することは不可能となろう．自然に対する謙虚さを再認識しつつ，水環境の創造を進める必要がある．

[宗宮]

文　献

1) 国土庁長官官房水資源部(1998)：日本の水資源　― 地球環境問題と水資源 ―　平成10年版, p.411.
2) (財)琵琶湖・淀川水質保全機構(1996)：琵琶湖・淀川の水質保全, pp.165-169.
3) 京都大学大学院工学研究科環境工学専攻 水資源質総合計画(クボタ)講座(1998)：1997年度活動概要, p.28.
4) 京都大学大学院工学研究科環境工学専攻 水環境工学分野研究室解析結果(1996).

索　　引

AE ……………………………………… 160, 171
AES ……………………………………………… 160
Ames 試験 ……………………………………… 166
AOS ……………………………………………… 160
APE …………………………………………… 160, 164
AS ………………………………………………… 160
α-オレフィンスルホン酸塩 …………………… 160
BHC ……………………………………………… 143
BOD 濃度 ………………………………………… 15
BPA ……………………………………………… 173
CTAS …………………………………………… 164
EPOC 21 ………………………………………… 128
HCH ……………………………………………… 143
HCH 汚染 ………………………………………… 143
LAS ……………………………………… 160, 163, 171
MBAS …………………………………………… 161, 236
MHFMJ ………………………………………… 139
NGO 活動 ……………………………………… 219
NPE ……………………………………………… 171
OPE ……………………………………………… 156
OPE の生分解性 ……………………………… 158
PCB ……………………………………………… 154
PCB 汚染 ……………………………………… 154
PCB 濃度の経年変化 …………………………… 154
PEG ……………………………………………… 172
POE 型非イオン界面活性剤 …………………… 163
river die-away 試験 …………………………… 160
Sb ………………………………………………… 238
SDS ……………………………………………… 171
TKK ……………………………………………… 223
TOC ……………………………………………… 172
TOC 阪大法 …………………………………… 172
Uroglena americana …………………………… 115
XAD 樹脂カラム濃縮法 ………………………… 165

あ

安威川 ……………………………………………… 170
アオコ ……………………………………………… 115
赤潮 ……………………………………………… 120
赤潮訴訟 ………………………………………… 230
悪水 ………………………………………………… 54
悪水論 …………………………………………… 54
安積疏水 ………………………………………… 56
天橋立の磯清水 ………………………………… 79
有馬温泉 ………………………………………… 32
アルキルフェノールポリエトキシレート …… 160
アルキル硫酸エステル塩 ……………………… 160
アルコールポリエトキシレート ……………… 160
淡路島の温泉 …………………………………… 34
アンチモン ……………………………………… 238
アンモニウムイオン …………………………… 236

い

石川 ……………………………………………… 132
石川の水質 ……………………………………… 135
泉神社湧水 ……………………………………… 82
異性体 …………………………………………… 143
イタセンパラ …………………………………… 105
一次分解性 ……………………………………… 160
一過式水消費体制 ……………………………… 253
遺伝子損傷性汚染物質評価法 ………………… 203
遺伝子損傷性物質 ……………………………… 203
遺伝性疾患 ……………………………………… 165
遺伝毒性 ………………………………………… 165
井戸の遺構 ……………………………………… 44
井戸水 …………………………………………… 44, 240
井戸水利用 ……………………………………… 44
猪名川流域 ……………………………………… 9
犬上川 …………………………………………… 106
入浜権 …………………………………………… 225

陰イオン系合成界面活性剤 ……………161
インクライン ……………………………59

う

ウェルポイント法 ………………………184
ウォータープラン 2000 …………………7
宇川 ………………………………………109
宇治川流域 …………………………………9
梅干加工排水 ……………………………199
上掛け水車 …………………………………55
上荷船 ………………………………………53

え

栄養塩の輸送過程 …………………………22
エースプラン ……………………………195
エスチュアリー循環 …………………20, 21
17-βエストラジオール …………………161
エストロゲン活性 ………………………161
沿岸流 ………………………………………20
塩基対置換型突然変異 …………………165

お

おいしい水 …………………………………78
近江 …………………………………………62
淡海 …………………………………………62
近江百景 ……………………………………67
淡海文化 ……………………………………62
近江八幡近自然環境復元研究会 ………222
大阪市環境管理計画 ……………………128
大阪市環境基本計画 ……………………128
大阪市水域環境保全基本計画 …………128
大阪市内河川 ……………………………125
大阪層群 ……………………………………24
大阪湾 ………………………………17, 120
大阪湾の集水域 ……………………………18
大阪湾の流動 ………………………………19
オオサンショウウオ ……………………102
沖ノ瀬 ………………………………………20
沖ノ瀬環流 …………………………………19
オゾン処理 …………………………194, 197

汚濁負荷量 …………………………………15
汚泥の処理 ………………………………195
温泉 …………………………………………30
温泉調査 ……………………………………31
温泉法 ………………………………………30
温暖化防止国際会議に関するネットワークづくり
………………………………………222

か

海域の富栄養化 …………………………122
開放型水循環系 …………………………207
開放型循環 ………………………………202
界面活性剤 …………………………159, 170
界面活性剤による汚染 …………………159
界面活性剤の生分解性 …………………160
界面活性剤の毒性 ………………………161
界面活性剤の分解活性 …………………171
外来種 ……………………………………139
外来性 COD ………………………………118
化学物質浄化ポテンシャル ……………175
化学物質の安全性 ………………………203
化学物質の微生物分解 …………………169
過書船 ………………………………………53
柏原船 ………………………………………52
河川工事 …………………………………214
河川づくり ………………………………215
河川の界面活性剤汚染 …………………161
河川の環境 …………………………………97
河川の水量管理 ……………………………91
河川の生態系の保全 ………………………97
河川のもつ自浄作用 ……………………176
河川法 ………………………………………96
勝浦温泉 ……………………………………36
渇水 …………………………………………75
活性炭吸着法 ……………………………194
桂川流域 ……………………………………9
家庭排水 …………………………………213
河畔林の保全 ……………………………106
亀の瀬 ………………………………………49
蒲生野考現学倶楽部 ……………………222

鴨川	42
加茂川	43
河内王朝	50
河内平野	49
河内平野の舟運	51
川湯温泉	36
環境基準	92, 203
環境権	225
環境サークル・フォーレスト	222
環境生活協同組合	100
環境同位体	132
環境変異原	165
環境保全協会	222
環境ホルモン作用	169
環境ホルモンの評価	205
環境ホルモン物質	205
関西水系連絡会	225

き

危機管理	251
木津川流域	9
北垣国道知事	57
紀の温湯	36
揮発性有機塩素化合物	181, 182
紀三井寺の三井水	78
逆水	63
究極分解性	160
京戸	43
行政指導型のNGO	220
京都盆地	43
京友禅	48
漁業権制度	65
近畿三角地帯	23
近畿地方の地質構造	23
近畿における水道普及率	72
近畿の下水道	192
近畿の産業活動	72
近畿の生活用水使用量	73
近畿の水資源の特徴	253
近畿の名水	78

金属	236
金属工業	196

く

供御人	65
草の根型のNGO	220
熊野酸性火成岩	31
くらわんか船	53
グリーンウォータープラン	128
車井戸	45
クロロホルム	236

け

蹴上インクライン	59
蹴上水力発電所	59
下水汚泥広域処理事業	195
下水汚泥の処分	195
下水汚泥の処理	195
下水処理	191
下水処理施設からの汚濁物の流出	247
下水処理施設の被害	243
下水処理施設への流入汚濁物量の変化	246
下水道高度処理	94
健康に関わる水質項目	93
剣先船	51
源泉	31

こ

広域水田法	88
工業薬剤	154
工業薬剤による汚染	153, 158
工業用水	74
公共用水域の水質保全	213
甲子園浜	226
工場排水	213
洪水管理	91
高度処理	194
高沸点有機硫黄化合物	179
コウベウォーター	82
公有水面埋立法	227

近木っ子探検隊 ……………………………223
御香水 ………………………………………47
こしがめ ……………………………………55
湖上交通 ……………………………………66
枯草菌 ……………………………………203
枯草菌 Rec‐assay ………………………203
古代湖 ………………………………………61
古琵琶湖層群 ………………………………24
ゴルフ場 …………………………………148
ゴルフ場からの農薬流出 ………………148
ゴルフ場流出水 …………………………151

さ

在来種 ……………………………………139
桜井 …………………………………………46
殺菌剤 ………………………………145, 148
殺虫剤 ……………………………………145
茶道 …………………………………………48
残差流 ………………………………………19
三酸化アンチモン ………………………238
三十石船 ……………………………………53
酸性排水 …………………………………198
酸素同位体比 ……………………………133
山地流出負荷量 ……………………………86

し

滋賀県国際湖沼会議 ……………………222
滋賀県立大学環境サークル K …………222
色度規制 …………………………………197
自然浄化システムの利用 …………………95
自然突然変異 ……………………………165
自然負荷 ……………………………………86
実験室 ……………………………………249
し尿の取扱い ……………………………246
地場産業排水対策 ………………………196
ジベンゾチオフェン ……………………179
脂肪酸塩 …………………………………160
シマジン ……………………………148, 149
嶋田道生 ……………………………………58
社会システム管理 …………………………95

シャトネラ赤潮 …………………………230
舟運 …………………………………………50
周縁文化 ……………………………………62
十王村の水 …………………………………82
重金属濃度 ………………………………124
従属栄養細菌数 …………………………171
終末処理場 ………………………………193
住民運動 …………………………………225
住民運動の重要性 ………………………231
重油汚染関連物質 ………………………177
重油流出事故事例 ………………………178
樹脂の硬化剤 ……………………………173
酒造 …………………………………………48
庄下川 ………………………………………99
浄化槽の被害 ……………………………245
上下流問題 …………………………………96
硝酸態窒素 ………………………………181
浄水享受権 ………………………………231
初期雨水 …………………………………214
植物プランクトンの優占種 ……………115
除草剤 ………………………………145, 148
処分地の確保 ……………………………195
白浜温泉 ……………………………………36
城北ワンド群 ……………………………105
人工化学物質 ……………………………203
震災が及ぼした河川水への影響 ………235
震災が及ぼした地下水への影響 ………235
震災後の水確保 …………………………240
震災による水環境への影響 ……………234
親水基 ……………………………………159
親水機能 …………………………………215
神泉苑 ………………………………………46
伸線排水処理 ……………………………198
新築病 ……………………………………156
森林の汚濁負荷 ……………………………85
森林率 ………………………………………84

す

水域水質管理 ……………………………255
水路閣 ………………………………………60

水質	15
水質汚濁対策	127
水質汚濁防止連絡協議会	99
水質改善策	94
水質管理	92
水質項目の限界	93
水車産業	55
水田の汚濁負荷流出	89
水田の汚濁負荷流出量	89
水田率	85
水道の高度浄水	95
水法制度	96
水利権	90
水利権制度	64
水論	54
須磨沖反流	20
角倉了似	56

せ

生活に関する水質項目	93
生活用水	72
生活用水の使用量	73
生態系撹乱物質	207
生態系の復元	142
生物処理	193
生物層の多様性	137
生物の多様性の保全	142
生分解活性度	169
清流ルネッサンス21	99
石けん	160
節水	242
全国総合水資源計画	7
染色工業	196
染色排水	196
全有機炭素	172

そ

総源泉数	30
統合的管理体制	256
総合的水循環管理システム	253

造林率	85
測定機関への影響	248
測定機器への影響	250
疎水	55
疎水基	159
疎水工事	58

た

太子町	186
大宝令	51
高槻公害問題研究会	223
多環芳香族炭化水素	166, 178
多自然型川づくり	102, 108
多自然工法	215
建屋川	102
田辺朔郎	57
タブ林	107
タマリ	104
多様性	137
タンクモデル	152
淡水赤潮	115
淡水魚の生活型	141
淡水補給量	75

ち

チオシアン酸コバルト活性物質	164
地下水	23
地下水汚染	181
地下水管理	101
地下水区	25
地下水の水質	26
地下水賦存量	25
地下水盆	25
地球温暖化	7
地球温暖化の水循環への影響	8
千種川	83
治水	96
治水三法	96
池泉	46
窒素同位体比	132

池庭	46
着色負荷	197
茶船	53
潮汐残差流	19
潮汐フロント	19
直鎖アルキルベンゼンスルホン酸塩	160

て

底質	123
底質中の汚濁物質濃度	123
底質中の重金属濃度	124
低層の貧酸素化	122
ディフューズポリューション	84
手船	52
テトラクロロエチレン	187, 236
デ・レーケ	105
点源	94
点突然変異	165

と

同位体元素	132
同位体比	132
豆腐	48
毒性評価	202
特定環境保全下水道	193
都市直下型大地震	235
都市用水	72
土壌中金属の調査	235
土壌中の農薬濃度	150
土壌中の濃度変動	150
十津川村	31
突然変異	164
ドデシル硫酸ナトリウム	171
友ヶ島反流	20
洞川湧水群	82
1,1,1-トリクロロエタン	236
トリクロロエチレン	181, 182, 187

な

内部生産COD	119

内分泌撹乱作用	161
灘の宮水	79
ナホトカ号	176
生麸	48
奈良県の温泉	30
南湖	118
南郷洗堰	10
難分解性化学物質	169

に

西宮沖環流	20
西宮甲子園浜埋立て公害訴訟	226
ニトロピレン	166
日本三古湯	36
日本三美人湯	37
入浴	45

ぬ

布引渓流	80
布引の滝	80

ね

寝屋川	99

の

農業の傾向	6
農業排水	214
農業用水	72
農地の栄養塩収支	88
農地の汚濁負荷	87
農薬汚染	143, 145
農薬の種類	145
農薬の使用規制	148
農薬流出モデル	151
野崎参り	52
野中の清水	83
ノニルフェノール	161
ノニルフェノールエトキシレート	171
ノニルフェノールポリエトキシレート	161

索　引　265

は

バイオアッセイ	203
排出水の色度規制条例	197
畑での施肥窒素流出	89
八幡川	99
発ガン物質	165
発ガンリスク濃度	205
バックウォーター	104
播磨灘	120
播磨灘を守る会	224
阪神・淡路大震災	101, 233
番水制度	54

ひ

被圧地下水	24
ビスフェノールA	170
ビスフェノールA（BPA）の分解活性	174
微生物分解活性	170
微生物量の指標	171
ヒ素	185, 236
非特定汚染源	84
被覆面積率	76
姫路LNG	227
兵庫県南部地震	24
兵庫県の温泉	32
標準活性汚泥法	193
微量汚染化学物質	207
琵琶湖	61, 114
琵琶湖会議	222
琵琶湖環境権訴訟	230
琵琶湖漁業	65
びわ湖自然環境ネットワーク	223
琵琶湖集水域の汚濁負荷発生量	87
琵琶湖周辺の状況	6
琵琶湖水系	9
琵琶湖総合開発事業	4
琵琶湖総合開発特別措置法	4, 13
琵琶湖疏水	55
琵琶湖第一疏水	56
琵琶湖第二疏水	56

琵琶湖に流入するCOD負荷	119
琵琶湖の漁業	65
琵琶湖の湖岸	216
琵琶湖の水位の調整	10
琵琶湖の水質	6
琵琶湖の水質汚濁	115
琵琶湖の文化	67
琵琶湖の水辺環境	216
琵琶湖の流域	5
琵琶湖文化	63
琵琶湖・淀川水系における土地利用形態	10
琵琶湖・淀川水系の気象	11
琵琶湖・淀川水系の産業	13
琵琶湖・淀川水系の就業人口	14
琵琶湖・淀川水系の人口	11
琵琶湖・淀川水系の流量	14
琵琶湖・淀川水質保全機構	6, 100
琵琶湖・淀川の水利権	91
琵琶湖・淀川水環境会議	6
琵琶湖流域	9
琵琶湖流入負荷量	94
琵琶湖をめぐる文化複合	63

ふ

不圧帯水層	24
不圧地下水	25
ファン・ドールン	56
風応力	20
富栄養化	120
富栄養化の進行	122
復元力のある生態系	142
伏見七名水	46
伏見船	53
伏見の御香水	82
賦存水量	76
フッ素	184
ブルーレイヨンカラム法	165
フルプラン	5, 264
フレームシフト型突然変異	165

へ

平安京 …………………………………42
閉鎖型循環 …………………………202
ヘキサクロロシクロヘキサン ……143
ヘキサダイヤグラム ………26, 132
ヘテロサイクリックアミン ………167
変異原性 ……………………………164
変異原性試験 ………………………166
変異原物質 …………………………165
変異原物質の汚染源 ………………168
ベンゾ(a)ピレン ……………166, 178
ベンゾ(k)フルオラテン ……………178
ベンゾ(ghi)ペリレン ………………179
ベンゾチオフェン …………………179

ほ

ポイントソース ………………………94
保存食 …………………………………66
ホタルダス …………………………223
北湖 …………………………………118
ぽてじゃこトラスト ………………223
ポリエチレングリコール …………172
ポリオキシエチレンアルキルエーテル ………160
ポリオキシエチレンアルキルエーテル硫酸塩
　………………………………………160
ポリオキシエチレンアルキルフェニルエーテル
　………………………………………160
ホルモン作用機構 …………………205
ポンプ場および管渠の被害 ………245

ま

丸子船 …………………………………66

み

水環境 …………………………………2
水環境NGO活動 ……………………219
水環境改善 …………………………257
水環境改善緊急行動計画 ……………99
水管理 ………………………………101
水資源開発基本計画 ………………254

水質源管理 ……………………………91
水資源循環利用 ……………………256
水質源(淡水)の利用形態 ……………72
水循環の構造 …………………………7
水循環マスタープラン ……………101
水消費体系 …………………………255
水測定機関への影響 ………………248
水と文化研究会 ……………………223
水の存在量 ……………………………1
水の変異原性 ………………………165
水の変異原性の包括的評価 ………165
水辺 …………………………………138
水利用実態 …………………………241
水使用状況 …………………………242
禊 ………………………………………45
御手洗井 ………………………………46
宮水 ……………………………77, 79

む

無機物質 ……………………………184
牟妻の温湯 ……………………………36

め

名水 ……………………………46, 77
名水百選 ………………………………78
メチレンブルー活性物質 …161, 236
面源汚濁 ………………………………94
面源汚濁対策 …………………………95

や

薬師のうみ ……………………………67
ヤナギ群落 …………………………109
大和川 …………………………99, 130

ゆ

有害物質 ……………………………203
有機塩素系農薬 ……………………143
有機ハロゲン化合物 ………………236
有機リン系殺虫剤 …………………156
有機リン酸トリエステル …………154

索引　267

有機リン酸トリエステル類 …………………156
有効水量ベース ……………………………73
誘発突然変異 ………………………………165
湯川温泉 ……………………………………36
湯の峰温泉 …………………………………36
湯葉 …………………………………………48

よ

用水 …………………………………………54
用水論 ………………………………………54
溶媒抽出法 …………………………………166
ヨシ群落 …………………………… 108, 218
ヨシ原の保全 ………………………………108
淀川 …………………………………………138
淀川水系 ………………………… 3, 9, 143
淀川水系における環境ホルモン …………206
淀川水系流域 ………………………………5
淀川水質汚濁防止連絡協議会………………99
淀川の舟運 …………………………………53
淀川の平成ワンド …………………………104
淀川本川の水質 ……………………………17
淀川本流流域 ………………………………9
淀川流水保全水路 …………………………100
淀船 …………………………………………53

ら

ライフライン ………………………………239
ライフラインの被災 ………………………249
洛中洛外図屏風 ……………………………44

り

離宮の水 ……………………………………82
陸水に対する震災の影響 …………………237
利水 …………………………………………96
流域管理 ……………………………………90
龍神温泉 ……………………………………37
了意船 ………………………………………52
利用可能量 …………………………………25
良質の水 ……………………………………78
両親媒性物質 ………………………………159
臨海部の河川水依存率 ……………………72

わ

和歌山県の温泉 ……………………………35
渡瀬温泉 ……………………………………36
ワンド ………………………………………104
ワンド保全の基本方針 ……………………105

日本の水環境5　近畿編	定価はカバーに表示してあります
2000年2月22日　1版1刷発行	ISBN 4-7655-3163-5 C 3051

編　者　社団法人日本水環境学会

発行者　長　　　祥　　隆

発行所　技報堂出版株式会社

日本書籍出版協会会員
自然科学書協会会員
工学書協会会員
土木・建築書協会会員

〒102-0075　東京都千代田区三番町8-7
　　　　　　　　（第25興和ビル）
電話　営業　(03)(5215)3165
　　　編集　(03)(5215)3161
　　　FAX　(03)(5215)3233
振替口座　　00140-4-10

Printed in Japan

© Japan Society on Water Environment, 2000

落丁・乱丁はお取替えいたします　装幀　海保　透　印刷　技報堂　製本　鈴木製本

R　〈日本複写権センター委託出版物・特別扱い〉

本書の無断複写は，著作権法上での例外を除き，禁じられています．
本書は，日本複写権センターへの特別委託出版物です．本書を複写される場合は，そのつど
日本複写権センター（03-3401-2382）を通して当社の許諾を得て下さい．

●小社刊行図書のご案内●

［日本の水環境 4］東海・北陸編	日本水環境学会編	A5・260頁
水環境の基礎科学	E.A.Laws著／神田穣太ほか訳	A5・722頁
水辺の環境調査	ダム水源地環境整備センター編	A5・500頁
非イオン界面活性剤と水環境	日本水環境学会 委員会編著	A5・230頁
最新の底質分析と化学動態	寒川喜三郎・日色和夫編著	A5・244頁
河川水質試験方法（案）1997年版	建設省河川局監修	B5・1102頁
自然の浄化機構	宗宮功編著	A5・252頁
自然の浄化機構の強化と制御	楠田哲也編著	A5・254頁
水環境と生態系の復元 ―河川・湖沼・湿地の保全技術と戦略	浅野孝ほか監訳	A5・620頁
沿岸都市域の水質管理 ―統合型水資源管理の新しい戦略	浅野孝監訳	A5・476頁
持続可能な水環境政策	菅原正孝ほか著	A5・184頁
水質衛生学	金子光美編著	A5・596頁
生活排水処理システム	金子光美ほか編著	A5・340頁
急速濾過・生物濾過・膜濾過	藤田賢二編著	A5・310頁
名水を科学する	日本地下水学会編	A5・314頁
続 名水を科学する	日本地下水学会編	A5・266頁
琵琶湖 ―その環境と水質形成	宗宮功編著	A5・270頁

技報堂出版　TEL編集03(5215)3161 営業03(5215)3165　FAX03(5215)3233